エンジニアのための
ベクトル解析

博士(工学)　冨田　信之
工学博士　大上　　浩　共著
博士(工学)　渡邉　力夫

コロナ社

まえがき

ベクトル解析の教科書は世の中にあり余るほどある。そのなかで，あえて一書を加えようとする理由を述べる。著者らは専門の数学者ではないが，使う立場からのベクトル解析を十年以上学生諸君に講義してきた。しかし，講義をしていて何となくしっくりこないところがあった。例えば，内積と外積とがあるが，どうしてこの二つの積が生まれたのか，スカラー場，ベクトル場などがなぜ出てくるのか，これ以外の似たようなものがあるのではないか，ガウスの発散定理やストークスの定理は，数学的には異質な感じを与えるが，なぜここでガウスの発散定理やストークスの定理が出てくるのかというようなことである。

これらのことは，おそらく数学が専門の諸先生には自明のことであろうが，しかし，工学者にとってはそうではない。頭を悩ませていろいろな本を読んでいたときに，二つの書物が指針を与えてくれた。一つは “A History of Vector Analysis[1)†]” であり，もう一つは，「電磁場とベクトル解析[2)]」であった。前者からは，ベクトル代数の演算の歴史を知ることができ，スカラー場やベクトル場の位置づけのヒントを得た。また，後者を読んだときには，ベクトルの微分・積分についての長年の疑念が一掃され，ガウスの積分定理やストークスの定理の位置づけが頭の中で整然と整理された感じがした。

この開眼（？）を踏まえて講義用のプリントを作ってみたのが本書の原形である。その内容の特色はつぎの 5 点である。第 1 点は，ベクトル，スカラー，ベクトル値関数，スカラー場，ベクトル場を系統的に定義したことである。ベクトル値関数はスカラー（一変数）を変数とするベクトル値（多変数）関数，スカラー場はベクトル（多変数）を変数とするスカラー値（一変数）関数，ベクトル場はベクトル（多変数）を変数とするベクトル（多変数）関数と定義する

† 肩つき数字は，巻末の引用・参考文献を表す。

と，スカラーとベクトルについては変数と関数のすべての組合せを網羅したことになる。第2点は，勾配，発散，回転をスカラー場，ベクトル場の微分と位置づけ，線積分，ガウスの発散定理，ストークスの定理をそれらに対する積分として対比させて説明したことである。これによって，ガウスの発散定理，ストークスの定理の数学的な座りがよくなったのではないかと考える。第3点には，内積，外積，場の説明にその成り立ちに関する歴史的な考察を加えたことである。第4点には，古典力学や流体力学への応用例を載せ，そのなかで特に学生諸君が合成関数の微分を苦手とすることに着目し，合成関数の微分について詳しく述べたことである。第5点にはベクトル微分方程式に言及したことである。ベクトル微分方程式の一般的な解法はないが，微分方程式のままで成分に分解せずに，外積・内積を駆使して積分形にもっていって解くのが得策であり，ケプラー運動の微分方程式に関し，その解法の一例を示した。

プリントを用いて著者らが授業してみた結果を反映して，随時改良していったものを，今回コロナ社のご厚意により教科書として出版する運びとなったものである。本書は，半年間で14〜15コマの授業を受講する機械系学部学生を対象として作成してある。その内容は，授業時間に制限があることもあり，通常の学生が大学での研究あるいは社会人として企業で遭遇するような対象に絞ってある。したがって，通常のベクトル解析の教科書に載っている球面座標系や円筒座標系への変換公式などは割愛した。これらは基本さえわかっていれば必要になったときに学習すれば済むからである。

本書の作成にあたっては多くの先人の書かれた著作を参考にした。そのおもなものは巻末の引用・参考文献に列挙してある。記述や練習問題などでの出典もできるだけ引用元を記すようにしたが，もれがあるかも知れず，その点についてはご容赦されたい。もとのプリント原稿の電子ファイル化については大門美和さんにご協力いただいた。また，宮崎大学工学部材料物理工学科の矢崎成俊准教授，武蔵工業大学知識工学部リテラシー学群自然科学系列の古田公司准教授には，専門の立場から原稿を読んでいただき，有益なご意見をいただいた。特に矢崎准教授には細部まで見ていただき多くのご指摘をいただいた．ここに感謝の意を捧げる次第である。これらのご指摘は原則としてすべて採用したが，その具体的な表現方法は著者側に一任されたので，内容に関する責任はすべて著者側にある．

本書は，著者らの大学における多年の授業経験から生まれたものであるが，なお，至らぬところは多々あると考えるので，使用された方々からのご意見を期待する。

2008 年 9 月

著者代表

目　　　次

1.　ベクトルの概念と定義

1.1　序　　　論 ………… *1*
1.2　スカラーとベクトル ………… *5*
1.3　スカラー場とベクトル場 ………… *8*
1.4　ベクトルの定義と加法・減法 ………… *11*
　1.4.1　ベクトルの定義 ………… *11*
　1.4.2　ベクトルの和（加法） ………… *12*
　1.4.3　ベクトルの差（減法） ………… *15*
　1.4.4　ベクトルのスカラー倍 ………… *16*
　1.4.5　ベクトルの加法・減法の応用 ………… *16*
章 末 問 題 ………… *18*

2.　ベクトルの成分表示と内積

2.1　ベクトルの成分表示 ………… *19*
　2.1.1　単位ベクトルと基底ベクトル ………… *19*
　2.1.2　正　射　影 ………… *21*
　2.1.3　方 向 余 弦 ………… *22*
　2.1.4　ベクトルの成分表示 ………… *23*
　2.1.5　ベクトルの大きさ ………… *23*

2.1.6 ベクトルの基本演算と成分 …… 24
2.1.7 位置ベクトル …… 27
2.2 一次従属と一次独立 …… 28
2.3 ベクトルの内積 …… 31
2.3.1 ベクトルの交角 …… 31
2.3.2 ベクトルの内積 …… 33
章末問題 …… 38

3. ベクトルの外積・三重積，幾何学への応用

3.1 ベクトルの外積 …… 41
3.1.1 外積とは何か …… 41
3.1.2 外積の演算法則と成分要素 …… 43
3.2 三重積 …… 45
3.2.1 スカラー三重積 …… 46
3.2.2 ベクトル三重積 …… 48
3.3 直線と平面の方程式，幾何学への応用 …… 49
3.3.1 直線の方程式 …… 49
3.3.2 平面の方程式 …… 50
3.3.3 球面および球面の接平面の方程式 …… 56
3.3.4 幾何学への応用 …… 56
章末問題 …… 58

4. ベクトル値関数の微分と積分，空間曲線と曲線運動

4.1 ベクトル値関数の微分と積分 …… 60
4.1.1 ベクトル値関数の微分 …… 60

4.1.2　ベクトル値関数の積分 …… 64
4.1.3　ベクトル微分方程式 …… 65
4.2　空間曲線と曲線運動 …… 67
4.2.1　空間内の曲線の助変数表示 …… 67
4.2.2　線素，曲線の向きならびに曲線の長さ …… 71
4.2.3　接線ベクトル，法線ベクトル，曲率 …… 74
4.2.4　従法線ベクトルとフルネ・セレの公式 …… 78
章　末　問　題 …… 80

5.　古典力学への応用といろいろなベクトル

5.1　古典力学への応用 …… 81
5.1.1　運動の法則のベクトルによる表現 …… 81
5.1.2　質点の運動のベクトルによる表現 …… 83
5.1.3　点に働く力の作るモーメント …… 85
5.1.4　任意の軸（向きのある直線）まわりのモーメントの大きさ …… 85
5.1.5　角速度ベクトル …… 87
5.1.6　座　標　変　換 …… 88
5.2　いろいろなベクトル …… 92
5.2.1　ベクトルと擬ベクトル（極性ベクトルと軸性ベクトル） …… 92
5.2.2　面積ベクトル …… 93
章　末　問　題 …… 94

6.　スカラー場とベクトル場，スカラー場の勾配

6.1　スカラー場とベクトル場 …… 96
6.1.1　場　と　は　何　か …… 96

6.1.2 スカラー場 …… 98
6.1.3 ベクトル場 …… 100
6.2 合成関数の微分法 …… 105
6.2.1 合成関数の微分 …… 106
6.2.2 多変数関数の微分法 …… 108
6.3 スカラー場の微分・勾配 …… 111
6.3.1 勾配と勾配ベクトル場 …… 111
6.3.2 スカラー場の全微分形式表現 …… 111
6.3.3 勾配の意味 …… 113
6.3.4 微分演算子 ∇ …… 114
6.3.5 grad φ の演算 …… 116
6.3.6 方向微分係数 …… 117
6.3.7 曲面の法線ベクトルとしての勾配 …… 119
6.3.8 スカラー場の応用（流体静力学） …… 120
章末問題 …… 122

7. 線積分とベクトル場の積分，スカラーポテンシャル

7.1 線積分とベクトル場の積分 …… 124
7.1.1 スカラー場の線積分 …… 124
7.1.2 ベクトル場の線積分 …… 128
7.1.3 勾配ベクトル場の積分 …… 130
7.2 スカラーポテンシャル …… 131
章末問題 …… 134

8. ベクトル場の発散と回転

8.1　ベクトル場の発散，ラプラスの方程式 …… 136
8.1.1　ベクトル場の微分 …… 136
8.1.2　ベクトル場の発散 …… 138
8.1.3　発散の演算公式 …… 141
8.1.4　ラプラスの方程式と調和関数 …… 143
8.2　ベクトル場の回転 …… 144
8.3　勾配・発散・回転に関する諸公式 …… 149
8.3.1　ハミルトン演算子 ∇ を 1 回だけ用いる公式 …… 149
8.3.2　ハミルトン演算子 ∇ を 2 回用いる公式 …… 150
章　末　問　題 …… 153

9. 曲面と面積分

9.1　空間における曲面 …… 155
9.1.1　曲　　　面 …… 155
9.1.2　曲面の法線と接平面 …… 156
9.2　スカラー場とベクトル場の面積分 …… 161
9.2.1　スカラー場の面積分 …… 161
9.2.2　曲　面　の　面　積 …… 165
9.2.3　スカラー場の面積分の助変数の変換 …… 170
9.2.4　ベクトル場の面積分 …… 171
9.2.5　ベクトル場の面積分の助変数の変換 …… 176
章　末　問　題 …… 177

10.　発散と回転の逆演算としての積分形式

10.1　体積積分と発散の積分形式 ……… *179*

10.1.1　体　積　積　分 ……… *179*

10.1.2　発散の逆演算としての積分形式（ガウスの発散定理） ……… *180*

10.1.3　ガウスの法則 ……… *184*

10.2　平面におけるグリーンの定理とその応用 ……… *187*

10.2.1　平面におけるグリーンの定理 ……… *187*

10.2.2　平面におけるグリーンの定理の応用 ……… *189*

10.3　回転の逆演算としての積分形式（ストークスの定理） ……… *191*

10.3.1　ストークスの定理 ……… *191*

10.3.2　循環と渦なしの場 ……… *195*

章　末　問　題 ……… *198*

引用・参考文献 ……… *199*

章末問題解答 ……… *200*

索　　　引 ……… *205*

1 ベクトルの概念と定義

ベクトルの概念の萌芽は，17 世紀に見られたが，本格的な進展は 19 世紀に入ってからである。そして 20 世紀に入って純粋数学者によって見直され，新しい展開期を迎えている。本章では，ベクトルの概念についての一般的な解説を行った後，ベクトルの定義，ベクトルの加法と減法の規則について述べる。

1.1 序　　　　論

・ベクトルの概念

ベクトルの概念は物理学の発展とともに生まれてきた。物理学で扱う量が，スカラー量からベクトル量，さらにはテンソル量へと広がってきたことは，数学の世界で取り扱われる数の概念の拡大と比較できよう。数の概念の誕生がギリシャ時代まで遡るのに対し，ベクトルの概念が生まれたのは比較的新しく，ライプニッツ（Gottfried. W. Leibniz, 1646-1716）が 1679 年 9 月 8 日，ホイヘンスに宛てて書いた手紙のなかに，初めてベクトルの概念らしきものが言及されたといわれている[1)]。数の概念が数学の発展と深く結びついているように，ベクトルの概念は物理学の発展と深く結びついている。このことは，例えばつぎの例[3)] からも想像することができる。

いま，空間内の 1 点 P にある質点に力が働いているときの運動方程式を考える。任意に直交座標系 (x, y, z) を選び，点 P の座標を (x, y, z) とすると，その座標系の各軸方向の力の成分を (F_x, F_y, F_z) として，点 $\mathrm{P}(x, y, z)$ の運動は，ニュートン（Newton）の運動の法則によってつぎの方程式で表される（成分といういい方が，すでにベクトルの概念であるが，ここでは，厳密なことは問わず，(F_x, F_y, F_z) は力を各座標軸方向に分解したときにそれぞれの軸方向に働く力であると理解することにする)。

$$m\frac{d^2x}{dt^2} = F_x, \quad m\frac{d^2y}{dt^2} = F_y, \quad m\frac{d^2z}{dt^2} = F_z \tag{1.1}$$

この方程式は，座標系の原点の取り方に無関係である。なぜならば，いま，x 方向，y 方向，z 方向に，それぞれ a，b，c（a，b，c はそれぞれ定数である）だけずらせた三次元直交座標系 (x', y', z') を考えると，つぎのようになっている。

$$x' = x + a, \quad y' = y + b, \quad z' = z + c \tag{1.2}$$

式 (1.1) に式 (1.2) を代入すると

$$\begin{aligned} &m\frac{d^2x'}{dt^2} = m\frac{d^2x}{dt^2} = F_x, \quad m\frac{d^2y'}{dt^2} = m\frac{d^2y}{dt^2} = F_y, \\ &m\frac{d^2z'}{dt^2} = m\frac{d^2z}{dt^2} = F_z \end{aligned} \tag{1.3}$$

となる。力の大きさは座標系に関係ないので，$F'_x = F_x$，$F'_y = F_y$，$F'_z = F_z$ であって

$$m\frac{d^2x'}{dt^2} = F'_x, \quad m\frac{d^2y'}{dt^2} = F'_y, \quad m\frac{d^2z'}{dt^2} = F'_z \tag{1.4}$$

というように，式 (1.1) と同じ形に表せる。

また，直交座標系を回転させても，式の形は変わらない。これを説明するために，いま，三次元直交座標系 (x, y, z) を z 軸を中心に，角度 θ（θ は定数）だけ反時計方向（counter clockwise，CCW と略称）に回転させ，新しい三次元直交座標系 (x', y', z') を作ることを考える。すると，座標系の間の関係式は

$$\begin{aligned} x' &= x\cos\theta + y\sin\theta \\ y' &= -x\sin\theta + y\cos\theta \\ z' &= z \end{aligned} \tag{1.5}$$

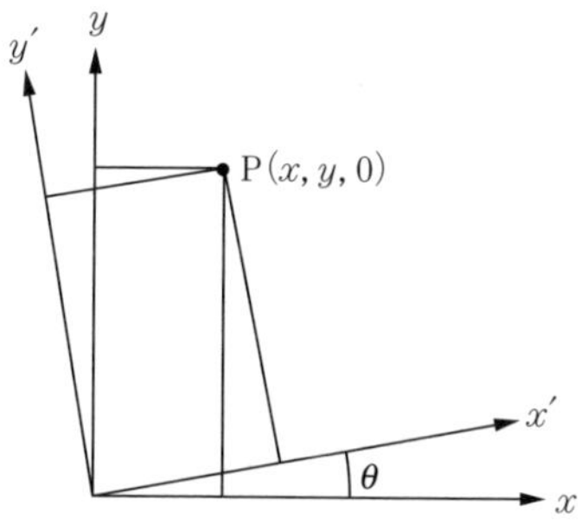

図 **1.1**　座標系の回転

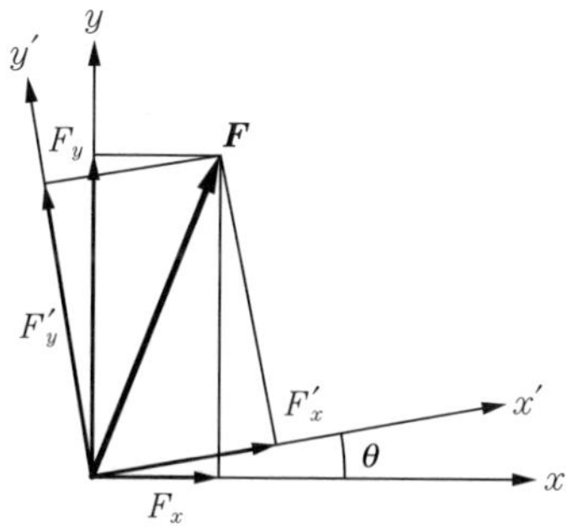

図 **1.2**　座標系の回転と成分

となる（図 **1.1**）。また，座標系 (x', y', z') で表した力の成分と，座標系 (x, y, z) で表した力の成分との間の関係式はつぎのようになる（図 **1.2**）。

$$
\begin{aligned}
F'_x &= F_x \cos\theta + F_y \sin\theta \\
F'_y &= -F_x \sin\theta + F_y \cos\theta \\
F'_z &= F_z
\end{aligned}
\tag{1.6}
$$

式 (1.5) を 2 回微分して，式 (1.1)，(1.6) を用いると

$$
\begin{aligned}
m\frac{d^2x'}{dt^2} &= m\frac{d^2x}{dt^2}\cos\theta + m\frac{d^2y}{dt^2}\sin\theta = F_x\cos\theta + F_y\sin\theta = F'_x \\
m\frac{d^2y'}{dt^2} &= -m\frac{d^2x}{dt^2}\sin\theta + m\frac{d^2y}{dt^2}\cos\theta = -F_x\sin\theta + F_y\cos\theta = F'_y \\
m\frac{d^2z'}{dt^2} &= m\frac{d^2z}{dt^2} = F_z = F'_z
\end{aligned}
\tag{1.7}
$$

となって，運動方程式 (1.1) は，座標系を回転させても，同じ形に表せることがわかる。ここでは，一つの軸まわりに回転させた場合のみを考えたが，各軸まわりに，同時に θ，λ，φ 回転させても結果は同一である。方程式 (1.1) や (1.7) のように，つねに 3 個の方程式を書くのは面倒であるし，間違えることも多いので，より簡単な式で表すことを考える。まず，原点 O と，点 P(x, y, z) を矢印で結び，3 個の成分 (x, y, z) を記号 $\boldsymbol{r}$ で表すことにする。また，力の成分 (F_x, F_y, F_z) を同様に $\boldsymbol{F}$ で表すことにする。すると，方程式 (1.1) は

$$m\frac{d^2\boldsymbol{r}}{dt^2} = \boldsymbol{F} \tag{1.8}$$

となる。この $\boldsymbol{r}$ や $\boldsymbol{F}$ を**ベクトル**（vector，英語圏の発音ではヴェクター）と呼び，太字かあるいは，上に矢印をつけて $\vec{r}$，$\vec{F}$ のように表記する。方程式 (1.1) と (1.8) とを比較すると，ベクトルを用いることによって，式が非常に簡潔になることがわかるであろう。また，式 (1.8) において，座標系を回転させたとき，$\boldsymbol{r}$ や $\boldsymbol{F}$ の成分は変わっても，式 (1.8) の形は変化しなかった。すなわち，ベクトルを用いると，座標系とは無関係にベクトルの形で方程式を立てて演算し，その後で，一番都合のよい座標系に分解して，解を求めればよいことに気がつくであろう。

このようにベクトルには，三次元の量をあたかも一次元の量であるかのごとく扱える利点がある。しかも，ベクトルとして扱うことによって物理現象をすっきりと説明できることがわかり，ベクトル解析は，力学，電磁気学，流体力学の発展に大きな貢献をした。しかし，ライプニッツの後，ベクトルがたどった道筋は決して平坦なものではなかった。ベクトル解析が学問として成立するのは 19 世紀末になってからであるが，その成立に至るまでに二つの流れがあった[1)]。

一つは，複素数を複素平面（ガウス平面）上に表示することに成功した後，さらに，これを三次元空間に拡張しようとした一部の数学者達と応用物理学者達の流派である。もう一つは，マクスウェル（James C. Maxwell, 1831-1879）の電磁気学をベクトルを用いて整理しようとした物理学者達の流派である。前者には，ドイツの数学者グラスマン（Hermann G. Grassmann, 1809-1877），アイルランドの天文学者ハミルトン（William R. Hamilton, 1805-1865）がおり，後者には，アメリカの物理学者ギブス（Josiah W. Gibbs, 1839-1903）や，イギリスの物理学者ヘヴィサイド（Oliver Heaviside, 1850-1925）らがいる。内積，外積などの用語はグラスマンが用いだし，ハミルトンが定着させた。

ベクトル解析は，彼らの努力により，ほぼ現在一般に用いられている形にまとめ上げられたが，天文学者や電磁気学者を中心とする物理学者によって発展させられたという，その発展の過程から見て，19 世紀には応用数学と理解されていて，純粋数学者からは正統的な数学ではないとみなされていた。しかし，20 世紀に入って，多変数の微積分が扱われるようになって，ベクトルは 1 変数の場合の関係を多変数に拡大するときに必要な概念として純粋数学者によって見直され，新しいベクトル解析学が数学の一分野として展開されて今日に至っている。

1.2 スカラーとベクトル

ベクトルの一例として位置や力など，直交座標系において，三つの成分で表される量を一つの表示で表したものがあるということを前節で述べた。それでは，どのような量をベクトルというのであろうか？

一般にベクトルであるかないかは，ある物理量が一つの量で完全に表されるかどうかで判定される。そして，一つの量だけでは表されない場合をベクトルという。位置，力はベクトルであった。位置は，一見ベクトルではないように思えるかもしれないが，何の位置であれ，正確に表そうとすると (x, y, z) の 3 個の座標が必要であるからベクトルである。速度もベクトルである。速度という場合，方向も含んでいるので，一つの数値だけでは表せず，速度を表示するためには，三つの量の組 (V_x, V_y, V_z) が必要である。velocity は，大きさと方向をもつ量として定義されるのが普通である（例外もある）。speed という言葉もあるが，これは方向のない大きさのみの量をいう場合に用いられる。日本語では，速度・速さ・速力などの言葉があり，速度は，大きさと方向を問題にする場合，速さは大きさのみの場合と一応考えられているものの厳密に使い分けられているわけではない。例えば，自動車などの speed meter を，わが国では速度計といっているが，大きさしか表示しないので，もし速度を大きさと方向をもつ量と定義するならば，厳密には速度計ではない。本書では，ベクトル的にいうときには「速度」，大きさのみを問題にするときには「速さ」と使い分けることにする。

一般には，ベクトルは，必ずしも三つの量で表されるとは限らない。二つの場合もあるし，四つ以上の量が必要な場合もある。通常，われわれは，地表面（平面すなわち二次元の世界）上で暮らしており，位置や速度を表すのに，地表面上の位置や方向（すなわち二次元量）で表せば事足りるので，本来は三つの量（三次元量）で表す位置や速度を二つの値（二次元量）で表示して済ませることが多い。京都市内の位置を表すのに，四条通りと烏丸通りの交点を四条烏丸と呼んでいるのがそのよい例である。また，天気図の風速は大きさと地平面上の方向のみ，すなわち二つの量で示されている。

ベクトルはいくつかの量の組で表され，n 個の量の組で表されるベクトルを n 次元ベクトルという。天気図上で，風速は向きと大きさの二つの量で表されているから二次元量である（日常生活では，風向，風速で風の速度を表すが，数学的には，直交座標系で測った二つの成分 (V_x, V_y) で表すのが普通である）。しかし，一般的に風は三次元の量で，実用上は，高度方向の成分は無視してよいので，二次元で表示しているだけであることに注意しよう。

このように，一般的にベクトルは，いくつかの数値（これを要素という）で表され，そのベクトルを定めるに必要な要素の数は，ベクトルの属している空間（これをベクトル空間という）の次元の数に等しくなる。n 次元の空間で定義されるベクトルを n 次元ベクトルという。ついでながら，理工学における空間とは「物質が存在し現象が起こる場所」のことであるが，通常，われわれが直面する課題においては空間とは位置を記述する枠組としての座標系と同義にみなされる。われわれの住む物理空間では最大の次元は 3（$n = 3$）であり，しかも座標系としては直交座標系が一般的なので，本書においては，今後は空間とは三次元直交座標系（これを三次元ユークリッド空間という）のことを指すことにする。すなわち，本書では三次元（ならびに，説明などの便宜のために次元を一つ省略した二次元）直交座標系内で定義されるベクトル，すなわち三次元（あるいは二次元）ユークリッド空間のベクトルを取り扱うことにする。

われわれが，日常取り扱う物理量には，向きのない大きさだけの量が沢山ある。例えば，ものの価格，体温，気圧などがそれである。数学では，これらの量を**スカラー**（scalar，英語圏の発音ではスケーラー）量と呼んでベクトル量と区別している。スカラー量（一般にはスカラーといっているので以後スカラーと呼ぶ）が，温度，圧力のように，一つの数値でもって完全に表せる量のことをいう。

工学的な例をとれば，宇宙機の再突入時に機体表面は加熱されるが，このとき，機体表面のある点に対して温度は一つに定まり，方向性をもたないから，機体表面温度はスカラーである。一般に，温度や圧力は，方向性をもたないのでスカラーである。天気図でいえば気圧はスカラーで，そのために，等しい圧力の点を結んだ等圧線図を作ることが可能である（風速については，大きさと方向を考慮に入れた等速度線図を作ることは不可能である！）。

図 1.3 は，平成 20 年 1 月 15 日の天気図であるが[4]，風は二次元ベクトル量，気圧・気温はスカラーとして表されている。また，緯度・経度は，位置を二次元ベクトル量として表示するために用いられている。

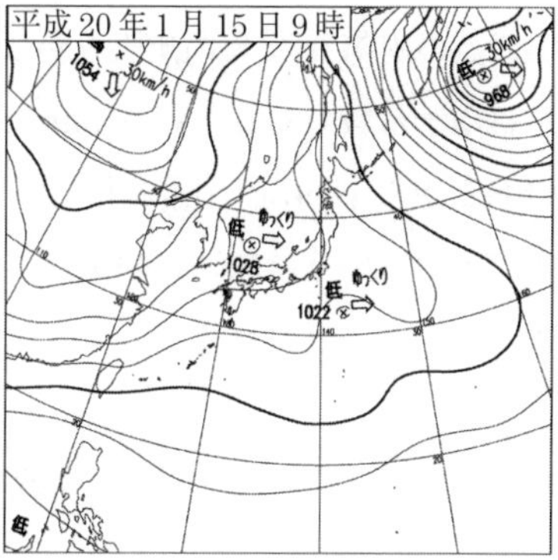

図 1.3　天　気　図[4]

ところで，自然界にはベクトルやスカラー以外に，応力やひずみのようなテンソル（tensor）と呼ばれる量があることもここで注意しておこう（テンソルについては，本書では取り扱わない）。

例題 1.1　つぎの量はスカラー量かベクトル量か？

(1) 仕事 (2) 運動量 (3) 運動エネルギー (4) 電荷 (5) 電流

【解答】

(1) 仕事は，力と動いた距離の積で表され，それ自体は方向性をもたないからスカラーである。

(2) 運動量は質量と速度の積であり，大きさと方向の二つの量の組合せで表されるからベクトルである。

(3) 運動エネルギーは，質量に速度の自乗を乗じて二分の一した量であるが，大きさのみで方向性がないからスカラーである。

(4) 電荷は，電磁気学で用いられる物理量で，力学における質量に相当し，大きさのみをもつスカラーである。

(5) 電流は，同じく電磁気学で用いられる物理量で，力学における速度に相当するベクトルである（大きさと向きの二つの量で表される）。

◇

ところで，時間はスカラー，ベクトルどちらであろうか。このことは，スカラーとベクトルの定義に戻ってみる必要がある。前に述べたハミルトンは，1846 年の論文のなかで複素数を拡張した超複素数として四元数（quaternion）$w+ix+jy+kz$ を提案した（w，x，y，z は実数，i，j，k は基底）。そのとき，この数の実部 w は負の無限大から正の無限大までの一つのスケール（scale）上を移動する数であるから scalar と呼び，虚部は空間である長さと方向をもつ量であるから vector（「運ぶ」という意味のラテン語が語源。ある点から他の点まで運ぶという意味）と呼んだ。この定義からみると，時間はスカラーとして扱ってよいことになる。

1.3　スカラー場とベクトル場

いま，図 1.3 に示した天気図を，もう一度考えてみる。気圧 p は，三次元空間内の任意の点 (x,y,z) に対して一つのスカラーとして定まった。したがって，気圧 p は，$p(x,y,z)$ と表すことができる。これは，気圧が 3 個の成分で表されていることを示すのではない。ここでの x，y，z は気圧の成分ではなくて，気圧が点 (x,y,z) に対して定まることを示しているのであり，$p(x,y,z)$ は，気圧というスカラー量の空間分布を示している。このような場合，気圧は**スカラー場**（scalar field）であるという。すなわち，位置 (x,y,z) はベクトル量であり，スカラー量が，ベクトル量の関数となる場合，そのスカラー量をベクトルの関数で表記して，スカラー場と呼ぶのである。一般的にいって，スカラー場は，ベクトル量の関数として表されるスカラー量のことをいう。例えば，気圧の空間分布を示すような場合，$p(x,y,z)$ のように表すが，点 (x,y,z) をベクトル $\boldsymbol{r}$ で表すことを利用して，$p(\boldsymbol{r})$ のように表記することもある。

気圧が時間とともに変化することを示したいときがある。このときは，三次元空間内のある点Aにおける気圧 p_A の時間変化を $p_A(t)$ と表して，$p_A(t)$ を**スカラー値関数**（scalar-valued function）あるいは，スカラー関数と呼んでいる。すなわち，変数がスカラー量で示されたスカラー量を通常スカラー値関数と呼ぶのである。気圧はスカラー場かスカラー値関数かという議論はおかしいのであって，気圧の位置 (x,y,z) に対する空間分布が問題となる場合には，$p(x,y,z)$ の形で表して，ベクトル (x,y,z) に対応するスカラー場として取り扱い，ある点の気圧の時間変化が問題となる場合には，時間 t を変数とするスカラー値関数として取り扱うことに注意を要する。

それならば，$p(x(t),y(t),z(t))$ と表すとどうなるであろうか。t はスカラー量であるから $p(x(t),y(t),z(t))$ はスカラー値関数であるかというとそうはならない。$p(x(t),y(t),z(t))$ は時間によって変わる位置によって圧力がどう変化するかを示すものであり，時間とともに変化する位置ベクトル $(x(t),y(t),z(t))$ を変数とするスカラー場である。スカラー値関数 $p_A(t)$ はある点での圧力の時間変化を問題にしているが，$p(x(t),y(t),z(t))$ は時間に対する圧力分布の変化を示しているのである。

気圧が空間分布を示すならば，風速のようなベクトル量も空間分布を示すはずであると考えるのは当然である。まったくそのとおりであって，風速はベクトル量として (V_x,V_y,V_z) で表されるが，三次元空間内の点 (x,y,z) において，V_x，V_y，V_z は，それぞれ位置によって決まる値 $V_x(x,y,z)$，$V_y(x,y,z)$，$V_z(x,y,z)$ で表され，ベクトル $\boldsymbol{V}$ あるいは $\vec{V}$ は

$$(V_x(x,y,z), V_y(x,y,z), V_z(x,y,z))$$

として位置によって定まる量となる。このような場合，風速は**ベクトル場**（vector field）をなすと呼び，$\boldsymbol{V}(x,y,z)$ あるいは，$\boldsymbol{V}(\boldsymbol{r})$ と表記する。すなわち，ベクトル場とは，一般的にはベクトル量の関数として表されたベクトル量である。

スカラーの場合と同じく，スカラー量を変数とするベクトル量を**ベクトル値関数** (vector-valued function) あるいは，ベクトル関数と呼んでいる。例えば，三次元空間内の，任意の点 A における風速の時間変化は，$V_x(x,y,z)$，$V_y(x,y,z)$，$V_z(x,y,z)$ として表されるのであって，これは速度ベクトルがベクトル値関数として表された例である。ベクトル値関数は $\boldsymbol{V}(t)$ のように表記する。スカラー場とスカラー値関数の場合と同様に，速度はベクトル値関数である，いやベクトル場であるという議論は無意味である。同じ速度ベクトルでも，ベクトル量（例えば位置 (x,y,z)）の関数として扱うときには，ベクトル場と呼び，スカラー量 t の関数として扱う場合には，ベクトル値関数と呼ぶのである。

前で述べたスカラー値関数，ベクトル値関数，スカラー場，ベクトル場の分類を表示すると**表 1.1** のようになる。なぜこのような分類をするかは後でわかるが，場と関数とでは，特に微積分において様相がまったく異なってくる。スカラー値関数の微積分には，通常の 1 変数の微積分が適用され，ベクトル値関数の微積分もその延長上で処理できるが，スカラー場，ベクトル場の微積分は，変数が二つ以上（多変数）になるので，スカラー値関数の延長上では処理できない。いわゆる多変数関数の微積分の領域に入ってしまうのである。ベクトル解析の真髄は，スカラー場，ベクトル場の微積分にあるので，頭を切り替えて学習する必要がある。表 1.1 は今後の学習の上での大切なロードマップ (roadmap) となる。

表 1.1　ベクトル解析のロードマップ

	値がスカラー量となる関数	値がベクトル量となる関数
1 変数（スカラー量）	スカラー値関数	ベクトル値関数
多変数（ベクトル量）	スカラー場	ベクトル場

1.4　ベクトルの定義と加法・減法

1.4.1　ベクトルの定義

古典的なベクトルの概念の原型は「変位」にあるといってよい[5)]。ベクトルの概念は，変位という初期の概念にとらわれず，速度，力，電流，電磁気力など方向と大きさをもつ量に拡張して適用されるようになったが，しばらくは，ベクトルの原点である「変位」を用いて説明することにしよう。三次元空間内におけるある地点 A から別の地点 B まで移動したとき，点 A（これを始点という）と点 B（これを終点という）とを結ぶ線分を考え，これを点 A から点 B までの「変位」と呼ぶ。変位は方向性をもっているので，点 A と点 B とを結ぶ線分の B 側に矢印をつけて変位の向きを表し，これを有向線分（directed line segment）$\overrightarrow{\mathrm{AB}}$ と呼ぶことにする（**図 1.4**）。

ところで，別の地点 C から他の地点 D への変位を表す有向線分 $\overrightarrow{\mathrm{CD}}$ が有向線分 $\overrightarrow{\mathrm{AB}}$ と同じ大きさと向きをもつとき，それぞれの有向線分の始点と終点から A，B，C，D という固有名詞を取り去ると，まったく同じ大きさで同じ向きの（すなわちこれを同等であるという）有向線分が残る（**図 1.5**）。このときに，この残された共通部分である有向線分をベクトル（vector）と名づけ，二つの変位 AB，CD を同じベクトルで代表させて表すのである。このことをつぎのようにいい表す[5)]。

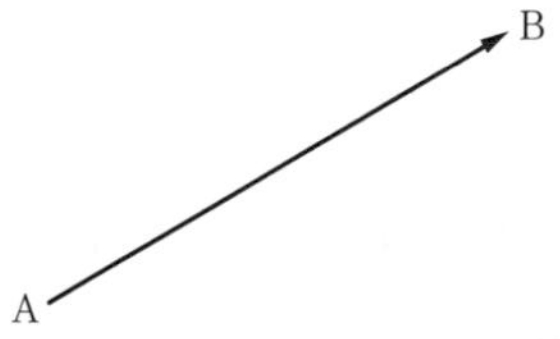

図 1.4　有 向 線 分

「一つの変位 AB に対して，変位 AB に同等な変位の全部からなる集合（同値類）の要素を変位 AB の定めるベクトルという」

ベクトルは，その定義に戻って考えると，始点の取り方には無関係であるが，なかには，始点が動かせない場合がある。梁（はり）に掛かる荷重のような力を有向線分として表すときは，着力点（始点）がどこであるかが重要である。このような有向線分を束縛ベクトル（bound vector）という。それに対して始点がどこか

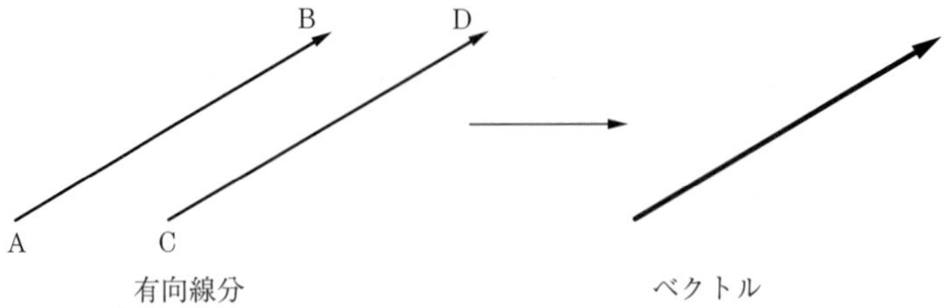

図 1.5　有向線分からベクトルへ

を問題にしない前述の定義によるベクトルを自由ベクトル（free vector）という。自由ベクトルは，より一般的であるので，本書では今後，自由ベクトルを対象とすることにする。すなわち，大きさと向きが同じベクトルは，始点が異なっていても，等しいベクトルであるとみなすのである。換言すれば，ベクトルは，大きさと向きを変えない限り，位置は任意に動かせると考えるのである。

さて，本書においては，ベクトルを表現するときには，本来の概念に戻って，始点と終点とを結ぶ有向線分で表すことにして，点 O を始点とし，点 P を終点とする有向線分 $\overrightarrow{\mathrm{OP}}$ を考える。この有向線分をベクトル表記するとき

$$\overrightarrow{\mathrm{OP}} = \boldsymbol{A}$$

と太字 $\boldsymbol{A}$ で表すか，上に矢印を引いて $\vec{A}$ などと書き表す。ベクトルは大きさをもつ。ベクトルの大きさを，絶対値記号をつけて，$|\boldsymbol{A}|$ あるいは $|\overrightarrow{\mathrm{OA}}|$ などと表し，その**ベクトルの絶対値**（absolute value）と呼ぶことにする。大きさ（絶対値）が 1 のベクトルを**単位ベクトル**（unit vector）と呼び，また，大きさが 0 のベクトルを**零ベクトル**（zero vector）と呼ぶ。零ベクトルには，方向は定義されない。零ベクトルは正式には $\mathbf{0}$ と書くべきであるが，慣用で 0（太字でない）を用いる場合がある。二つのベクトル $\boldsymbol{A}$ と $\boldsymbol{B}$ の大きさと方向が等しいときには $\boldsymbol{A} = \boldsymbol{B}$ である。ベクトル $\boldsymbol{A}$ と大きさが等しく，向きが反対のベクトルをベクトル $\boldsymbol{A}$ の**逆ベクトル**（inverse vector）と呼び，$-\boldsymbol{A}$ と書き表す。

1.4.2　ベクトルの和（加法）

二つのベクトルを $\boldsymbol{A}$，$\boldsymbol{B}$ とするとき，任意の点 O を始点とし，点 P を終

点とする有向線分 $\overrightarrow{\mathrm{OP}}$ ($\overrightarrow{\mathrm{OP}} = \boldsymbol{A}$) ならびに点 Q を終点とする有向線分 $\overrightarrow{\mathrm{OQ}}$ ($\overrightarrow{\mathrm{OQ}} = \boldsymbol{B}$) を考える。$\overrightarrow{\mathrm{OP}}$, $\overrightarrow{\mathrm{OQ}}$ を 2 辺とする平行四辺形の第 4 の頂点を R とするとき，有向線分 $\overrightarrow{\mathrm{OR}}$ をベクトル $\boldsymbol{A}$, $\boldsymbol{B}$ の和と呼び

$$\overrightarrow{\mathrm{OR}} = \boldsymbol{A} + \boldsymbol{B} \tag{1.9}$$

で表す（**図 1.6**）。

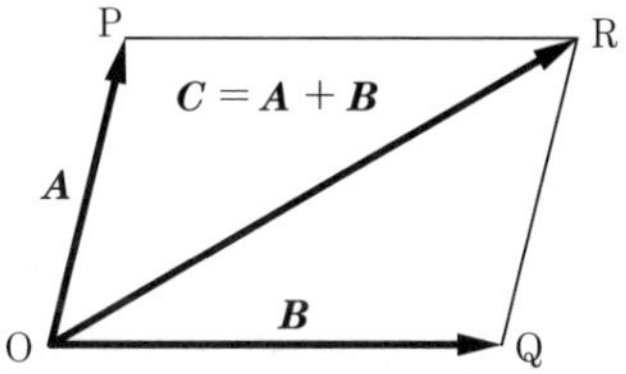

図 1.6　ベクトルの和（二次元）

$\overrightarrow{\mathrm{OR}}$ は新しいベクトルであるから，これを改めてベクトル $\boldsymbol{C}$ と表し

$$\boldsymbol{C} = \boldsymbol{A} + \boldsymbol{B} \tag{1.10}$$

と表記する。式 (1.10) がベクトルの加法である。このような操作をベクトルの合成ともいい，$\boldsymbol{C} = \boldsymbol{A} + \boldsymbol{B}$ を合成ベクトルと呼ぶこともある。

ここで明らかに

$$\boldsymbol{A} + \boldsymbol{B} = \boldsymbol{B} + \boldsymbol{A} \tag{1.11}$$

である。なぜならば，図 1.6 において

$$\overrightarrow{\mathrm{OP}} + \overrightarrow{\mathrm{PR}} = \overrightarrow{\mathrm{OR}} = \overrightarrow{\mathrm{OQ}} + \overrightarrow{\mathrm{QR}}$$

であるからであり，これは，ベクトルの加法は交換則（commutative law）に従うことを示している。

図 1.6 は，また，ベクトル $\boldsymbol{A}$, $\boldsymbol{B}$ の和を求めるときには，ベクトル $\boldsymbol{A}$ の終点に，ベクトル $\boldsymbol{B}$ の始点をもってきて（ベクトルは，向きと大きさとを変えなければ，始点を動かしてもよいことを思い出す），ベクトル $\boldsymbol{A}$ の始点とベクトル

$\boldsymbol{B}$ の終点とを結べば，その有向線分 $\boldsymbol{C}$ がベクトル $\boldsymbol{A}$，$\boldsymbol{B}$ の和を表していることを示している。以上の説明は，二つのベクトルの場合（これを二次元空間におけるベクトルの和という）についてであったが，三つのベクトルの和の場合も同様である。図 **1.7** に示すように，ベクトル $\boldsymbol{A}$ の終点 P にベクトル $\boldsymbol{B}$ の始点を移し，さらにベクトル $\boldsymbol{B}$ の終点 R にベクトル $\boldsymbol{C}$ の始点をもってきて，ベクトル $\boldsymbol{A}$ の始点とベクトル $\boldsymbol{C}$ の終点 S とを結ぶベクトル $\boldsymbol{D}$ を作り，ベクトル $\boldsymbol{D}$ を三つのベクトル $\boldsymbol{A}$，$\boldsymbol{B}$，$\boldsymbol{C}$ の和と呼び

$$\boldsymbol{D} = (\boldsymbol{A} + \boldsymbol{B}) + \boldsymbol{C} \tag{1.12}$$

と書くのである。これはまた，図 1.7 において，ベクトル $\boldsymbol{A}$，$\boldsymbol{B}$，$\boldsymbol{C}$ を三辺とする平行六面体を作ると，その対角線から作られるベクトル $\boldsymbol{D}$ が，ベクトル $(\boldsymbol{A} + \boldsymbol{B}) + \boldsymbol{C}$ となっているということもできる。図 1.7 より，つぎの結合則（associative law）が成り立つ。

$$(\boldsymbol{A} + \boldsymbol{B}) + \boldsymbol{C} = \boldsymbol{A} + (\boldsymbol{B} + \boldsymbol{C}) \tag{1.13}$$

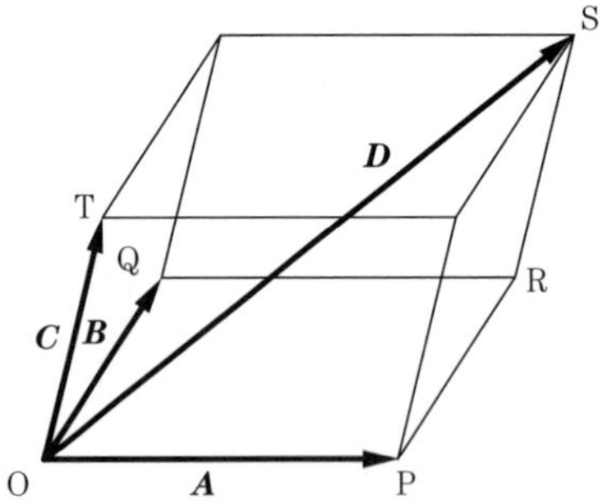

図 **1.7**　ベクトルの和（三次元）

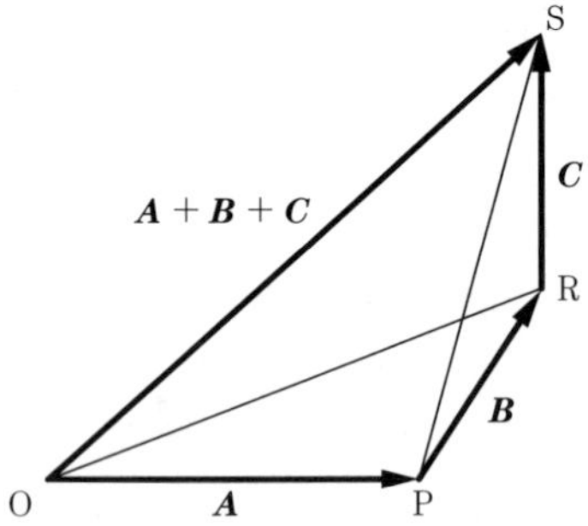

図 **1.8**　ベクトルの和（結合則）

式 (1.13) の証明は，つぎのようになる。図 **1.8** より

$$\overrightarrow{\mathrm{OP}} + \overrightarrow{\mathrm{PR}} = \overrightarrow{\mathrm{OR}} = (\boldsymbol{A} + \boldsymbol{B})$$

$$\overrightarrow{\mathrm{PR}} + \overrightarrow{\mathrm{RS}} = \overrightarrow{\mathrm{PS}} = (\boldsymbol{B} + \boldsymbol{C})$$

$$\overrightarrow{\mathrm{OR}} + \overrightarrow{\mathrm{RS}} = \overrightarrow{\mathrm{OS}} = \overrightarrow{\mathrm{OP}} + \overrightarrow{\mathrm{PS}}$$

すなわち

$$(\boldsymbol{A}+\boldsymbol{B})+\boldsymbol{C}=\boldsymbol{A}+(\boldsymbol{B}+\boldsymbol{C})$$

である。これより

$$(\boldsymbol{A}+\boldsymbol{B})+\boldsymbol{C}=\boldsymbol{A}+(\boldsymbol{B}+\boldsymbol{C})=\boldsymbol{A}+\boldsymbol{B}+\boldsymbol{C}$$

となり，交換則により，次式が成り立つ。

$$\boldsymbol{A}+\boldsymbol{B}+\boldsymbol{C}=\boldsymbol{A}+\boldsymbol{C}+\boldsymbol{B}=\boldsymbol{B}+\boldsymbol{A}+\boldsymbol{C}=\boldsymbol{C}+\boldsymbol{B}+\boldsymbol{A} \tag{1.14}$$

1.4.3　ベクトルの差（減法）

ベクトル $\boldsymbol{A}$，$\boldsymbol{B}$ の差は，ベクトル $\boldsymbol{A}$ と，ベクトル $\boldsymbol{B}$ の逆ベクトル $-\boldsymbol{B}$ との和として定義される（図 **1.9**）。

$$\boldsymbol{C}=\boldsymbol{A}+(-\boldsymbol{B})=\boldsymbol{A}-\boldsymbol{B} \tag{1.15}$$

あるいは，ベクトル $\boldsymbol{A}$ の終点を始点とするベクトル $-\boldsymbol{B}$ を考え，ベクトル $\boldsymbol{A}$ の始点とベクトル $-\boldsymbol{B}$ の終点を結ぶベクトルが，ベクトル $\boldsymbol{A}$，$\boldsymbol{B}$ の差 $\boldsymbol{A}-\boldsymbol{B}$ であるといってもよい（図 **1.10**）。

式 (1.15) において，$\boldsymbol{B}=\boldsymbol{A}$ ならば

$$\boldsymbol{A}-\boldsymbol{B}=\boldsymbol{A}-\boldsymbol{A}=\boldsymbol{0} \tag{1.16}$$

となる。式 (1.16) で定義されるベクトルが，零ベクトルである。

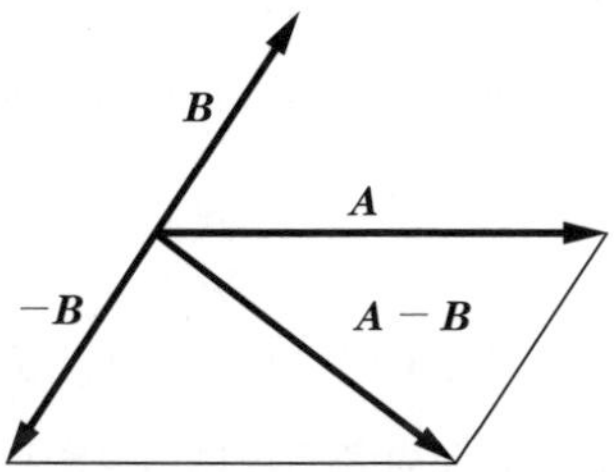

図 **1.9**　ベクトルの差の定義

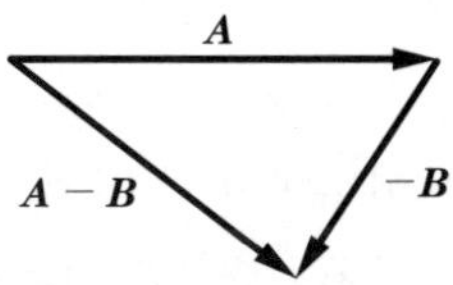

図 **1.10**　ベクトルの差の求め方

1.4.4 ベクトルのスカラー倍

a を任意のスカラー，$\boldsymbol{A}$ を任意のベクトルとする。ここで，ベクトルのスカラー倍 $a\boldsymbol{A}$ をつぎのように定義する（図 **1.11**）。

大きさ： ベクトル $\boldsymbol{A}$ の大きさ，すなわち，絶対値 $|\boldsymbol{A}|$ の $|a|$ 倍

向き： $a > 0$ ならば，ベクトル $\boldsymbol{A}$ と同じ向き

$a < 0$ ならば，ベクトル $\boldsymbol{A}$ と反対の向き

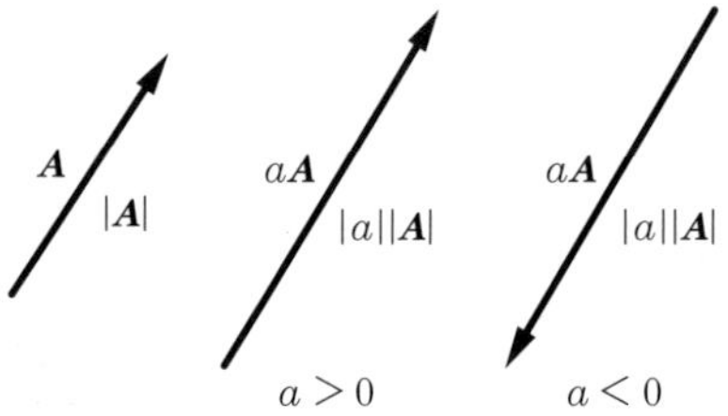

図 1.11 ベクトルのスカラー倍

ベクトルのスカラー倍についてはつぎの関係式が成り立つ。

$$a(b\boldsymbol{A}) = (ab)\boldsymbol{A}$$

$$(a+b)\boldsymbol{A} = a\boldsymbol{A} + b\boldsymbol{A}$$

$$a(\boldsymbol{A}+\boldsymbol{B}) = a\boldsymbol{A} + a\boldsymbol{B}$$

ベクトルの和とスカラー倍が定義されている空間をベクトル空間と呼ぶ。

1.4.5 ベクトルの加法・減法の応用

これまで述べてきたことは，きわめて原理的な定義を連ねただけのように見えるが，これだけの知識を用いて，日常生活で遭遇する紛らわしい問題を手際よく処理することができる。その例をつぎに示す。

例題 1.2 南に向かって時速 20 km で自転車を走らせている人が，風が東から吹いてくると感じた。時速を 25 km に上げたところ風は南東から吹い

てくるように感じたという。風向と風速とを求めよ（風速は m/s で表示せよ）[6)]。

【解答】　ベクトル代数を応用した基本的な問題である。一見，ややこしく見えるが，きちんと整理すると機械的に解くことができる。無風のときに南に向かって自転車を走らせている人は，南から北向きに風が吹いているように感じる。

いま，大きさ w の風が北から測って θ の角度から吹いているとすると（これをベクトル $\boldsymbol{w}$ で表す），自転車に乗っている人が受ける風はこの二つの風のベクトル的合成になる。この合成風が東から吹いているのであるから，ベクトルの合成図は**図 1.12**(a)のようになる。一方，速度を 25 km/h に上げたら風は南東から吹いてくるように感じたのであるから，この場合のベクトルの合成図は図 1.12(b)のようになる（自転車に乗っている人が感じる風をベクトル $\boldsymbol{w}'$ で表すことにする）。

$|\boldsymbol{w}| = w$，$|\boldsymbol{w}'| = w'$ とする。図(a)から

$$w\cos\theta = 20\,\mathrm{km/h} \tag{1.17}$$

を得る。図(b)からは式(1.18)，(1.19)を得る。

$$w\cos\theta + w'\cos 45^\circ = 25\,\mathrm{km/h} \tag{1.18}$$

$$w\sin\theta = w'\sin 45^\circ \tag{1.19}$$

式(1.17)，(1.18)から $w' = 5\sqrt{2}\,\mathrm{km/h}$ がすぐに出てくる。これを式(1.19)に用いると

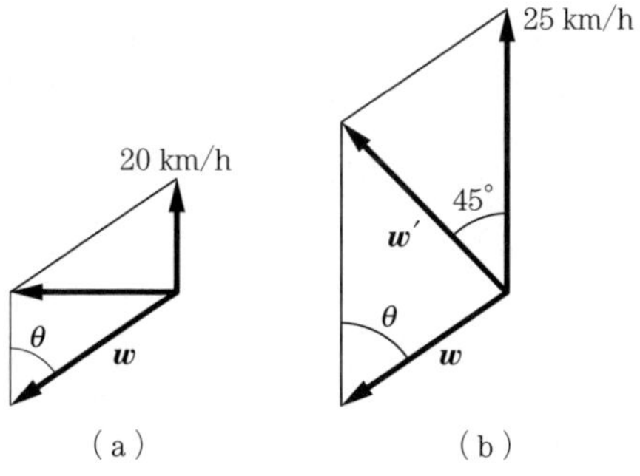

図 1.12　ベクトル合成図

$$w \sin\theta = 5\,\mathrm{km/h} \tag{1.20}$$

が求まり，式 (1.17)，(1.20) より

$$\tan\theta = \frac{1}{4} \rightarrow \theta = 14.04^\circ$$

となる。式 (1.20) より，$w = \dfrac{5}{\sin\theta} = 20.6\,\mathrm{km/h} \rightarrow w = 5.72\,\mathrm{m/s}$ ◇

章 末 問 題

【1】 つぎの量はスカラーかベクトルか？

(1) 圧力　(2) 仕事　(3) 運動量　(4) 運動エネルギー　(5) 温度
(6) 電荷　(7) 電位　(8) 密度　(9) 重量　(10) 速度

【2】 飛行機の地面に対する速度を対地速度，空気の流れに対する速度を対気速度という。

(1) 時速 50 km の西風（ジェットストリーム）が吹いている。ある飛行機が，対地速度 800 km/h で北東に向かって飛行している。風が吹いていないとすると，この飛行機はどの方向にどのくらいの速度で飛行していることになるか？

(2) ある飛行機の離陸速度（対気）は 150 km/h である。北東から吹く 45 m/s の風のなかを，滑走路上東に向けて離陸した飛行機の対地速度はいくらか？

【3】 三次元空間内の 1 点 P に力 $\boldsymbol{p}$，$\boldsymbol{q}$，$\boldsymbol{r}$ が働いている。ある基準ベクトル $\boldsymbol{e}_1$，$\boldsymbol{e}_2$，$\boldsymbol{e}_3$ を用いて，$\boldsymbol{q} = 5\boldsymbol{e}_2 - 3\boldsymbol{e}_3$，$\boldsymbol{r} = 2\boldsymbol{e}_1 - 3\boldsymbol{e}_2$ と表されるとき，これらの力が釣り合うように，力 $\boldsymbol{p}$ を定めよ[7]。

【4】 南に向けて 10 km/h で走っている人が，風が西から吹いてくると感じた。速度を 20 km/h に増したところ，風は南西から吹いてくると感じた。風速と風向きを求めよ[6]。

2 ベクトルの成分表示と内積

2.1 ベクトルの成分表示

2.1.1 単位ベクトルと基底ベクトル

これまでベクトルは，特に座標系を考えずに，三次元空間内あるいは二次元空間内を，自由に動き得るものとしてきた。しかし，物体の運動を考えるようなときには，座標系を決めて，そのなかにおける点Pの動きを追うのが普通である。そこで，本節では，座標系を導入して，ベクトルと座標系との間の関係を定義することにする。三つの同一平面上にないベクトル $\boldsymbol{A}$，$\boldsymbol{B}$，$\boldsymbol{C}$ を考える（ベクトルが同一平面上にないことを，「共面ではない」，あるいは，「一次独立である」などというが，このことについては，2.2 節で改めて述べる）。1.4 節において，任意のベクトル $\boldsymbol{D}$ は，三つのベクトル $\boldsymbol{A}$，$\boldsymbol{B}$，$\boldsymbol{C}$ の和で表せることを学んだ（式 (1.12)）。このことを別の角度から眺めてみることにする。いま，任意のベクトル $\boldsymbol{D}$ が図 **2.1** に示すように三つのベクトル $\overrightarrow{\mathrm{OP}}$，$\overrightarrow{\mathrm{OQ}}$，$\overrightarrow{\mathrm{OR}}$ の和

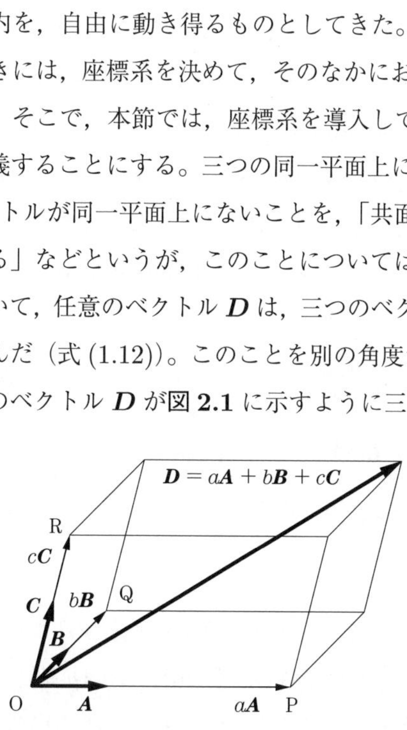

図 2.1　三次元空間の任意のベクトルの表示

で表せるものとすると

$$\boldsymbol{D} = \overrightarrow{\mathrm{OP}} + \overrightarrow{\mathrm{OQ}} + \overrightarrow{\mathrm{OR}}$$

となる。ここで $\overrightarrow{\mathrm{OP}}$，$\overrightarrow{\mathrm{OQ}}$，$\overrightarrow{\mathrm{OR}}$ は，スカラー a，b，c とベクトル $\boldsymbol{A}$，$\boldsymbol{B}$，$\boldsymbol{C}$ を用いて

$$\overrightarrow{\mathrm{OP}} = a\boldsymbol{A}$$
$$\overrightarrow{\mathrm{OQ}} = b\boldsymbol{B}$$
$$\overrightarrow{\mathrm{OR}} = c\boldsymbol{C}$$

と表されるとすると

$$\boldsymbol{D} = a\boldsymbol{A} + b\boldsymbol{B} + c\boldsymbol{C} \tag{2.1}$$

を得る。すなわち，三次元空間内の全ベクトルは，三つのベクトル $\boldsymbol{A}$，$\boldsymbol{B}$，$\boldsymbol{C}$ に平行な辺をもつ平行六面体の対角線として表すことができることを示している。

大きさ 1 のベクトルを**単位ベクトル**（unit vector）という。ベクトル $\boldsymbol{A}$，$\boldsymbol{B}$，$\boldsymbol{C}$ をつぎのように，単位ベクトル（大きさ 1 のベクトル）$\boldsymbol{e}_1$，$\boldsymbol{e}_2$，$\boldsymbol{e}_3$ に置き換え，任意のベクトル $\boldsymbol{D}$ を $\boldsymbol{e}_1$，$\boldsymbol{e}_2$，$\boldsymbol{e}_3$ の組で表すようにしたとき，ベクトル $\boldsymbol{e}_1$，$\boldsymbol{e}_2$，$\boldsymbol{e}_3$ を**基底ベクトル**あるいは**基本ベクトル**（fundamental vector）あるいは，単に基底と呼ぶ。

$$\boldsymbol{e}_1 = \frac{\boldsymbol{A}}{|\boldsymbol{A}|}, \quad \boldsymbol{e}_2 = \frac{\boldsymbol{B}}{|\boldsymbol{B}|}, \quad \boldsymbol{e}_3 = \frac{\boldsymbol{C}}{|\boldsymbol{C}|} \tag{2.2}$$

基底ベクトルを用いると，ベクトル $\boldsymbol{D}$ は

$$\boldsymbol{D} = a|\boldsymbol{A}|\boldsymbol{e}_1 + b|\boldsymbol{B}|\boldsymbol{e}_2 + c|\boldsymbol{C}|\boldsymbol{e}_3 \tag{2.3}$$

となる。

基底ベクトルは任意にとれるので，特にこれを点 O を原点とするたがいに直交する三次元座標系 $\Sigma(\mathrm{O}xyz)$ の三つの座標軸 Ox（x 軸），Oy（y 軸），Oz（z 軸）に沿う大きさ 1 のベクトルにとることにする。Ox，Oy，Oz 方向の基底ベ

クトルを，それぞれ $\boldsymbol{i}$，$\boldsymbol{j}$，$\boldsymbol{k}$ で表す。以後 $\boldsymbol{i}$，$\boldsymbol{j}$，$\boldsymbol{k}$ と書いた場合には，三次元直交座標系の基底ベクトルを表すものと約束する。

三次元直交座標系を，$\Sigma(\mathrm{O}xyz)$ あるいは $\Sigma(\mathrm{O};\boldsymbol{i},\boldsymbol{j},\boldsymbol{k})$ と表すことがある。Σ（シグマ）は座標系を表す記号で，$\Sigma(\mathrm{O};\boldsymbol{i},\boldsymbol{j},\boldsymbol{k})$ は，点 O を原点とし，$\boldsymbol{i}$，$\boldsymbol{j}$，$\boldsymbol{k}$ をそれぞれ基底ベクトルとする三次元直交座標系であることを示す。ところで，基底ベクトルは，直交する三つのベクトルに限らないことに注意しよう。例えば，図 **2.2** のような始点 O を共有する，たがいに直交しない三つのベクトル $\boldsymbol{e}_1$，$\boldsymbol{e}_2$，$\boldsymbol{e}_3$ を基底とすることも可能である。このような座標系を斜交座標系と呼ぶ。座標系を，直交，斜交を含めて一般的に表すときに，$\Sigma(\mathrm{O};\boldsymbol{e}_1,\boldsymbol{e}_2,\boldsymbol{e}_3)$ と記すことがある。本書では斜交座標系については深く立ち入らない。

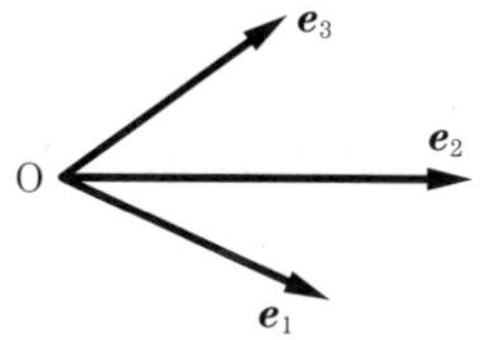

図 2.2　斜交座標系の基底ベクトル

2.1.2　正　射　影

ベクトル $\boldsymbol{A}$ の始点 O を通る直線を l とし，$\boldsymbol{A}$ の終点 P の直線 l 上への投影を Q とする（図 **2.3**）。すると，ベクトル $\overrightarrow{\mathrm{OP}}$ を直線 l 上へ投影したベクトルは $\overrightarrow{\mathrm{OQ}}$ となり，単位ベクトルを $\boldsymbol{e}$，$|\overrightarrow{\mathrm{OQ}}| = A_l$ とすると

$$\overrightarrow{\mathrm{OQ}} = A_l\boldsymbol{e} \tag{2.4}$$

と表せる。このベクトル $\overrightarrow{\mathrm{OQ}}$ を，ベクトル $\boldsymbol{A}$ の直線 l 上への**正射影**（orthogonal projection）という。

ベクトル $\overrightarrow{\mathrm{OP}}$ とベクトル $\overrightarrow{\mathrm{OQ}}$ との間の角度を θ とすると，$A_l = |\boldsymbol{A}||\cos\theta|$

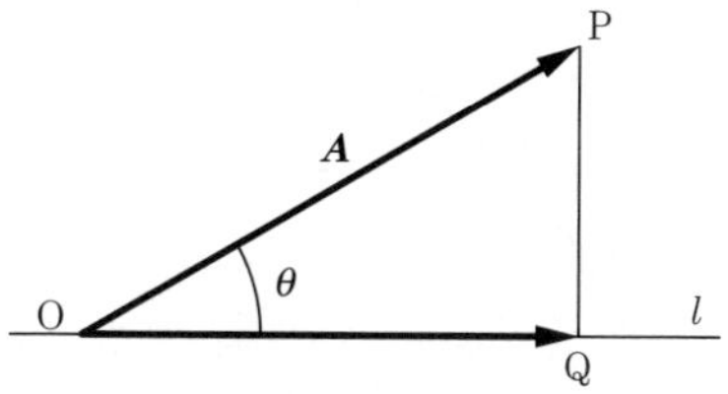

図 2.3　正　射　影

であるから，正射影の大きさは

$$|\overrightarrow{\mathrm{OQ}}| = |A_l \boldsymbol{e}| = A_l = |\boldsymbol{A}||\cos\theta| \tag{2.5}$$

である。

2.1.3 方向余弦

三次元直交座標系 $\Sigma(\mathrm{O}xyz)$ 内の原点 O を始点にもつベクトル $\boldsymbol{A}$ が，x，y，z 軸となす角度を，それぞれ α，β，γ とする。A_x，A_y，A_z を，それぞれベクトル $\boldsymbol{A}$ の x，y，z 軸への正射影の大きさとすると

$$A_x = |\boldsymbol{A}|\cos\alpha, \quad A_y = |\boldsymbol{A}|\cos\beta, \quad A_z = |\boldsymbol{A}|\cos\gamma \tag{2.6}$$

となるが（**図 2.4**），ここで

$$l = \cos\alpha, \quad m = \cos\beta, \quad n = \cos\gamma \tag{2.7}$$

とおいて，l，m，n をベクトル $\boldsymbol{A}$ の**方向余弦**（direction cosine）という。すなわち，方向余弦を用いると

$$A_x = |\boldsymbol{A}|l, \quad A_y = |\boldsymbol{A}|m, \quad A_z = |\boldsymbol{A}|n \tag{2.8}$$

となる。方向余弦の威力は，座標変換のときに示される。本書では，後でその一端を示すことにする（5.1.6 項）。

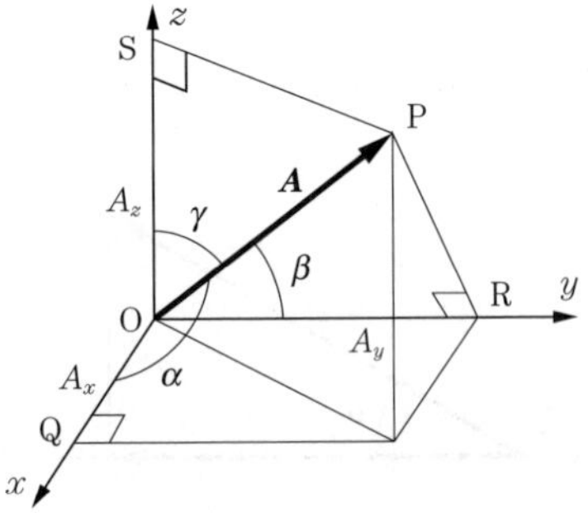

図 2.4　方向余弦

2.1.4　ベクトルの成分表示

1.1 節の序論で述べたベクトルの概念のところで，成分で表示せずに，まとめてベクトル表示すると式が簡潔になり，三次元の量をあたかも一次元の量であるがごとく扱えると述べたが，最後までベクトルのままでは実際の役に立たず，実用に供するためには，成分表示に戻す必要がある。

$\boldsymbol{A}$ を任意のベクトルとし，その始点 O に三次元直交座標系の原点をおく。ベクトル $\boldsymbol{A}$ の終点 P から x，y，z におろした垂線の足をそれぞれ点 Q，R，S で表すと，ベクトル $\overrightarrow{\mathrm{OQ}}$，$\overrightarrow{\mathrm{OR}}$，$\overrightarrow{\mathrm{OS}}$ は，ベクトル $\boldsymbol{A}$ の x，y，z 軸への正射影である。その正射影の大きさを A_x，A_y，A_z とすると，式 (2.1) において

$$\boldsymbol{D} \to \boldsymbol{A}, \quad \boldsymbol{A} \to \boldsymbol{i}, \quad \boldsymbol{B} \to \boldsymbol{j}, \quad \boldsymbol{C} \to \boldsymbol{k},$$

$$a \to A_x, \quad b \to A_y, \quad c \to A_z$$

と置き換えたことになり

$$\boldsymbol{A} = A_x\boldsymbol{i} + A_y\boldsymbol{j} + A_z\boldsymbol{k} \tag{2.9}$$

を得る。(A_x, A_y, A_z) をベクトル $\boldsymbol{A}$ の**成分**（components）と呼び，式 (2.9) をベクトル $\boldsymbol{A}$ の成分表示という。また，(A_x, A_y, A_z) は，ベクトル $\boldsymbol{A}$ の終点 P の三次元直交座標系における座標でもあり，ベクトル $\boldsymbol{A}$ をベクトル (A_x, A_y, A_z) と表記したり

$$\boldsymbol{A} = (A_x, A_y, A_z) \tag{2.10}$$

と表記することもある。

2.1.5　ベクトルの大きさ

ベクトルの成分を用いると，ベクトル $\boldsymbol{A}$ の大きさ $|\boldsymbol{A}|$ は，**図 2.5** より

$$|\boldsymbol{A}| = \sqrt{A_x^2 + A_y^2 + A_z^2} \tag{2.11}$$

と表せる。ベクトル $\boldsymbol{A}$ の方向余弦を l，m，n とすると，式 (2.7)，(2.8)，(2.11) より，つぎの関係式を得る。

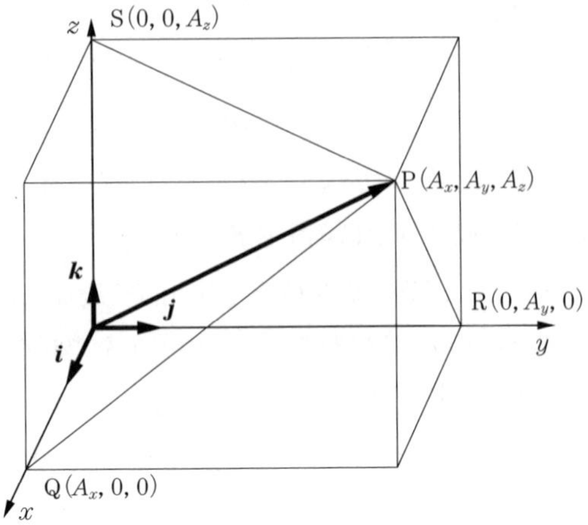

図 **2.5**　ベクトルの成分表示

$$
\begin{aligned}
l &= \cos\alpha = \frac{A_x}{|\boldsymbol{A}|} = \frac{A_x}{\sqrt{A_x^2 + A_y^2 + A_z^2}} \\
m &= \cos\beta = \frac{A_y}{|\boldsymbol{A}|} = \frac{A_y}{\sqrt{A_x^2 + A_y^2 + A_z^2}} \\
n &= \cos\gamma = \frac{A_z}{|\boldsymbol{A}|} = \frac{A_z}{\sqrt{A_x^2 + A_y^2 + A_z^2}}
\end{aligned}
\tag{2.12}
$$

式 (2.12) より

$$l^2 + m^2 + n^2 = 1 \tag{2.13}$$

あるいは

$$\cos^2\alpha + \cos^2\beta + \cos^2\gamma = 1 \tag{2.14}$$

が成り立つ。

2.1.6　ベクトルの基本演算と成分

ベクトル $\boldsymbol{A}$ の成分を (A_x, A_y, A_z)，ベクトル $\boldsymbol{B}$ の成分を (B_x, B_y, B_z) とするとき，ベクトル $\boldsymbol{A}$ とベクトル $\boldsymbol{B}$ の和と差はつぎのように表される。

$$\boldsymbol{A} \pm \boldsymbol{B} = (A_x\boldsymbol{i} + A_y\boldsymbol{j} + A_z\boldsymbol{k}) \pm (B_x\boldsymbol{i} + B_y\boldsymbol{j} + B_z\boldsymbol{k})$$
$$= (A_x \pm B_x)\boldsymbol{i} + (A_y \pm B_y)\boldsymbol{j} + (A_z \pm B_z)\boldsymbol{k} \qquad (2.15)$$

すなわち，ベクトル $\boldsymbol{A}+\boldsymbol{B}$ の成分は，$(A_x \pm B_x)$，$(A_y \pm B_y)$，$(A_z \pm B_z)$ となる。また，ベクトルのスカラー倍はつぎのようになる。

$$a\boldsymbol{A} = a(A_x\boldsymbol{i} + A_y\boldsymbol{j} + A_z\boldsymbol{k}) = (aA_x\boldsymbol{i} + aA_y\boldsymbol{j} + aA_z\boldsymbol{k}) \qquad (2.16)$$

すなわち，ベクトル $a\boldsymbol{A}$ の成分は，(aA_x, aA_y, aA_z) となる。

任意の 2 点の位置ベクトル（座標系の原点と点を結ぶベクトルについては，2.1.7 項参照）がわかれば，その 2 点を結んでできるベクトルを表示できる。いま，三次元直交座標系内の 2 点 P，Q を考え，その位置ベクトルを，それぞれ，$\overrightarrow{\mathrm{OP}} = (x_1, y_1, z_1)$，$\overrightarrow{\mathrm{OQ}} = (x_2, y_2, z_2)$ とする。すると，点 P を始点，点 Q を終点とするベクトル $\overrightarrow{\mathrm{PQ}}$ はつぎのように表せる。

$$\overrightarrow{\mathrm{PQ}} = \overrightarrow{\mathrm{OQ}} - \overrightarrow{\mathrm{OP}} = (x_2 - x_1, y_2 - y_1, z_2 - z_1) \qquad (2.17)$$

始点，終点が与えられたときのベクトル成分，大きさなどの求め方の実例をつぎの例題に示す。

例題 2.1　三次元直交座標系内の点 P(1, 2, 3)，Q(3, 4, 1) をそれぞれ始点，終点とするベクトル $\boldsymbol{A} = \overrightarrow{\mathrm{PQ}}$ について，つぎを求めよ（図 **2.6**）。

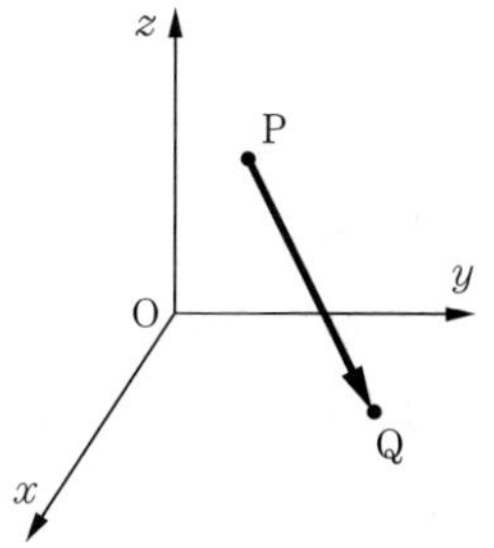

図 2.6　点 P と点 Q によって定義されるベクトル

(1)　ベクトル $\boldsymbol{A}$ の成分

(2)　ベクトル $\boldsymbol{A}$ の大きさ

(3)　ベクトル $\boldsymbol{A}$ の方向余弦

【解答】

(1)　ベクトル $\boldsymbol{A}$ の始点と終点とを与えて，そのベクトルの成分を求めるということは，図 2.6 において，始点と終点とを，それぞれ $\mathrm{P}(x_1, y_1, z_1)$，$\mathrm{Q}(x_2, y_2, z_2)$ とすると，$\boldsymbol{A} = \overrightarrow{\mathrm{PQ}}$ であるから，ベクトル $\overrightarrow{\mathrm{PQ}}$ の成分表示を求めることに他ならない。したがって，$\boldsymbol{A} = \overrightarrow{\mathrm{PQ}} = (x_2 - x_1, y_2 - y_1, z_2 - z_1)$ が求める成分表示となる。よって

$$\boldsymbol{A} = \overrightarrow{\mathrm{PQ}} = (x_2 - x_1, y_2 - y_1, z_2 - z_1) = (3-1, 4-2, 1-3) = (2, 2, -2)$$

となって，ベクトル $\boldsymbol{A}$ の成分は $(2, 2, -2)$ である。

(2)　ベクトル $\boldsymbol{A}$ の成分 (A_x, A_y, A_z) は，$(2, 2, -2)$ なのであるから，ベクトル $\boldsymbol{A}$ の大きさは，式 (2.11) よりつぎのようになる。

$$|\boldsymbol{A}| = \sqrt{A_x^2 + A_y^2 + A_z^2} = \sqrt{2^2 + 2^2 + (-2)^2} = 2\sqrt{3}$$

(3)　(1)，(2) で求めた，(A_x, A_y, A_z) ならびに $|\boldsymbol{A}|$ を，式 (2.12) に用いれば，ただちに方向余弦をつぎのように求めることができる。

$$l = \frac{A_x}{|\boldsymbol{A}|} = \frac{2}{2\sqrt{3}} = \frac{1}{\sqrt{3}}$$
$$m = \frac{A_y}{|\boldsymbol{A}|} = \frac{2}{2\sqrt{3}} = \frac{1}{\sqrt{3}}$$
$$n = \frac{A_z}{|\boldsymbol{A}|} = \frac{-2}{2\sqrt{3}} = -\frac{1}{\sqrt{3}}$$

（注）ベクトル $\boldsymbol{A}$ は，$\boldsymbol{A} = 2\boldsymbol{i} + 2\boldsymbol{j} - 2\boldsymbol{k}$ と表すとしてもよい。　◇

例題 2.2　飛行機の地面に対する速度を対地速度という（参考までに，空気の流れに対する速度を対気速度という）。時速 50 km の西風（ジェットストリーム）が吹いているとき，ある飛行機が対地速度 800 km/h で北東に向かって飛行している。この飛行機は，風がなければどの方向に時速何 km で飛行していることになるか？

【解答】 風が吹いているなかを飛んでいる飛行機の対地速度ベクトルを $\boldsymbol{V}_a$，風がないときの飛行機の速度ベクトルを $\boldsymbol{V}$ ，風の速度ベクトルを $\boldsymbol{V}_w$ とする。問題は，高度方向については何も述べていないので，地面に平行な平面，すなわち二次元平面内で考えればよいので，これらのベクトルは，いずれも二次元ベクトルとなる。すると

$$\boldsymbol{V}_a = \left(800 \times \frac{1}{\sqrt{2}}, 800 \times \frac{1}{\sqrt{2}}\right)$$

$$\boldsymbol{V}_w = (50, 0)$$

となり，図 **2.7** より

$$\boldsymbol{V} = \boldsymbol{V}_a - \boldsymbol{V}_w = (566 - 50, 566 - 0) = (516, 566)$$

となる。したがって

$$|\boldsymbol{V}| = \sqrt{516^2 + 566^2} = 766\,\mathrm{km/h}$$

$$\cos\theta = \frac{566}{766} = 0.738\,9 \rightarrow \theta = 42.4^\circ$$

となって，飛行機は，風がなければ北から東に 42.4° 傾いた方向に向けて，766 km/h で飛行する。この例題は 1 章の章末問題【 **2** 】(1) をベクトル演算で解いたものである。 ◇

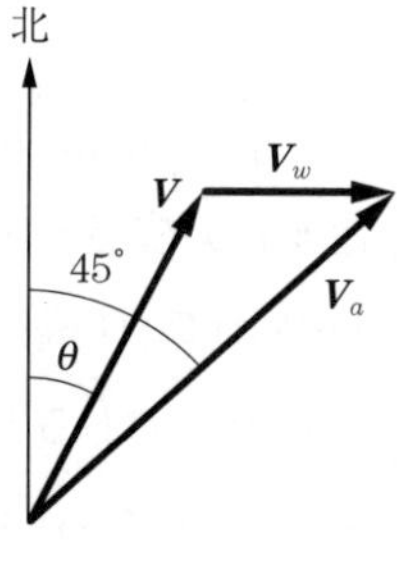

図 **2.7**　ベクトル合成図

2.1.7　位置ベクトル

三次元直交座標系において，原点 O(0, 0, 0) を始点とし，点 P(x, y, z) を終点とするベクトル $\boldsymbol{r} = \overrightarrow{\mathrm{OP}}$ を，点 P の**位置ベクトル**（position vector）という。位置ベクトルの成分は (x, y, z) であり，三次元直交座標系の基底ベクトル $\boldsymbol{i}$，$\boldsymbol{j}$，$\boldsymbol{k}$ を用いて

$$\boldsymbol{r} = x\boldsymbol{i} + y\boldsymbol{j} + z\boldsymbol{k} \tag{2.18}$$

とも表される。すなわち，三次元直交座標系では，点Pの座標がその成分となる。式(2.18)は，位置ベクトルを一般的に表すのに用いられる。特に，点Pが移動している物体であるとき，$\boldsymbol{r}$を動径ベクトル（radius vector）ということもある。

2.2　一次従属と一次独立

二つのベクトル$\boldsymbol{A}$，$\boldsymbol{B}$の間につぎの関係があるとする。

$$\boldsymbol{B} = n\boldsymbol{A} \tag{2.19}$$

式(2.19)はベクトル$\boldsymbol{A}$，$\boldsymbol{B}$が同じ直線上に乗っており，ベクトル$\boldsymbol{B}$の大きさは，ベクトル$\boldsymbol{A}$のn倍であることを示している。このとき，ベクトル$\boldsymbol{A}$とベクトル$\boldsymbol{B}$は共線（colinear）であるという。$n = -a/b$とおくことによって，式(2.19)は，つぎのように書き直すことができる。

$$a\boldsymbol{A} + b\boldsymbol{B} = \boldsymbol{0} \tag{2.20}$$

式(2.20)の関係をベクトル$\boldsymbol{A}$，$\boldsymbol{B}$の線形結合（linear combination）といい，$a \neq 0$，$b \neq 0$であるa，bについて，式(2.20)の関係が成り立つとき，ベクトル$\boldsymbol{A}$とベクトル$\boldsymbol{B}$は，**一次従属**あるいは**線形従属**（linearly dependent）であるという。すなわち，ベクトル$\boldsymbol{A}$，$\boldsymbol{B}$が一次従属であるとは，$\boldsymbol{A}$，$\boldsymbol{B}$を平行移動によって同じ直線上に乗せることができる，すなわち$\boldsymbol{A}$，$\boldsymbol{B}$は平行であることをいう。線形であるということは一次式で表されるということであり，ベクトル$\boldsymbol{A}$，$\boldsymbol{B}$が一次従属ではないとき（平行ではないとき），すなわち，式(2.20)が，$a = b = 0$のときしか成り立たない場合，ベクトル$\boldsymbol{A}$とベクトル$\boldsymbol{B}$は，**一次独立**あるいは**線形独立**（linearly independent）であるという。

式(2.19)は，二つのベクトルの間の関係であったが，いま，三つのベクトル$\boldsymbol{A}$，$\boldsymbol{B}$，$\boldsymbol{C}$の間につぎの関係があるとする。

$$C = \lambda A + \mu B \tag{2.21}$$

式 (2.21) は図 **2.8** に示すように，ベクトル $\boldsymbol{A}$，$\boldsymbol{B}$，$\boldsymbol{C}$ が同一平面内にあることを示しており，このときベクトル $\boldsymbol{A}$，$\boldsymbol{B}$，$\boldsymbol{C}$ は共面（coplanar）であるという。

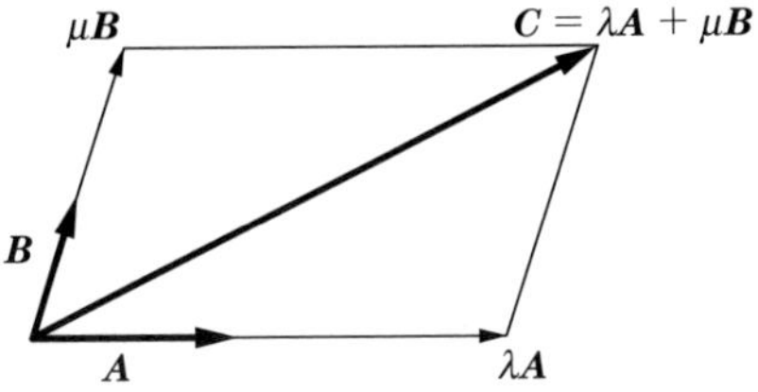

図 **2.8**　共面ベクトル

式 (2.21) の両辺に c（$\neq 0$）を掛けて，左辺に移項すると

$$-c\lambda \boldsymbol{A} - c\mu \boldsymbol{B} + c\boldsymbol{C} = \boldsymbol{0} \tag{2.22}$$

となると。ここで，改めて $-c\lambda \to \lambda$，$-c\mu \to \mu$，$c \to \nu$ とおくと，式 (2.22) は

$$\lambda \boldsymbol{A} + \mu \boldsymbol{B} + \nu \boldsymbol{C} = \boldsymbol{0} \tag{2.23}$$

となる。すなわち，$\lambda \neq 0$，$\mu \neq 0$，$\nu \neq 0$ である λ，μ，ν について，式 (2.23) が成り立てば，ベクトル $\boldsymbol{A}$，$\boldsymbol{B}$，$\boldsymbol{C}$ は共面であって，二次元の場合と同じように，一次従属あるいは線形従属であるという。また，式 (2.23) を満足する λ，μ，ν が，$\lambda = 0$，$\mu = 0$，$\nu = 0$ 以外にないとき，ベクトル $\boldsymbol{A}$，$\boldsymbol{B}$，$\boldsymbol{C}$ は一次独立あるいは線形独立であるという。一次独立な三つのベクトルは同一平面上にない（例：直交座標系の単位ベクトル）。

座標系 $\Sigma(\mathrm{O}; \boldsymbol{e}_x, \boldsymbol{e}_y, \boldsymbol{e}_z)$ において，ベクトル $\boldsymbol{A} = (a_x, a_y, a_z)$, $\boldsymbol{B} = (b_x, b_y, b_z)$ ならびに，$\boldsymbol{C} = (c_x, c_y, c_z)$ が一次独立である条件を求めてみる。

三つのベクトルを式 (2.23) の形に表し，これを成分で示すと

$$\left.\begin{aligned} \lambda a_x + \mu b_x + \nu c_x &= 0 \\ \lambda a_y + \mu b_y + \nu c_y &= 0 \\ \lambda a_z + \mu b_z + \nu c_z &= 0 \end{aligned}\right\} \tag{2.24}$$

となるが，この連立方程式が $\lambda = \mu = \nu = 0$ 以外の解をもたない条件は，線形代数で学んだ，連立一次方程式が自明以外の解をもつ条件式から

$$\begin{vmatrix} a_x & b_x & c_x \\ a_y & b_y & c_y \\ a_z & b_z & c_z \end{vmatrix} \neq 0 \tag{2.25}$$

が一次独立の条件となる。逆に

$$\begin{vmatrix} a_x & b_x & c_x \\ a_y & b_y & c_y \\ a_z & b_z & c_z \end{vmatrix} = 0 \tag{2.26}$$

は，三つのベクトル $\boldsymbol{A}$，$\boldsymbol{B}$，$\boldsymbol{C}$ が一次従属である条件式となる。

式 (2.25)，(2.26) は座標系 $\Sigma(\mathrm{O}; \boldsymbol{e}_x, \boldsymbol{e}_y, \boldsymbol{e}_z)$ について導かれているが，基底ベクトル $(\boldsymbol{e}_x, \boldsymbol{e}_y, \boldsymbol{e}_z)$ が直交しているか否かとは無関係であることに注意を要する。

例題 2.3 つぎの二つの場合について，ベクトル $\boldsymbol{A}$，$\boldsymbol{B}$，$\boldsymbol{C}$ が一次独立か，一次従属かを調べよ[6)]。

(1) $\boldsymbol{A} = 2\boldsymbol{i} + \boldsymbol{j} - 3\boldsymbol{k}$, $\quad \boldsymbol{B} = \boldsymbol{i} - 4\boldsymbol{k}$, $\quad \boldsymbol{C} = 4\boldsymbol{i} + 3\boldsymbol{j} - \boldsymbol{k}$

(2) $\boldsymbol{a} = \boldsymbol{e}_x - 3\boldsymbol{e}_y + 2\boldsymbol{e}_z$, $\quad \boldsymbol{b} = 2\boldsymbol{e}_x - 4\boldsymbol{e}_y - \boldsymbol{e}_z$, $\quad \boldsymbol{c} = 3\boldsymbol{e}_x + 2\boldsymbol{e}_y - \boldsymbol{e}_z$

【解答】 (1) は直交座標系，(2) は任意のベクトルを基底とする座標表示であるが，ともに，係数の行列式を計算してみて，式 (2.26) が成り立つならば一次従属，成り立たないならば一次独立となる。

(1) $\begin{vmatrix} 2 & 1 & 4 \\ 1 & 0 & 3 \\ -3 & -4 & -1 \end{vmatrix} = -9 - 16 + 24 + 1 = 0$ より一次従属

(2) $\begin{vmatrix} 1 & 2 & 3 \\ -3 & -4 & 2 \\ 2 & -1 & -1 \end{vmatrix} = 4 + 8 + 9 + 24 + 2 - 6 \neq 0$ より一次独立

◇

2.3 ベクトルの内積

ベクトルの代数演算には，**内積**（あるいはスカラー積），**外積**（あるいはベクトル積）と呼ばれる2種類の掛け算がある。2種類の掛け算があることに最初に気づいたのは，グラスマンである。彼の1840年の著作に「あるベクトルの大きさとそのベクトルの上にもう一つのベクトルを直角に投影したときの大きさの積」について述べており，彼はこれを最初，線形積（linear product）と呼び，後に内積（inner product）と呼び変えている。内積と名づけた理由は，一方のベクトルの大きさが他方の内に含まれる（二つのベクトルの役割を入れ替えても結果は変わらない，つまり，おたがい相手のベクトルを「内に」含むときに現れる積という意味で内積と名づけたようである）。

内積をスカラー積と名づけたのはハミルトンで，複素数の三次元表記についての研究の結果，四元数を発明し，四元数の乗法にスカラー量になるものとベクトル量になるものの2種類があることを見いだし，前者をスカラー積，後者をベクトル積と名づけたのであるが，これはグラスマンが内積，外積と名づけていたものとそれぞれ一致していた[1)]。本書では内積，外積の呼び名を採用する。

2.3.1 ベクトルの交角

三次元直交座標系 $Oxyz$ に，原点Oを始点とする二つのベクトル $\boldsymbol{A} = \overrightarrow{\mathrm{OP}}$ ならびに $\boldsymbol{B} = \overrightarrow{\mathrm{OQ}}$ が図**2.9**のように定義されているとする。この二つのベクトルの間の角（これを**交角**という）θ（$0 \leqq \theta \leqq \pi$）を，$\boldsymbol{A}$，$\boldsymbol{B}$ の成分を用いて表すことを考える。

ベクトル $\boldsymbol{A}$ の成分を (A_x, A_y, A_z)，ベクトル $\boldsymbol{B}$ の成分を (B_x, B_y, B_z) とする。すると，三角法の公式より

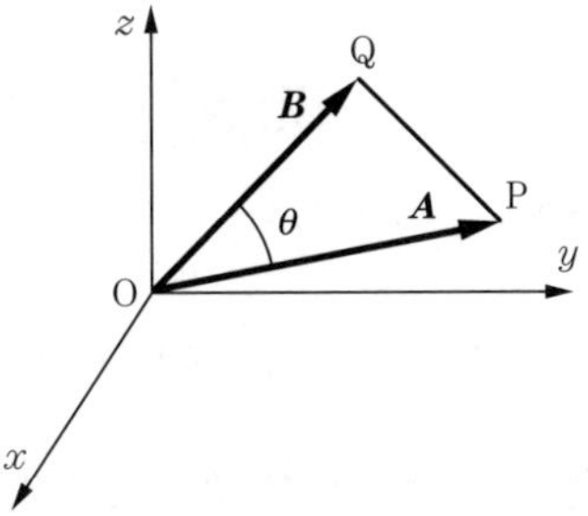

図 **2.9** ベクトルの間の角

$$|\overrightarrow{\mathrm{PQ}}|^2 = |\boldsymbol{A}|^2 + |\boldsymbol{B}|^2 - 2|\boldsymbol{A}||\boldsymbol{B}|\cos\theta \tag{2.27}$$

となる。これより

$$\cos\theta = \frac{|\boldsymbol{A}|^2 + |\boldsymbol{B}|^2 - |\overrightarrow{\mathrm{PQ}}|^2}{2|\boldsymbol{A}||\boldsymbol{B}|} \tag{2.28}$$

となるが

$$\begin{aligned}\overrightarrow{\mathrm{PQ}} &= \overrightarrow{\mathrm{OQ}} - \overrightarrow{\mathrm{OP}} = \boldsymbol{B} - \boldsymbol{A}\\ &= (B_x - A_x)\boldsymbol{i} + (B_y - A_y)\boldsymbol{j} + (B_z - A_z)\boldsymbol{k}\end{aligned} \tag{2.29}$$

より

$$|\overrightarrow{\mathrm{PQ}}|^2 = (B_x - A_x)^2 + (B_y - A_y)^2 + (B_z - A_z)^2 \tag{2.30}$$

となって，式 (2.11) より

$$|\boldsymbol{A}|^2 = A_x^2 + A_y^2 + A_z^2$$
$$|\boldsymbol{B}|^2 = B_x^2 + B_y^2 + B_z^2$$

であるから

$$\begin{aligned}\cos\theta =& \frac{|\boldsymbol{A}|^2 + |\boldsymbol{B}|^2 - |\overrightarrow{\mathrm{PQ}}|^2}{2|\boldsymbol{A}||\boldsymbol{B}|}\\ =& \frac{1}{2|\boldsymbol{A}||\boldsymbol{B}|}[(A_x^2 + A_y^2 + A_z^2) + (B_x^2 + B_y^2 + B_z^2)\\ & - (B_x - A_x)^2 - (B_y - A_y)^2 - (B_z - A_z)^2]\\ =& \frac{1}{|\boldsymbol{A}||\boldsymbol{B}|}(A_xB_x + A_yB_y + A_zB_z)\end{aligned}$$

となる。すなわち

$$\cos\theta = \frac{1}{|\boldsymbol{A}||\boldsymbol{B}|}(A_xB_x + A_yB_y + A_zB_z) \tag{2.31}$$

となる。式 (2.31) が，ベクトル $\boldsymbol{A}$ と，ベクトル $\boldsymbol{B}$ の間の角を求める公式である。

ベクトル $\boldsymbol{A}$ の方向余弦を (l, m, n)，ベクトル $\boldsymbol{B}$ の方向余弦を (λ, μ, ν) とすると，式 (2.12) より

$$A_x = |\boldsymbol{A}|l, \quad A_y = |\boldsymbol{A}|m, \quad A_z = |\boldsymbol{A}|n$$
$$B_x = |\boldsymbol{B}|\lambda, \quad B_y = |\boldsymbol{B}|\mu, \quad B_z = |\boldsymbol{B}|\nu$$

となり

$$\begin{aligned}\cos\theta &= \frac{1}{|\boldsymbol{A}||\boldsymbol{B}|}(A_xB_x + A_yB_y + A_zB_z) \\ &= \frac{|\boldsymbol{A}||\boldsymbol{B}|}{|\boldsymbol{A}||\boldsymbol{B}|}(l\lambda + m\mu + n\nu) = l\lambda + m\mu + n\nu \end{aligned} \tag{2.32}$$

となる。これから，ベクトル $\boldsymbol{A}$ の $\boldsymbol{B}$ 上への正射影ベクトルの大きさ A_b がつぎのように求められる。

$$A_b = |\boldsymbol{A}|\cos\theta = |\boldsymbol{A}|(l\lambda + m\mu + n\nu) \tag{2.33}$$

また，ベクトル $\boldsymbol{B}$ の $\boldsymbol{A}$ 上への正射影ベクトルの大きさ B_a は，つぎのようになる。

$$B_a = |\boldsymbol{B}|\cos\theta = |\boldsymbol{B}|(l\lambda + m\mu + n\nu) \tag{2.34}$$

2.3.2 ベクトルの内積

（1） ベクトルの内積の定義　ベクトルの積は，大きさと方向をもつ量の積であるため，通常のスカラー量の積のように単なる大きさの積というわけにはいかない。ベクトルには実数の場合のような掛け算はないが，実数の掛け算に相当する 2 種類の演算があり，掛け算に似た演算であるので「積」という言葉を使用している。本項ではそのうちの一つである「**内積**（あるいは**スカラー積**）」について学ぶことにする。

二つのベクトル $\boldsymbol{A}, \boldsymbol{B}$ を考え，$\boldsymbol{A}$ と $\boldsymbol{B}$ とのなす角を θ とするとき，$|\boldsymbol{A}||\boldsymbol{B}|\cos\theta$ をベクトル $\boldsymbol{A}, \boldsymbol{B}$ の**内積** (inner product) あるいは**スカラー積** (scalar product) といい，$\boldsymbol{A}$ と $\boldsymbol{B}$ との間に点を打って

$$\boldsymbol{A}\cdot\boldsymbol{B}=|\boldsymbol{A}||\boldsymbol{B}|\cos\theta=\boldsymbol{B}\cdot\boldsymbol{A} \tag{2.35}$$

と書き表す。米国では間に点（dot）を打って表記することから，dot product と呼ぶのが一般的である。ここで

$$\boldsymbol{A}\cdot\boldsymbol{B}=|\boldsymbol{A}|(|\boldsymbol{B}|\cos\theta)=|\boldsymbol{B}|(|\boldsymbol{A}|\cos\theta)$$

と書けるから，内積は一方のベクトルの大きさと，他方のベクトルの前者の方向に対する正射影の大きさとの積である（図 **2.10**）。これが内積と呼ばれるようになった理由であることは前に述べたとおりである。

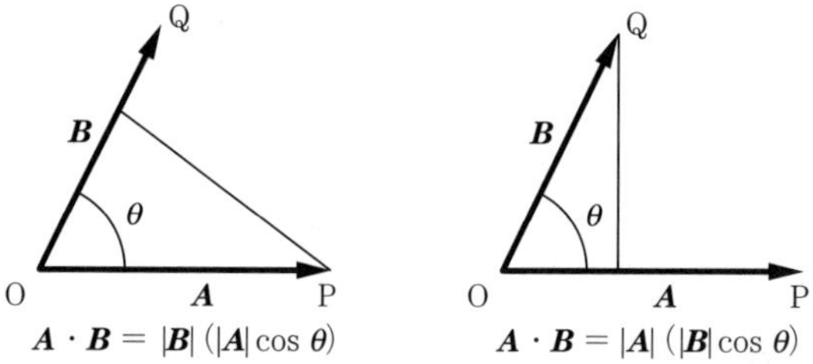

図 **2.10**　内　　積

図 2.10 より，ベクトル $\boldsymbol{A}$，$\boldsymbol{B}$ の間の角の大きさと内積の符号との関係はつぎに示すとおりである。

$$\boldsymbol{A}\cdot\boldsymbol{B}>0\longrightarrow\theta<\frac{\pi}{2}$$
$$\boldsymbol{A}\cdot\boldsymbol{B}=0\longrightarrow\theta=\frac{\pi}{2}$$
$$\boldsymbol{A}\cdot\boldsymbol{B}<0\longrightarrow\theta>\frac{\pi}{2}$$

式 (2.31) より

$$|\boldsymbol{A}||\boldsymbol{B}|\cos\theta=A_xB_x+A_yB_y+A_zB_z \tag{2.36}$$

となるが，$|\boldsymbol{A}||\boldsymbol{B}|\cos\theta = \boldsymbol{A}\cdot\boldsymbol{B}$ であるから，ベクトル $\boldsymbol{A}$，$\boldsymbol{B}$ の成分を (A_x, A_y, A_z)，(B_x, B_y, B_z) とすると

$$\boldsymbol{A}\cdot\boldsymbol{B} = A_xB_x + A_yB_y + A_zB_z \tag{2.37}$$

となる。式 (2.37) は，ベクトルの成分から，内積を計算する重要な公式である。あるいは，式 (2.31)，(2.37) より

$$\cos\theta = \frac{1}{|\boldsymbol{A}||\boldsymbol{B}|}(A_xB_x + A_yB_y + A_zB_z) = \frac{\boldsymbol{A}\cdot\boldsymbol{B}}{|\boldsymbol{A}||\boldsymbol{B}|} \tag{2.38}$$

とも書ける。式 (2.38) は，二つのベクトルの成分が与えられたときに，ベクトルのなす角度を計算する公式でもある。

式 (2.35) において，$\boldsymbol{A} = \boldsymbol{B}$ であると $\theta = 0$ であるから

$$\boldsymbol{A}\cdot\boldsymbol{A} = |\boldsymbol{A}||\boldsymbol{A}| = |\boldsymbol{A}|^2 \tag{2.39}$$

である。よって

$$|\boldsymbol{A}| = \sqrt{\boldsymbol{A}\cdot\boldsymbol{A}} \tag{2.40}$$

式 (2.40) もよく用いられる基本的な関係式である。

例題 2.4　つぎの二つのベクトルの内積および交角を求めよ。

$$\boldsymbol{a} = \boldsymbol{i} + 2\boldsymbol{j} + \boldsymbol{k}, \quad \boldsymbol{b} = -\boldsymbol{i} + \boldsymbol{j} - \boldsymbol{k}$$

【解答】

(1) 内積 $\boldsymbol{a}\cdot\boldsymbol{b} = -1 + 2 - 1 = 0$

(2) 交角は式 (2.38) を用いて計算する。

$$|\boldsymbol{a}| = \sqrt{1+4+1} = \sqrt{6} \qquad |\boldsymbol{b}| = \sqrt{1+1+1} = \sqrt{3}$$

$$\boldsymbol{a}\cdot\boldsymbol{b} = -1 + 2 - 1 = 0 \qquad \cos\theta = 0 \to \theta = \frac{\pi}{2}$$

すなわち，この二つのベクトルは直交している。

◇

(2) 二つのベクトルの直交条件　例題 2.4 で，$\boldsymbol{a}\cdot\boldsymbol{b} = 0$ のとき，二つのベクトル $\boldsymbol{a}$，$\boldsymbol{b}$ は直交するとさりげなく述べたが，この事実は非常に重要である。改めて述べるとつぎのようになる。

$$\boldsymbol{A}\cdot\boldsymbol{B}=0 \tag{2.41}$$

はベクトル $\boldsymbol{A}$ とベクトル $\boldsymbol{B}$ の直交条件である。

$\boldsymbol{A}\cdot\boldsymbol{B}=0$ のとき，必ずしも $\boldsymbol{A}$，$\boldsymbol{B}$ どちらかあるいは両方が 0 である必要はないことに注意する必要がある。すなわちベクトル解析においては，「$\boldsymbol{A}\cdot\boldsymbol{B}=0$ ならば $\boldsymbol{A}=\boldsymbol{0}$ または $\boldsymbol{B}=\boldsymbol{0}$」は必ずしも成り立たない（$\boldsymbol{A}\neq\boldsymbol{0}$，$\boldsymbol{B}\neq\boldsymbol{0}$ でも $\boldsymbol{A}\cdot\boldsymbol{B}=0$ となる場合がある。式 (2.42) 参照)。三次元直交座標系の基底ベクトルはたがいに直交する長さ 1 のベクトルであるから，式 (2.39)，(2.41) より

$$\begin{aligned}&\boldsymbol{i}\cdot\boldsymbol{i}=\boldsymbol{j}\cdot\boldsymbol{j}=\boldsymbol{k}\cdot\boldsymbol{k}=1,\\&\boldsymbol{i}\cdot\boldsymbol{j}=\boldsymbol{i}\cdot\boldsymbol{k}=\boldsymbol{j}\cdot\boldsymbol{k}=0\end{aligned} \tag{2.42}$$

となる。ベクトルの直交条件に関しては，例題 2.5 で実感してほしい。

例題 2.5　$\boldsymbol{A}=a\boldsymbol{i}+b\boldsymbol{j}$ と直交する xy 平面上の単位ベクトル $\boldsymbol{e}$ を求めよ。($a\neq 0$，$b\neq 0$)

【解答】　直交ベクトルを $\boldsymbol{e}=e_x\boldsymbol{i}+e_y\boldsymbol{j}$ とおく。$\boldsymbol{e}$ と $\boldsymbol{A}$ とは直交するから $\boldsymbol{A}\cdot\boldsymbol{e}=ae_x+be_y=0$。よって $e_y=-\dfrac{a}{b}e_x$。$\boldsymbol{e}$ は単位ベクトルであるから，$|\boldsymbol{e}|=\sqrt{e_x^2+e_y^2}=1$。これより $\sqrt{e_x^2+\dfrac{a^2}{b^2}e_x^2}=\dfrac{\sqrt{a^2+b^2}}{\pm b}e_x=1$。よって $e_x=\pm\dfrac{b}{\sqrt{a^2+b^2}}$，$e_y=\mp\dfrac{a}{\sqrt{a^2+b^2}}\rightarrow\boldsymbol{e}=\dfrac{\pm 1}{\sqrt{a^2+b^2}}(b\boldsymbol{i}-a\boldsymbol{j})$　◇

(3)　内積の演算法則　　α を任意のスカラー，$\boldsymbol{A}$，$\boldsymbol{B}$，$\boldsymbol{C}$ を任意のベクトルとすると，ベクトルの内積に対してつぎの演算法則が成り立つ。

$$\boldsymbol{A}\cdot\boldsymbol{B}=\boldsymbol{B}\cdot\boldsymbol{A} \tag{2.43}$$

$$\boldsymbol{A}\cdot(\boldsymbol{B}+\boldsymbol{C})=\boldsymbol{A}\cdot\boldsymbol{B}+\boldsymbol{A}\cdot\boldsymbol{C} \tag{2.44}$$

$$(\boldsymbol{A}+\boldsymbol{B})\cdot\boldsymbol{C}=\boldsymbol{A}\cdot\boldsymbol{C}+\boldsymbol{B}\cdot\boldsymbol{C} \tag{2.45}$$

$$(\alpha\boldsymbol{A})\cdot\boldsymbol{B}=\alpha(\boldsymbol{A}\cdot\boldsymbol{B}) \tag{2.46}$$

式 (2.43) と (2.46) は定義から明らかである。式 (2.44) は，(2.37) を用いてつぎのように証明できる。ベクトル $\boldsymbol{A}$，$\boldsymbol{B}$，$\boldsymbol{C}$ の成分を，それぞれ (A_x, A_y, A_z)，

(B_x, B_y, B_z), (C_x, C_y, C_z) とおくと，ベクトル $\boldsymbol{B}+\boldsymbol{C}$ の成分は，$(B_x+C_x, B_y+C_y, B_z+C_z)$ となるので

$$\begin{aligned}\boldsymbol{A}\cdot(\boldsymbol{B}+\boldsymbol{C}) &= A_x(B_x+C_x)+A_y(B_y+C_y)+A_z(B_z+C_z)\\ &= A_xB_x+A_yB_y+A_zB_z+A_xC_x+A_yC_y+A_zC_z\\ &= \boldsymbol{A}\cdot\boldsymbol{B}+\boldsymbol{A}\cdot\boldsymbol{C}\end{aligned}$$

となる。また $\boldsymbol{A}$，$\boldsymbol{B}$，$\boldsymbol{C}$，$\boldsymbol{D}$ を任意のベクトルとすると，式 (2.45) を用いて

$$\begin{aligned}(\boldsymbol{A}+\boldsymbol{B})\cdot(\boldsymbol{C}+\boldsymbol{D}) &= (\boldsymbol{A}+\boldsymbol{B})\cdot\boldsymbol{C}+(\boldsymbol{A}+\boldsymbol{B})\cdot\boldsymbol{D}\\ &= \boldsymbol{A}\cdot\boldsymbol{C}+\boldsymbol{B}\cdot\boldsymbol{C}+\boldsymbol{A}\cdot\boldsymbol{D}+\boldsymbol{B}\cdot\boldsymbol{D} \qquad (2.47)\end{aligned}$$

となる。

（4） **正射影ベクトル**　内積を用いて正射影ベクトルを表示することができる。図 2.10 においてベクトル $\overrightarrow{\mathrm{OP}}$ のベクトル $\overrightarrow{\mathrm{OQ}}$ 上への正射影ベクトルを $\overrightarrow{\mathrm{OP'}}$ とすると

$$\overrightarrow{\mathrm{OP'}} = \left|\overrightarrow{\mathrm{OP}}\right|\cos\theta\frac{\overrightarrow{\mathrm{OQ}}}{\left|\overrightarrow{\mathrm{OQ}}\right|}$$

となる。ここで

$$\cos\theta = \frac{\overrightarrow{\mathrm{OP}}\cdot\overrightarrow{\mathrm{OQ}}}{\left|\overrightarrow{\mathrm{OP}}\right|\left|\overrightarrow{\mathrm{OQ}}\right|}$$

であるから

$$\overrightarrow{\mathrm{OP'}} = \left(\frac{\overrightarrow{\mathrm{OP}}\cdot\overrightarrow{\mathrm{OQ}}}{\left|\overrightarrow{\mathrm{OQ}}\right|^2}\right)\overrightarrow{\mathrm{OQ}} \qquad (2.48)$$

となるが，$\overrightarrow{\mathrm{OQ}}$ が単位ベクトル $\boldsymbol{e}$ の場合には

$$\overrightarrow{\mathrm{OP'}} = \left(\overrightarrow{\mathrm{OP}}\cdot\boldsymbol{e}\right)\boldsymbol{e} \qquad (2.49)$$

となる。また正射影ベクトルの大きさは，式 (2.48) より

$$\left|\overrightarrow{\mathrm{OP'}}\right| = \frac{\left|\overrightarrow{\mathrm{OP}}\cdot\overrightarrow{\mathrm{OQ}}\right|}{\left|\overrightarrow{\mathrm{OQ}}\right|^2}\left|\overrightarrow{\mathrm{OQ}}\right|$$

となり，したがって

$$\left|\overrightarrow{\mathrm{OP'}}\right| = \frac{\left|\overrightarrow{\mathrm{OP}}\cdot\overrightarrow{\mathrm{OQ}}\right|}{\left|\overrightarrow{\mathrm{OQ}}\right|} \qquad (2.50)$$

となる。

章　末　問　題

【1】 直交座標系内の点 P$(1, 2, 3)$，Q$(2, -3, 4)$ に対する位置ベクトル $\boldsymbol{r}_1$，$\boldsymbol{r}_2$ を直交座標系の単位ベクトル $\boldsymbol{i}$，$\boldsymbol{j}$，$\boldsymbol{k}$ で表示せよ。また，ベクトル $\boldsymbol{r}_1+\boldsymbol{r}_2$，$\boldsymbol{r}_1-\boldsymbol{r}_2$ を求め，これを図示せよ。

【2】 ベクトル $\boldsymbol{A}=2\boldsymbol{i}+\boldsymbol{j}-2\boldsymbol{k}$，$\boldsymbol{B}=\boldsymbol{i}-2\boldsymbol{j}+3\boldsymbol{k}$ がある。

(1) ベクトル $\boldsymbol{A}$，$\boldsymbol{B}$ の大きさを求めよ。

(2) ベクトル $\boldsymbol{A}$，$\boldsymbol{B}$ の方向余弦を求めよ。

(3) ベクトル $\boldsymbol{A}$，$\boldsymbol{B}$ のなす角を，方向余弦を用いて求めよ。

(4) ベクトル $\boldsymbol{A}$，$\boldsymbol{B}$ を図示せよ（スケッチでよい）。

【3】 ベクトル $\boldsymbol{a}=\boldsymbol{i}+2\boldsymbol{j}+3\boldsymbol{k}$ のベクトル $\boldsymbol{b}=3\boldsymbol{i}+2\boldsymbol{j}+\boldsymbol{k}$ への正射影の大きさを求めよ。

【4】 ベクトル $\boldsymbol{a}=\boldsymbol{i}+2\boldsymbol{j}+3\boldsymbol{k}$ が各座標軸となす角を求めよ。

【5】 つぎの二つの場合について，ベクトル $\boldsymbol{a}$，$\boldsymbol{b}$，$\boldsymbol{c}$ が，一次独立か一次従属か調べよ。

(1) $\boldsymbol{a}=3\boldsymbol{i}+3\boldsymbol{j}+6\boldsymbol{k},\quad \boldsymbol{b}=-2\boldsymbol{i}+2\boldsymbol{j}-\boldsymbol{k},\quad \boldsymbol{c}=\boldsymbol{i}+5\boldsymbol{j}+5\boldsymbol{k}$

(2) $\boldsymbol{a}=\boldsymbol{i}+2\boldsymbol{j}+\boldsymbol{k},\quad \boldsymbol{b}=-2\boldsymbol{i}+2\boldsymbol{j}-\boldsymbol{k},\quad \boldsymbol{c}=3\boldsymbol{i}-2\boldsymbol{j}+2\boldsymbol{k}$

【6】 つぎの二つの場合について，ベクトル $\boldsymbol{a}_1$，$\boldsymbol{a}_2$，$\boldsymbol{a}_3$ が，一次独立か一次従属か調べよ。

(1) $\boldsymbol{a}_1=2\boldsymbol{e}_1+\boldsymbol{e}_2-3\boldsymbol{e}_3,\quad \boldsymbol{a}_2=\boldsymbol{e}_1-4\boldsymbol{e}_3,\quad \boldsymbol{a}_3=4\boldsymbol{e}_1+3\boldsymbol{e}_2-\boldsymbol{e}_3$

(2) $\boldsymbol{a}_1=\boldsymbol{e}_1-3\boldsymbol{e}_2+2\boldsymbol{e}_3,\quad \boldsymbol{a}_2=2\boldsymbol{e}_1-4\boldsymbol{e}_2-\boldsymbol{e}_3,\quad \boldsymbol{a}_3=3\boldsymbol{e}_1+2\boldsymbol{e}_2-\boldsymbol{e}_3$

【7】 三次元直交座標系 $\Sigma(\mathrm{O}; \boldsymbol{i}_1, \boldsymbol{i}_2, \boldsymbol{i}_3)$ において定義されているつぎの二つのベク

トルの交角を求めよ。

(1) $\boldsymbol{a}_1 = \boldsymbol{i}_1 + 2\boldsymbol{i}_2 + \boldsymbol{i}_3, \quad \boldsymbol{a}_2 = -\boldsymbol{i}_1 + \boldsymbol{i}_2 - \boldsymbol{i}_3$

(2) $\boldsymbol{a}_1 = \boldsymbol{i}_1 + 4\boldsymbol{i}_2 + 3\boldsymbol{i}_3, \quad \boldsymbol{a}_2 = -\boldsymbol{i}_1 + 5\boldsymbol{i}_2 + 2\boldsymbol{i}_3$

【8】 つぎの二つのベクトル $\boldsymbol{A}$，$\boldsymbol{B}$ の内積および交角を求めよ（交角は内積を用いて求めよ）。

$$\boldsymbol{A} = 2\boldsymbol{i} + 4\boldsymbol{j} + 2\boldsymbol{k}, \quad \boldsymbol{B} = -\boldsymbol{i} + 4\boldsymbol{j} + \boldsymbol{k}$$

【9】 三次元直交座標系 $\Sigma(\mathrm{O}; \boldsymbol{i}_1, \boldsymbol{i}_2, \boldsymbol{i}_3)$ において，つぎの二つのベクトルの内積およびその交角を求めよ。

(1) $\boldsymbol{a} = (2, -3, 1), \quad \boldsymbol{b} = (3, -1, -2)$

(2) $\boldsymbol{a} = 2\boldsymbol{i}_1 - 2\boldsymbol{i}_2 + 3\boldsymbol{i}_3, \quad \boldsymbol{b} = -\boldsymbol{i}_1 + 2\boldsymbol{i}_2 + 2\boldsymbol{i}_3$

【10】 $\boldsymbol{a} = \boldsymbol{i} + \boldsymbol{j} + \boldsymbol{k}$，$\boldsymbol{b} = -\boldsymbol{i} + 2\boldsymbol{j} - 3\boldsymbol{k}$，$\boldsymbol{c} = 2\boldsymbol{i} - \boldsymbol{j} - \boldsymbol{k}$ とするとき，つぎを求めよ。

(1) $\boldsymbol{a} \cdot \boldsymbol{b}$

(2) $(\boldsymbol{a} + \boldsymbol{b}) \cdot \boldsymbol{c}$

(3) $\boldsymbol{a} \cdot \boldsymbol{c} + \boldsymbol{b} \cdot \boldsymbol{c}$

【11】 平面と 30° の角度をなす摩擦のない斜面に沿って，質量 500 kg の物体をロープを利用して引き上げるのに必要な力を以下の手順で求めよ[7]。

(1) 座標系を図 **2.11** のように定めたとき，ロープを引く方向 ($\boldsymbol{P}$ の方向) の単位ベクトルを求めよ。

(2) 重量ベクトル $\boldsymbol{w}$ のロープ方向への正射影の大きさを求めよ。

(3) 物体を引き上げるためには，正射影の大きさよりも大きな力でロープを引く必要がある。この力 $\boldsymbol{P}$ を求めよ。

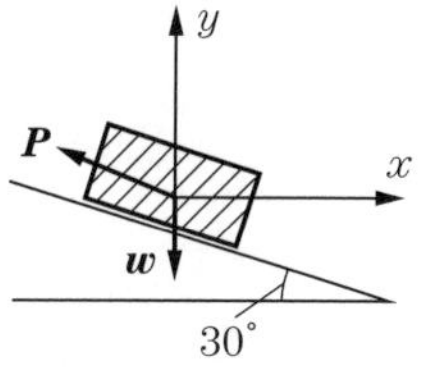

図 2.11　物体の引き上げ

【12】 二つのベクトル $\boldsymbol{A} = \boldsymbol{i} - 3\boldsymbol{j} - 2\boldsymbol{k}$，$\boldsymbol{B} = 2\boldsymbol{i} + 3\boldsymbol{j} - \boldsymbol{k}$ によって定まる平面と直交する単位ベクトルを求めよ。

【13】 三次元直交座標系 $\Sigma(\mathrm{O}; \boldsymbol{i}, \boldsymbol{j}, \boldsymbol{k})$ のベクトル $\boldsymbol{a} = \boldsymbol{i} - 3\boldsymbol{j} + 2\boldsymbol{k}$, $\boldsymbol{b} = -2\boldsymbol{i} + \boldsymbol{j} + 2\boldsymbol{k}$ が与えられているとき，$\boldsymbol{a}$，$\boldsymbol{b}$ の双方に垂直な単位ベクトルを求めよ。

【14】 二つのベクトル $\boldsymbol{p} = a\boldsymbol{i} + \boldsymbol{j} - 3\boldsymbol{k}$，$\boldsymbol{q} = a\boldsymbol{i} - a\boldsymbol{j} + 2\boldsymbol{k}$ が直交するためには，a は，どのような値でなければならないか。

【15】 $\Sigma(\mathrm{O}; \boldsymbol{i}, \boldsymbol{j}, \boldsymbol{k})$ のベクトル $\boldsymbol{a} = \boldsymbol{i} + \boldsymbol{j} + \boldsymbol{k}$，$\boldsymbol{b} = 2\boldsymbol{i} - \boldsymbol{j} - 3\boldsymbol{k}$ が与えられているとき，$\boldsymbol{a}$，$\boldsymbol{b}$ の双方と直交し，大きさが 3 のベクトルを求めよ。

【16】 三次元直交座標系 $\Sigma(\mathrm{O}; \boldsymbol{i}, \boldsymbol{j}, \boldsymbol{k})$ において，つぎの演算を行え。

(1) $\boldsymbol{i} \cdot (2\boldsymbol{j} + 3\boldsymbol{k})$

(2) $(\boldsymbol{i} + \boldsymbol{j}) \cdot (3\boldsymbol{i} - 5\boldsymbol{k})$

(3) $(2\boldsymbol{i} + 3\boldsymbol{j} + 4\boldsymbol{k}) \cdot (4\boldsymbol{i} - 2\boldsymbol{j} + \boldsymbol{k})$

【17】 三次元直交座標系 $\Sigma(\mathrm{O}; \boldsymbol{i}, \boldsymbol{j}, \boldsymbol{k})$ において，$\boldsymbol{a}_1 = 2\boldsymbol{i}+3\boldsymbol{j}-\boldsymbol{k}$, $\boldsymbol{a}_2 = 4\boldsymbol{i}-3\boldsymbol{j}+\boldsymbol{k}$ のとき，つぎの演算を行え。

(1) $|\boldsymbol{a}_1|$

(2) $|\boldsymbol{a}_2|$

(3) $(\boldsymbol{a}_2 - \boldsymbol{a}_1) \cdot (2\boldsymbol{a}_2 + \boldsymbol{a}_1)$

3 ベクトルの外積・三重積，幾何学への応用

3.1 ベクトルの外積

3.1.1 外積とは何か[1)]

ベクトルのもう一つの積は，外積あるいはベクトル積と呼ばれるものである。外積と名づけたのはグラスマンであるが，彼がはじめに幾何学的積（geometrical product）と呼んでいたものが，外積の原型である。彼は，二つのベクトル $\boldsymbol{A}$，$\boldsymbol{B}$ において，ベクトル $\boldsymbol{A}$ をベクトル $\boldsymbol{B}$ に沿ってその始点から終点まで掃くとき，その掃く面積を幾何学的積と名づけたのである。

この面積はベクトル $\boldsymbol{A}$，$\boldsymbol{B}$ で作られる平行四辺形の面積に等しく，ベクトル $\boldsymbol{B}$ をベクトル $\boldsymbol{A}$ の始点から終点まで動かしたときに掃く面積に等しい。内積のときと同じように $\boldsymbol{A}$，$\boldsymbol{B}$ は相互に入れ替えても積の値は変わらない。この積は，ベクトル $\boldsymbol{A}$，$\boldsymbol{B}$ で外包する積であるから，外積と名づけられた。

もっとも，グラスマンの定義は不完全であり，完全な定義は後にハミルトンによって与えられ，ハミルトンはこの積はベクトルになることから，ベクトル積と呼んだ（グラスマンもこの積がベクトルとなることには気づいていた）。外積がベクトルでなければならない理由はつぎのように説明できる。

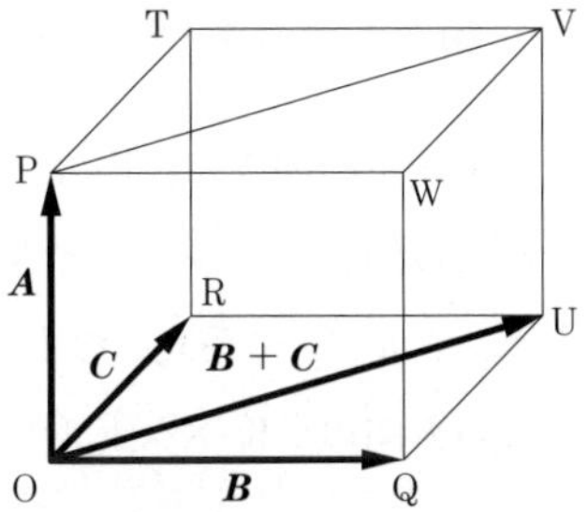

図 **3.1**　ベクトル積

いま，図 **3.1** に示すように点 O を始点とす

る共面でない 3 個のベクトル $\boldsymbol{A}$，$\boldsymbol{B}$，$\boldsymbol{C}$ を考える（図 3.1 では直交するように図示されているが $\boldsymbol{A}$，$\boldsymbol{B}$，$\boldsymbol{C}$ は直交している必要はない）。外積演算を $\times$ で表すと $\boldsymbol{A}\times\boldsymbol{B}$ の大きさは，四辺形 OPWQ の面積であり，$\boldsymbol{A}\times\boldsymbol{C}$ の大きさは四辺形 OPTR の面積である。四則演算であるから分配則

$$\boldsymbol{A}\times\boldsymbol{B}+\boldsymbol{A}\times\boldsymbol{C}=\boldsymbol{A}\times(\boldsymbol{B}+\boldsymbol{C})$$

が成立しなければならないが，しかし，外積をスカラーと考えると，図 3.1 において，ベクトル $\boldsymbol{A}$, $\boldsymbol{B}$ を 2 辺とする平行四辺形 OPWQ と，ベクトル $\boldsymbol{A}$, $\boldsymbol{C}$ を 2 辺とする平行四辺形 OPTR の面積の和は，ベクトル $\boldsymbol{A}$ と，ベクトル $\boldsymbol{B}+\boldsymbol{C}$ を 2 辺とする平行四辺形 OPVU の面積のスカラー的な和にはならず，分配則が成り立たない。けれども，$\boldsymbol{A}\times\boldsymbol{B}$，$\boldsymbol{A}\times\boldsymbol{C}$ をベクトルと考えると $\boldsymbol{A}\times\boldsymbol{B}+\boldsymbol{A}\times\boldsymbol{C}$ は，ベクトル的な和となり $\boldsymbol{A}\times(\boldsymbol{B}+\boldsymbol{C})$ と等しくなる。すなわち，ベクトル $\boldsymbol{A}$，$\boldsymbol{B}$ を掛けたものの大きさを，ベクトル $\boldsymbol{A}$，$\boldsymbol{B}$ を 2 辺とする平行四辺形の大きさとする積は，ベクトルでなければならないのである。

さて，ベクトル $\boldsymbol{A}$，$\boldsymbol{B}$ を 2 辺とする平行四辺形をその大きさとするベクトルについて考えてみることにする（図 **3.2**）。

三次元空間に点 O をとり，ここを始点とする相異なるベクトル $\boldsymbol{A}$，$\boldsymbol{B}$ を考える。$|\boldsymbol{A}||\boldsymbol{B}|\sin\theta$ を作ってみると，これはベクトル $\boldsymbol{A}$ とベクトル $\boldsymbol{B}$ を 2 辺とする平行四辺形の面積であることがわかる。この平行四辺形に直交し，平行四辺形の面積に等しい大きさをもつベクトルを考えることにする。

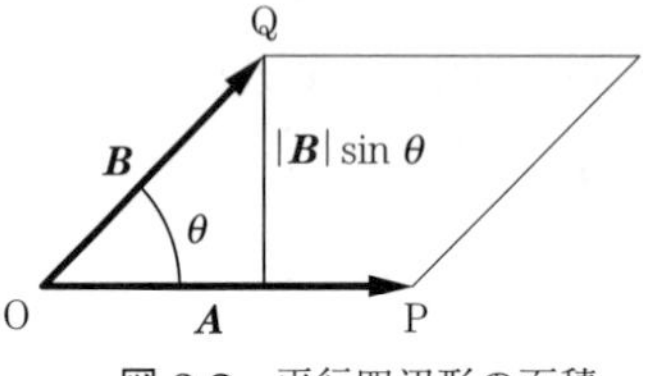

図 **3.2**　平行四辺形の面積

ベクトルの向きは，図 3.2 においてベクトル $\boldsymbol{A}$ をベクトル $\boldsymbol{B}$ の方向に重ね合わせる向きに動かしたとき，右ねじの進む方向（図 3.2 の場合，ベクトル $\boldsymbol{A}$ とベクトル $\boldsymbol{B}$ に垂直で紙面から手前に向いた方向）を正とする。

この方向の単位ベクトルを $\boldsymbol{e}$ とするとき

$$\boldsymbol{A}\times\boldsymbol{B}=(|\boldsymbol{A}||\boldsymbol{B}|\sin\theta)\,\boldsymbol{e} \tag{3.1}$$

と表して，これをベクトル $\boldsymbol{A}$ とベクトル $\boldsymbol{B}$ の**外積**（outer product）または**ベクトル積**（vector product）という。掛け算の記号に $\times$（cross）を用いるので米国では cross product とも呼んでいる。改めて定義すると $\boldsymbol{A}\times\boldsymbol{B}$ は，$\boldsymbol{A}$ と $\boldsymbol{B}$ に垂直で，かつ，大きさが $|\boldsymbol{A}||\boldsymbol{B}|\sin\theta$ に等しいベクトルであり，その方向はベクトル $\boldsymbol{A}$ をベクトル $\boldsymbol{B}$ に重ね合わせるように動かしたときに右ねじの進む方向を正とする。$\boldsymbol{B}=\boldsymbol{A}$ のときは，$\theta=0$ となるから，$\boldsymbol{A}\times\boldsymbol{B}=\boldsymbol{0}$ である。$\boldsymbol{B}\neq\boldsymbol{A}$ でも，$\theta=0$ あるいは $\theta=\pi$ ならば $\boldsymbol{A}\times\boldsymbol{B}=\boldsymbol{0}$，すなわち，$\boldsymbol{A}$ と $\boldsymbol{B}$ とが平行ならば $\boldsymbol{A}\times\boldsymbol{B}=\boldsymbol{0}$ である。

つぎのことは重要である。

(1) 「$\boldsymbol{A}\times\boldsymbol{B}=\boldsymbol{0}$ はベクトル $\boldsymbol{A}$ とベクトル $\boldsymbol{B}$ が平行であることを示す」

内積の場合と同じように，ここでも「$\boldsymbol{A}\times\boldsymbol{B}=\boldsymbol{0}$ ならば $\boldsymbol{A}=\boldsymbol{0}$ あるいは $\boldsymbol{B}=\boldsymbol{0}$」は必ずしも成り立たないことに注意しよう。

(2) 「$\boldsymbol{A}\times\boldsymbol{A}=\boldsymbol{0}$，すなわち同じベクトルどうしの外積は零ベクトルとなる」

これもまた，これまで述べてきたことから当然であるが，つぎの事項も再確認しておく。

(3) 「ベクトル $\boldsymbol{A}$，$\boldsymbol{B}$ を 2 辺とする平行四辺形の面積は $|\boldsymbol{A}\times\boldsymbol{B}|$ である」

(4) 「ベクトル積では，交換則や結合則は成り立たない」

定義から $\boldsymbol{B}\times\boldsymbol{A}$ は，ベクトル $\boldsymbol{B}$ を $\boldsymbol{A}$ に向けて重ねるように動かしたときの右ねじの進む方向であるから，$\boldsymbol{A}\times\boldsymbol{B}$ の向きと逆になる。しかし，大きさは同じであるので

$$\boldsymbol{B}\times\boldsymbol{A}=-\boldsymbol{A}\times\boldsymbol{B} \tag{3.2}$$

となり，また，次式を得る。

$$\boldsymbol{A}\times(\boldsymbol{B}\times\boldsymbol{C})\neq(\boldsymbol{A}\times\boldsymbol{B})\times\boldsymbol{C} \tag{3.3}$$

3.1.2 外積の演算法則と成分要素

外積に対しては分配則が成立する。冒頭に説明したように，元来，外積とは，分配則が成り立つように定めたものであった。

$$\boldsymbol{A}\times(\boldsymbol{B}+\boldsymbol{C})=\boldsymbol{A}\times\boldsymbol{B}+\boldsymbol{A}\times\boldsymbol{C} \tag{3.4}$$

スカラー量 α に対しては，つぎの関係が成り立つ。

$$(\alpha\boldsymbol{A})\times\boldsymbol{B}=\alpha(\boldsymbol{A}\times\boldsymbol{B}) \tag{3.5}$$

直交座標系の基底ベクトル $\boldsymbol{i}$，$\boldsymbol{j}$，$\boldsymbol{k}$ に関して，つぎの関係が成り立つ。

$$\begin{aligned}&\boldsymbol{i}\times\boldsymbol{i}=\boldsymbol{j}\times\boldsymbol{j}=\boldsymbol{k}\times\boldsymbol{k}=\boldsymbol{0}\\&\boldsymbol{i}\times\boldsymbol{j}=\boldsymbol{k},\quad \boldsymbol{j}\times\boldsymbol{k}=\boldsymbol{i},\quad \boldsymbol{k}\times\boldsymbol{i}=\boldsymbol{j}\end{aligned} \tag{3.6}$$

ベクトル $\boldsymbol{A}$，$\boldsymbol{B}$ の成分をそれぞれ (A_x, A_y, A_z)，(B_x, B_y, B_z) とすると，分配則と式 (3.6) の基底ベクトルの関係式を用いて $\boldsymbol{A}\times\boldsymbol{B}$ の成分を求めることができる。

$$\begin{aligned}\boldsymbol{A}\times\boldsymbol{B}&=(A_x\boldsymbol{i}+A_y\boldsymbol{j}+A_z\boldsymbol{k})\times(B_x\boldsymbol{i}+B_y\boldsymbol{j}+B_z\boldsymbol{k})\\&=A_xB_x\boldsymbol{i}\times\boldsymbol{i}+A_xB_y\boldsymbol{i}\times\boldsymbol{j}+A_xB_z\boldsymbol{i}\times\boldsymbol{k}\\&\quad+A_yB_x\boldsymbol{j}\times\boldsymbol{i}+A_yB_y\boldsymbol{j}\times\boldsymbol{j}+A_yB_z\boldsymbol{j}\times\boldsymbol{k}\\&\quad+A_zB_x\boldsymbol{k}\times\boldsymbol{i}+A_zB_y\boldsymbol{k}\times\boldsymbol{j}+A_zB_z\boldsymbol{k}\times\boldsymbol{k}\\&=A_xB_y\boldsymbol{k}-A_xB_z\boldsymbol{j}-A_yB_x\boldsymbol{k}+A_yB_z\boldsymbol{i}+A_zB_x\boldsymbol{j}-A_zB_y\boldsymbol{i}\end{aligned}$$

したがって

$$\boldsymbol{A}\times\boldsymbol{B}=(A_yB_z-A_zB_y)\boldsymbol{i}+(A_zB_x-A_xB_z)\boldsymbol{j}+(A_xB_y-A_yB_x)\boldsymbol{k} \tag{3.7}$$

となる。外積の成分を求めるときに行列式表示がよく用いられる。すなわち

$$\begin{aligned}\boldsymbol{A}\times\boldsymbol{B}&=\begin{vmatrix}\boldsymbol{i}&\boldsymbol{j}&\boldsymbol{k}\\A_x&A_y&A_z\\B_x&B_y&B_z\end{vmatrix}\\&=(A_yB_z-A_zB_y)\boldsymbol{i}+(A_zB_x-A_xB_z)\boldsymbol{j}+(A_xB_y-A_yB_x)\boldsymbol{k}\end{aligned} \tag{3.8}$$

また，$\boldsymbol{A}$，$\boldsymbol{B}$，$\boldsymbol{C}$，$\boldsymbol{D}$ を任意のベクトルとすると，次式を得る。

$$(\boldsymbol{A}+\boldsymbol{B})\times(\boldsymbol{C}+\boldsymbol{D})=\boldsymbol{A}\times\boldsymbol{C}+\boldsymbol{A}\times\boldsymbol{D}+\boldsymbol{B}\times\boldsymbol{C}+\boldsymbol{B}\times\boldsymbol{D} \quad (3.9)$$

例題 3.1　$\boldsymbol{A}=2\boldsymbol{i}-3\boldsymbol{j}+\boldsymbol{k}$，$\boldsymbol{B}=3\boldsymbol{i}+\boldsymbol{j}-2\boldsymbol{k}$ のとき，つぎを求めよ。

(1)　$\boldsymbol{A}\times\boldsymbol{B}$

(2)　$\boldsymbol{A}$ と $\boldsymbol{B}$ に垂直な単位ベクトル

【解答】

(1)　式 (3.8) を用いて外積の計算を行う。

$$\boldsymbol{A}\times\boldsymbol{B}=\begin{vmatrix}\boldsymbol{i} & \boldsymbol{j} & \boldsymbol{k}\\ 2 & -3 & 1\\ 3 & 1 & -2\end{vmatrix}=(6-1)\boldsymbol{i}+(3+4)\boldsymbol{j}+(2+9)\boldsymbol{k}$$

$$=5\boldsymbol{i}+7\boldsymbol{j}+11\boldsymbol{k}$$

(2)　$\boldsymbol{A}$ と $\boldsymbol{B}$ に垂直なベクトルは，$\boldsymbol{A}$ と $\boldsymbol{B}$ の外積である。単位ベクトルは，このベクトルを，その長さで割れば得られる。なお，外積と反対方向のベクトルも垂直な単位ベクトルとなるから，解答には ± の符号をつける必要がある。すなわち，求める単位ベクトルを $\boldsymbol{e}$ とすると，つぎのようになる。

$$\boldsymbol{e}=\pm\frac{\boldsymbol{A}\times\boldsymbol{B}}{|\boldsymbol{A}\times\boldsymbol{B}|}$$

この式に，$\boldsymbol{A}\times\boldsymbol{B}=5\boldsymbol{i}+7\boldsymbol{j}+11\boldsymbol{k}$ を代入すると，つぎのようになる。

$$\boldsymbol{e}=\frac{\pm1}{\sqrt{5^2+7^2+11^2}}(5\boldsymbol{i}+7\boldsymbol{j}+11\boldsymbol{k})=\frac{\pm1}{\sqrt{195}}(5\boldsymbol{i}+7\boldsymbol{j}+11\boldsymbol{k})$$

◇

3.2　三　重　積

三つのベクトル $\boldsymbol{A}$，$\boldsymbol{B}$，$\boldsymbol{C}$ の積を**三重積**（triple product）という。三重積には積がスカラーになるものとベクトルになるものとがあり，それぞれスカラー三重積，ベクトル三重積と呼ばれている。

3.2.1 スカラー三重積

ベクトル $\boldsymbol{A}$ とベクトル $\boldsymbol{N} = \boldsymbol{B} \times \boldsymbol{C}$ の内積を考える（図 **3.3**）。ベクトル $\boldsymbol{A}$ と $\boldsymbol{N}$ の間の角度を θ とすると

$$\boldsymbol{A} \cdot (\boldsymbol{B} \times \boldsymbol{C}) = \boldsymbol{A} \cdot \boldsymbol{N} = |\boldsymbol{A}||\boldsymbol{N}| \cos\theta = |\boldsymbol{N}||\boldsymbol{A}| \cos\theta \tag{3.10}$$

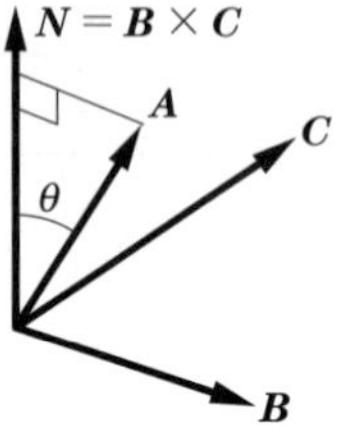

図 **3.3**　スカラー三重積

式 (3.10) を**スカラー三重積**といい

$$\boldsymbol{A} \cdot (\boldsymbol{B} \times \boldsymbol{C}) = (\boldsymbol{A}, \boldsymbol{B}, \boldsymbol{C}) = [\boldsymbol{A}, \boldsymbol{B}, \boldsymbol{C}] \tag{3.11}$$

などと書き表す。

$\boldsymbol{A} = (A_x, A_y, A_z)$，$\boldsymbol{B} = (B_x, B_y, B_z)$，$\boldsymbol{C} = (C_x, C_y, C_z)$ とおくと

$$\begin{aligned}\boldsymbol{N} = \boldsymbol{B} \times \boldsymbol{C} &= \begin{vmatrix} \boldsymbol{i} & \boldsymbol{j} & \boldsymbol{k} \\ B_x & B_y & B_z \\ C_x & C_y & C_z \end{vmatrix} \\ &= (B_y C_z - B_z C_y)\boldsymbol{i} + (B_z C_x - B_x C_z)\boldsymbol{j} + (B_x C_y - B_y C_x)\boldsymbol{k}\end{aligned} \tag{3.12}$$

となる。したがって

$$\begin{aligned}&\boldsymbol{A} \cdot (\boldsymbol{B} \times \boldsymbol{C}) = \boldsymbol{A} \cdot \boldsymbol{N} \\ &= A_x(B_y C_z - B_z C_y) + A_y(B_z C_x - B_x C_z) + A_z(B_x C_y - B_y C_x) \\ &= A_x \begin{vmatrix} B_y & B_z \\ C_y & C_z \end{vmatrix} + A_y \begin{vmatrix} B_z & B_x \\ C_z & C_x \end{vmatrix} + A_z \begin{vmatrix} B_x & B_y \\ C_x & C_y \end{vmatrix}\end{aligned}$$

$$= \begin{vmatrix} A_x & A_y & A_z \\ B_x & B_y & B_z \\ C_x & C_y & C_z \end{vmatrix} \tag{3.13}$$

となる。式 (3.13) がスカラー三重積を計算するための公式である。行列式は，偶置換しても値は変わらないので

$$\begin{vmatrix} A_x & A_y & A_z \\ B_x & B_y & B_z \\ C_x & C_y & C_z \end{vmatrix} = \begin{vmatrix} B_x & B_y & B_z \\ C_x & C_y & C_z \\ A_x & A_y & A_z \end{vmatrix} = \begin{vmatrix} C_x & C_y & C_z \\ A_x & A_y & A_z \\ B_x & B_y & B_z \end{vmatrix}$$

であり，よって

$$\boldsymbol{A} \cdot (\boldsymbol{B} \times \boldsymbol{C}) = \boldsymbol{B} \cdot (\boldsymbol{C} \times \boldsymbol{A}) = \boldsymbol{C} \cdot (\boldsymbol{A} \times \boldsymbol{B}) \tag{3.14}$$

となる。奇置換は符号が変わるので，次式を得る。

$$\boldsymbol{A} \cdot (\boldsymbol{C} \times \boldsymbol{B}) = \boldsymbol{B} \cdot (\boldsymbol{A} \times \boldsymbol{C}) = \boldsymbol{C} \cdot (\boldsymbol{B} \times \boldsymbol{A}) = -\boldsymbol{A} \cdot (\boldsymbol{B} \times \boldsymbol{C}) \tag{3.15}$$

スカラー三重積は，単なる演算だけではなく，つぎの二つの幾何学的な意味ももっている。

(1) 式 (3.10) は $\boldsymbol{B}$，$\boldsymbol{C}$ を辺とする平行四辺形の面積にベクトル $\boldsymbol{A}$ の $\boldsymbol{N}$ への投影を乗じたもので，その絶対値は $\boldsymbol{A}$，$\boldsymbol{B}$，$\boldsymbol{C}$ を辺とする平行六面体の体積を表す。すなわち

「ベクトル $\boldsymbol{A}$，$\boldsymbol{B}$，$\boldsymbol{C}$ を 3 辺とする平行六面体の体積は $|\boldsymbol{A} \cdot (\boldsymbol{B} \times \boldsymbol{C})|$ である」

(2) 三つのベクトルが同一平面内にあると（共面であると），平行六面体の体積は 0 となるので

$$\boldsymbol{A} \cdot (\boldsymbol{B} \times \boldsymbol{C}) = 0$$

すなわち

$$\begin{vmatrix} A_x & A_y & A_z \\ B_x & B_y & B_z \\ C_x & C_y & C_z \end{vmatrix} = 0 \tag{3.16}$$

は，ベクトル $\boldsymbol{A}$，$\boldsymbol{B}$，$\boldsymbol{C}$ が共面である条件となる（この条件は，三つのベクトルがたがいに一次従属である，すなわち，三つのベクトルのうち二つのベクトルで他のベクトルを表せる条件で式 (3.16) は式 (2.26) と同じものである）。

3.2.2　ベクトル三重積

つぎに，ベクトル $\boldsymbol{A}$ と $\boldsymbol{N} = \boldsymbol{B} \times \boldsymbol{C}$ とのベクトル積

$$\boldsymbol{D} = \boldsymbol{A} \times (\boldsymbol{B} \times \boldsymbol{C}) \tag{3.17}$$

について考える。ベクトル $\boldsymbol{D}$ を**ベクトル三重積**という。$\boldsymbol{D}$ はベクトル $\boldsymbol{N} = \boldsymbol{B} \times \boldsymbol{C}$ に直交するから，$\boldsymbol{B}$ と $\boldsymbol{C}$ とで作られる平面内にあり

$$\boldsymbol{D} = m\boldsymbol{B} + n\boldsymbol{C} \tag{3.18}$$

と表せる。$\boldsymbol{D}$ はベクトル $\boldsymbol{A}$ にも直交するので

$$\boldsymbol{A} \cdot \boldsymbol{D} = m(\boldsymbol{A} \cdot \boldsymbol{B}) + n(\boldsymbol{A} \cdot \boldsymbol{C}) = 0$$

である。よって

$$m = \mu(\boldsymbol{A} \cdot \boldsymbol{C}), \quad n = -\mu(\boldsymbol{A} \cdot \boldsymbol{B}) \tag{3.19}$$

とおくことができ

$$\boldsymbol{D} = \boldsymbol{A} \times (\boldsymbol{B} \times \boldsymbol{C}) = \mu\{(\boldsymbol{A} \cdot \boldsymbol{C})\boldsymbol{B} - (\boldsymbol{A} \cdot \boldsymbol{B})\boldsymbol{C}\} \tag{3.20}$$

となる。μ を決めるために，ベクトル $\boldsymbol{A}$ を $\boldsymbol{A} = (a_x, 0, 0)$，$\boldsymbol{B} \times \boldsymbol{C} = \boldsymbol{N} = (N_x, N_y, N_z)$ とおいて，式 (3.20) の左辺と右辺の z 成分を計算してみる。このように，ある特定のベクトルを用いて係数を求めても，係数が定数であれば一般性は失われない。

$$\text{左辺：}\begin{vmatrix} \boldsymbol{i} & \boldsymbol{j} & \boldsymbol{k} \\ a_x & 0 & 0 \\ N_x & N_y & N_z \end{vmatrix} = -a_x N_z \boldsymbol{j} + a_x N_y \boldsymbol{k}$$

ここで，式 (3.12) より $N_y = B_z C_x - B_x C_z$ であることを考慮すると，ベクトル $\boldsymbol{D}$ の z 成分は $D_z = a_x N_y = a_x(B_z C_x - B_x C_z)$

$$\text{右辺：}\mu\{a_x C_x \boldsymbol{B} - a_x B_x \boldsymbol{C}\}$$

より z 成分は，$\mu a_x(C_x B_z - B_x C_z)$ である。これより，$\mu = 1$ である。よって

$$\boldsymbol{A} \times (\boldsymbol{B} \times \boldsymbol{C}) = (\boldsymbol{C} \cdot \boldsymbol{A})\boldsymbol{B} - (\boldsymbol{A} \cdot \boldsymbol{B})\boldsymbol{C} \tag{3.21}$$

を得る。式 (3.21) がベクトル三重積を計算するための公式である。

3.3　直線と平面の方程式，幾何学への応用

ベクトルを用いて二次元，三次元の幾何学の問題を解くことが可能である。ここでは，直線，平面，球面などのベクトルによる表し方を学ぶことにし，幾何学への応用に簡単に触れる。

3.3.1　直 線 の 方 程 式

定点 A を通り，ベクトル $\boldsymbol{d}$ に平行な直線の方程式を求める（**図 3.4**）。図 3.4 において

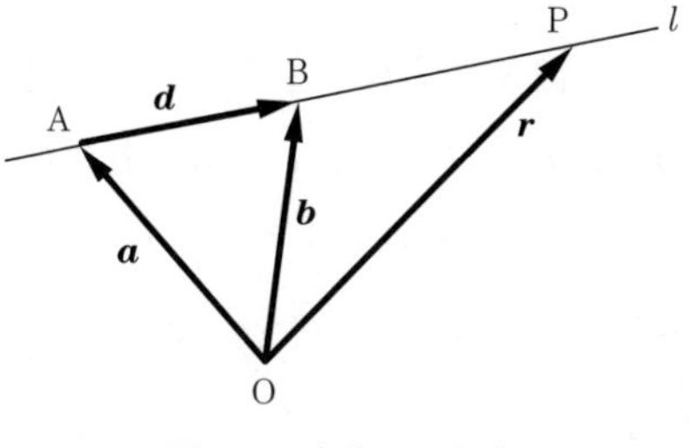

図 **3.4**　直線の方程式

$$\overrightarrow{\mathrm{AP}} = \lambda \overrightarrow{\mathrm{AB}}$$

$$\overrightarrow{\mathrm{OP}} = \overrightarrow{\mathrm{OA}} + \overrightarrow{\mathrm{AP}} \tag{3.22}$$

$$\overrightarrow{\mathrm{OP}} = \boldsymbol{r}, \quad \overrightarrow{\mathrm{AB}} = \boldsymbol{d}, \quad \overrightarrow{\mathrm{OA}} = \boldsymbol{a}$$

とおくと

$$\boldsymbol{r} = \boldsymbol{a} + \lambda \boldsymbol{d} \tag{3.23}$$

と表せる。ここで，$\boldsymbol{r} = (x, y, z)$，$\boldsymbol{a} = (a_x, a_y, a_z)$，$\boldsymbol{d} = (d_x, d_y, d_z)$ とすると $x = a_x + \lambda d_x$，$y = a_y + \lambda d_y$，$z = a_z + \lambda d_z$ となる。したがって

$$\lambda = \frac{x - a_x}{d_x} = \frac{y - a_y}{d_y} = \frac{z - a_z}{d_z} \tag{3.24}$$

を得る。また図 3.4 より $\boldsymbol{d} = \boldsymbol{b} - \boldsymbol{a}$ であるが，これを式 (3.23) に代入して

$$\boldsymbol{r} = \boldsymbol{a} + \lambda(\boldsymbol{b} - \boldsymbol{a}) = (1 - \lambda)\boldsymbol{a} + \lambda \boldsymbol{b} = \mu \boldsymbol{a} + \lambda \boldsymbol{b}, \quad \mu + \lambda = 1 \tag{3.25}$$

あるいは，$\lambda = \dfrac{\beta}{\alpha + \beta}$，$\mu = \dfrac{\alpha}{\alpha + \beta}$ とおいて（α，β は任意の数）

$$\boldsymbol{r} = \frac{\alpha \boldsymbol{a} + \beta \boldsymbol{b}}{\alpha + \beta}, \qquad \boldsymbol{b} = \boldsymbol{a} + \boldsymbol{d} \tag{3.26}$$

となる。式 (3.25)，(3.26) は定点 A を通り，ベクトル $\boldsymbol{d}$ に平行な直線の方程式である。式 (3.26) はまた，定点 A，B の間を $\beta : \alpha$ に内分する点の位置ベクトルを表すことになる（3.3.4 項 (1) 参照）。

3.3.2 平面の方程式

定点 A，B，C を通る平面 π の方程式を求める。平面 π の外に点 O をとり，ベクトル $\overrightarrow{\mathrm{OA}} = \boldsymbol{a}$，$\overrightarrow{\mathrm{OB}} = \boldsymbol{b}$，$\overrightarrow{\mathrm{OC}} = \boldsymbol{c}$，$\boldsymbol{e} = \boldsymbol{b} - \boldsymbol{a}$，$\boldsymbol{f} = \boldsymbol{c} - \boldsymbol{a}$ とすると（図 **3.5**），平面 π 上の任意の点 P を終点とするベクトル $\overrightarrow{\mathrm{OP}} = \boldsymbol{r}$ は，ベクトル $\boldsymbol{e}$，$\boldsymbol{f}$ を用いてつぎのように表現できる。

$$\boldsymbol{r} - \boldsymbol{a} = \lambda \boldsymbol{e} + \mu \boldsymbol{f} \tag{3.27}$$

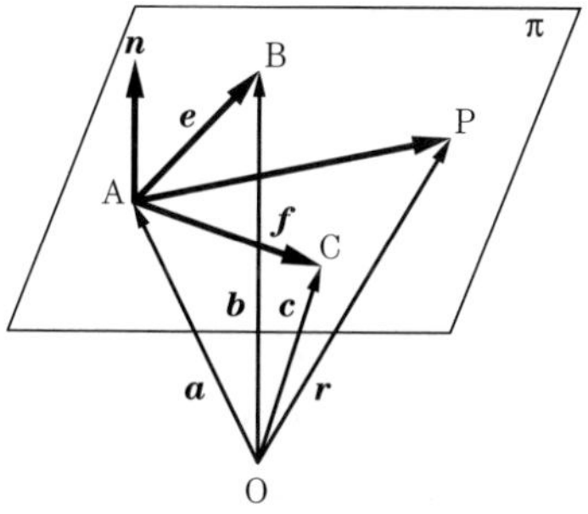

図 **3.5** 平面の方程式

すなわち

$$\boldsymbol{r} = \boldsymbol{a} + \lambda\boldsymbol{e} + \mu\boldsymbol{f} \tag{3.28}$$

である。$\boldsymbol{e} = \boldsymbol{b} - \boldsymbol{a}$，$\boldsymbol{f} = \boldsymbol{c} - \boldsymbol{a}$ より

$$\boldsymbol{r} = \boldsymbol{a} + \lambda(\boldsymbol{b} - \boldsymbol{a}) + \mu(\boldsymbol{c} - \boldsymbol{a}) = (1 - \lambda - \mu)\boldsymbol{a} + \lambda\boldsymbol{b} + \mu\boldsymbol{c} \tag{3.29}$$

となる。ここで，$\lambda = \dfrac{\beta}{\alpha+\beta+\gamma}$，$\mu = \dfrac{\gamma}{\alpha+\beta+\gamma}$ とおけば（α，β，γ は任意の数），$1 - \lambda - \mu = \dfrac{\alpha}{\alpha+\beta+\gamma}$ となり

$$\boldsymbol{r} = \frac{\alpha\boldsymbol{a} + \beta\boldsymbol{b} + \gamma\boldsymbol{c}}{\alpha+\beta+\gamma} \tag{3.30}$$

式 (3.29)，(3.30) は定点 A，B，C を通る平面 π の方程式である。

つぎに，この平面の法線ベクトル $\boldsymbol{s}$ を考える。$\boldsymbol{s}$ はベクトル $\boldsymbol{e}$ と $\boldsymbol{f}$ に垂直であるから

$$\boldsymbol{s} = \boldsymbol{e} \times \boldsymbol{f} = |\boldsymbol{s}|\boldsymbol{n}$$

である。ここに $\boldsymbol{n}$ は法線方向の単位ベクトルであり，つぎのように表現できる。

$$\boldsymbol{n} = n_x\boldsymbol{i} + n_y\boldsymbol{j} + n_z\boldsymbol{k}, \qquad n_x^2 + n_y^2 + n_z^2 = 1$$

$\boldsymbol{n}$ と式 (3.28) との内積をとると，$\boldsymbol{n}$ と $\boldsymbol{e}$，$\boldsymbol{f}$ は直交するので，$\boldsymbol{n}\cdot\boldsymbol{e} = \boldsymbol{n}\cdot\boldsymbol{f} = 0$ より

$$\boldsymbol{n}\cdot\boldsymbol{r}=\boldsymbol{n}\cdot\boldsymbol{a}+\lambda\boldsymbol{n}\cdot\boldsymbol{e}+\mu\boldsymbol{n}\cdot\boldsymbol{f}=\boldsymbol{n}\cdot\boldsymbol{a} \tag{3.31}$$

となる。ここで

$$\boldsymbol{n}\cdot\boldsymbol{a}=p \tag{3.32}$$

は，ベクトル $\boldsymbol{a}$ の，平面の法線方向への投影であり，点 O から π に降ろした垂線の長さとなる。平面 π から点 O までの距離は O から平面 π に降ろした垂線の長さであるから，p（の絶対値）は点 O から平面までの距離を与える。式 (3.31) と (3.32) から，平面の方程式を一般的につぎのように表現することができる。

$$p=\boldsymbol{n}\cdot\boldsymbol{r}=n_x x+n_y y+n_z z \tag{3.33}$$

式 (3.33) を平面に関するヘッセ（Hesse）の**標準形**という。

平面の方程式をこの形に書くと，定数項 p の絶対値が点 O からこの平面までの距離（平面におろした垂線の長さ）となる。

平面の方程式が

$$s_x x+s_y y+s_z z=c \tag{3.34}$$

の形で与えられた場合，これをヘッセの標準形に直すには，x，y，z の係数をそれぞれ単位法線ベクトルの x 軸成分，y 軸成分，z 軸成分とすればよいから，つぎのようにおけばよい。

$$n_i=\frac{s_i}{\sqrt{s_x^2+s_y^2+s_z^2}},\quad p=\frac{c}{\sqrt{s_x^2+s_y^2+s_z^2}}\qquad i=x,y,z \tag{3.35}$$

例題 3.2　つぎの 3 点を通る平面の方程式を求めよ，また単位法線ベクトルを求めよ。原点からこの平面までの距離はいくらか。

(2,0,0)，(0,2,0)，(0,0,2)

【解答】　平面の方程式をつぎのようにおく。

$$s_1 x+s_2 y+s_3 z=c$$

点 (2,0,0)，(0,2,0)，(0,0,2) を通るから，$2s_1 = c$，$2s_2 = c$，$2s_3 = c$。したがって $s_1 = s_2 = s_3 = c/2$ である。

平面の方程式はつぎのようになる。

$$x + y + z = 2$$

ヘッセの標準形を作ると

$$n_x = \frac{1}{\sqrt{1+1+1}} = \frac{1}{\sqrt{3}} = n_y = n_z$$

より

$$\frac{1}{\sqrt{3}}x + \frac{1}{\sqrt{3}}y + \frac{1}{\sqrt{3}}z = \frac{2}{\sqrt{3}}$$

となり，単位法線ベクトル $\boldsymbol{n}$ と原点から平面までの距離 p は，それぞれつぎのようになる。

$$\boldsymbol{n} = \frac{1}{\sqrt{3}}(1,1,1), \qquad p = \frac{2}{\sqrt{3}}$$

◇

平面の方程式を求める方法は一般化することが可能であり，それを例題 3.3 に示す。

例題 3.3　三次元直交座標系においてつぎの問に答えよ[6)]。

(1)　点 $\mathrm{P}_1(x_1, y_1, z_1)$，$\mathrm{P}_2(x_2, y_2, z_2)$，$\mathrm{P}_3(x_3, y_3, z_3)$ を通る平面の方程式を求めよ。

(2)　(1) の結果を利用して，点 $\mathrm{P}_1(1, 2, 3)$，$\mathrm{P}_2(2, -1, 1)$，$\mathrm{P}_3(-1, -1, 2)$ を通る平面の方程式を求めよ。

【解答】

(1)　点 P_1，P_2，P_3 の原点 O に関する位置ベクトルを $\boldsymbol{r}_1$，$\boldsymbol{r}_2$，$\boldsymbol{r}_3$ とすると

$$\boldsymbol{r}_1 = x_1\boldsymbol{i} + y_1\boldsymbol{j} + z_1\boldsymbol{k}$$

$$\boldsymbol{r}_2 = x_2\boldsymbol{i} + y_2\boldsymbol{j} + z_2\boldsymbol{k}$$

$$\boldsymbol{r}_3 = x_3\boldsymbol{i} + y_3\boldsymbol{j} + z_3\boldsymbol{k}$$

となる。この平面 π 上に点 P（位置ベクトル $\boldsymbol{r} = x\boldsymbol{i} + y\boldsymbol{j} + z\boldsymbol{k}$）をとる（図 **3.6**）。

ベクトル $\overrightarrow{\mathrm{P_1P_2}} = \boldsymbol{r}_2 - \boldsymbol{r}_1$，$\overrightarrow{\mathrm{P_1P_3}} = \boldsymbol{r}_3 - \boldsymbol{r}_1$，$\overrightarrow{\mathrm{P_1P}} = \boldsymbol{r} - \boldsymbol{r}_1$ はすべてこの平面 π 上にあるから，式 (3.16) より，つぎのようになる

$$\begin{vmatrix} x - x_1 & y - y_1 & z - z_1 \\ x_2 - x_1 & y_2 - y_1 & z_2 - z_1 \\ x_3 - x_1 & y_3 - y_1 & z_3 - z_1 \end{vmatrix} = 0$$

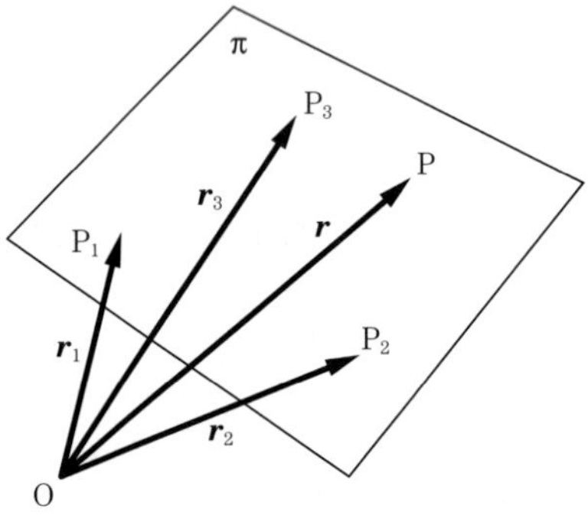

図 **3.6** 3 点を通る平面

(2) $\mathrm{P}_1(1,2,3)$，$\mathrm{P}_2(2,-1,1)$，$\mathrm{P}_3(-1,-1,2)$ であるから

$$x_2 - x_1 = 1,\ y_2 - y_1 = -3,\ z_2 - z_1 = -2$$
$$x_3 - x_1 = -2,\ y_3 - y_1 = -3,\ z_3 - z_1 = -1$$

となり，これを (1) で求めた行列式に入れると

$$\begin{vmatrix} x - 1 & y - 2 & z - 3 \\ 1 & -3 & -2 \\ -2 & -3 & -1 \end{vmatrix} = 0$$

となるから，平面の方程式はつぎのようにして求めることができる。

$$3(x-1) + 4(y-2) - 3(z-3) - 6(x-1) + (y-2) - 6(z-3) = 0$$
$$\therefore 3x - 5y + 9z = 20$$

◇

平面の方程式を求める問題にはもう一つのタイプがあり，それを例題 3.4 に示す。

例題 3.4　三次元直交座標系の原点 O を始点とするつぎのベクトルがある。
$\overrightarrow{\mathrm{OA}} = \boldsymbol{a} = \boldsymbol{i} + 2\boldsymbol{j} + \boldsymbol{k}$,　$\overrightarrow{\mathrm{OB}} = \boldsymbol{b} = 2\boldsymbol{i} - 3\boldsymbol{j} + 5\boldsymbol{k}$。

(1)　ベクトル $\boldsymbol{a}$ に垂直でかつ点 B（$\boldsymbol{b}$ の終点）を通る平面の方程式を求めよ。

(2)　原点 O からこの平面までの距離を求めよ。

【解答】

(1)　この種の問題では平面上の点 $\mathrm{P} = (x, y, z)$ をとり，ベクトル $\overrightarrow{\mathrm{BP}}$ がベクトル $\boldsymbol{a}$ と直交することを利用する（図 **3.7**）。$\overrightarrow{\mathrm{OP}} = \boldsymbol{r}$ とすると

$$(\boldsymbol{r} - \boldsymbol{b}) \cdot \boldsymbol{a} = 0$$

である。ここで

$$\boldsymbol{a} = \boldsymbol{i} + 2\boldsymbol{j} + \boldsymbol{k},\ \ \boldsymbol{b} = 2\boldsymbol{i} - 3\boldsymbol{j} + 5\boldsymbol{k}$$

$$\boldsymbol{r} - \boldsymbol{b} = (x-2)\boldsymbol{i} + (y+3)\boldsymbol{j} + (z-5)\boldsymbol{k}$$

であるから，平面の方程式はつぎのようにして求めることができる。

$$1 \cdot (x-2) + 2 \cdot (y+3) + 1 \cdot (z-5) = 0$$

$$\therefore x + 2y + z = 1$$

(2)　原点 O から，この平面までの距離は $|\boldsymbol{b}|$ の $|\boldsymbol{a}|$ に対する投影であるから，つぎのようにして求めることができる。θ を $\boldsymbol{a}$ と $\boldsymbol{b}$ のなす角として

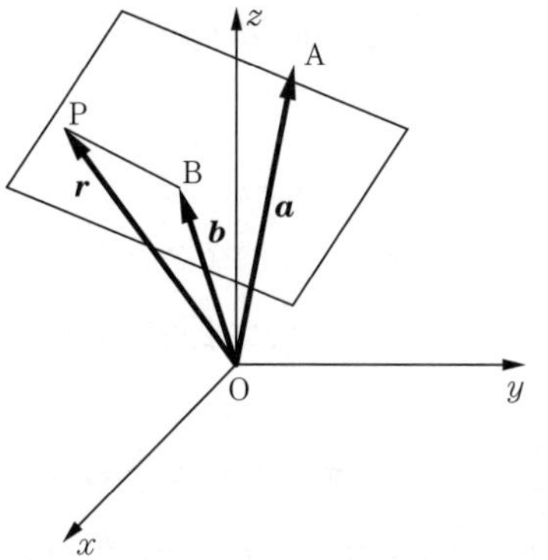

図 3.7　ベクトル $\boldsymbol{a}$ に垂直で点 B を通る平面

$$|\boldsymbol{b}|\cos\theta = \sqrt{4+9+25}\frac{1\cdot 2 - 2\cdot 3 + 1\cdot 5}{\sqrt{4+9+25}\sqrt{1+4+1}} = \frac{1}{\sqrt{6}}$$

となる。

◇

3.3.3　球面および球面の接平面の方程式

中心 C の位置ベクトルが $\boldsymbol{c}$ で，半径が a の球面の方程式は，**図 3.8** よりつぎのようになる。

$$|\boldsymbol{r}-\boldsymbol{c}|^2 = (\boldsymbol{r}-\boldsymbol{c})\cdot(\boldsymbol{r}-\boldsymbol{c}) = a^2$$

球面上の点を R_0（位置ベクトル $\boldsymbol{r}_0$），R_0 における球面への接平面 π 上の任意の点を P とする（**図 3.9**）。接平面上のベクトル $\overrightarrow{\mathrm{R}_0\mathrm{P}} = \boldsymbol{r}-\boldsymbol{r}_0$ は，球の中心 C から点 R_0 に向かうベクトル $\boldsymbol{r}_0-\boldsymbol{c}$ と直交するから

$$(\boldsymbol{r}-\boldsymbol{r}_0)\cdot(\boldsymbol{r}_0-\boldsymbol{c}) = 0$$

となり，これが球面上の点 R_0 における球の接平面の方程式を与える。

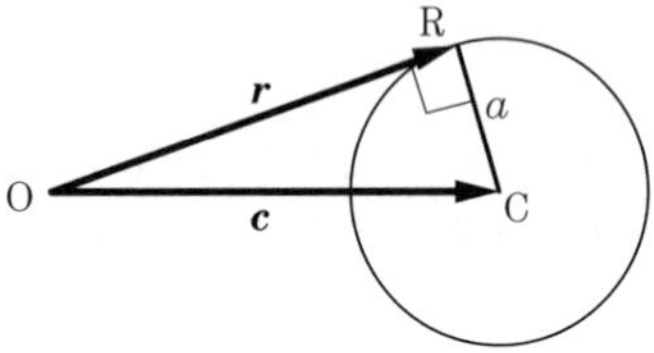

図 3.8　球面の方程式

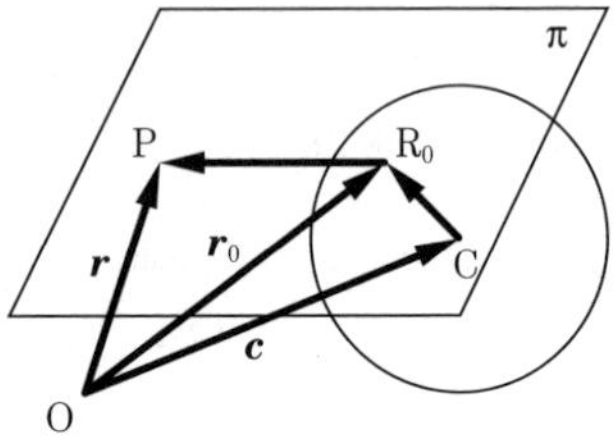

図 3.9　接平面の方程式

3.3.4　幾何学への応用

ベクトル代数を用いると幾何学の問題を見通しよく解くことができる。ここでは，線分の内分と三角形の重心の公式をベクトル代数を用いて求める方法について述べる。

（1）　線分の内分　　線分 AB を $p:q$ に内分する点 C を求めることを考える。線分の外に点 O をとり，$\overrightarrow{\mathrm{OA}} = \boldsymbol{a}$，$\overrightarrow{\mathrm{OB}} = \boldsymbol{b}$ とし $\boldsymbol{c}$ を $\boldsymbol{a}$，$\boldsymbol{b}$，p，q で表せ

ばよい（図 **3.10**）。線分 AB を $p:q$ に内分するとは

$$p\overrightarrow{\mathrm{CB}} = q\overrightarrow{\mathrm{AC}}$$

となるように点 C を選ぶことであり

$$\overrightarrow{\mathrm{CB}} = \boldsymbol{b} - \boldsymbol{c}, \quad \overrightarrow{\mathrm{AC}} = \boldsymbol{c} - \boldsymbol{a}$$

より

$$p(\boldsymbol{b} - \boldsymbol{c}) = q(\boldsymbol{c} - \boldsymbol{a})$$

を得る。これより

$$\boldsymbol{c} = \frac{q\boldsymbol{a} + p\boldsymbol{b}}{p+q}$$

として点 C のベクトルが求まる。$\boldsymbol{a} = (a_1, a_2, a_3)$，$\boldsymbol{b} = (b_1, b_2, b_3)$ とすれば，$\boldsymbol{c} = (c_1, c_2, c_3)$ とおいて C の座標を求めることができる。

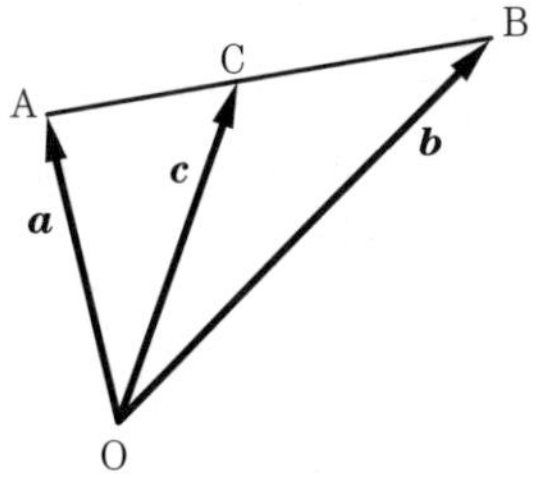

図 **3.10**　線分の内分

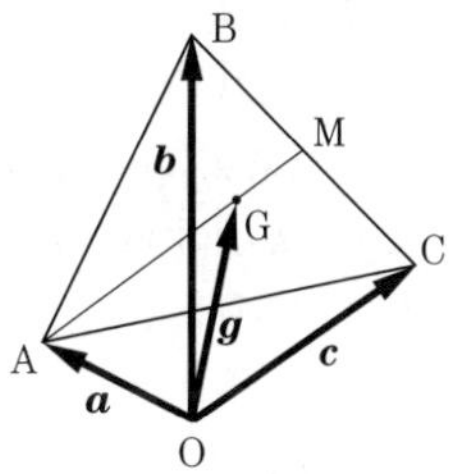

図 **3.11**　三角形の重心

（2）　三角形の重心　　三角形の重心は，一つの頂点から対辺の中点に引いた線分を 1：2 に内分するところにあることがわかっているものとして三角形 ABC の重心 G を求めることを考える。三角形の外に図 **3.11** のように点 O をとり，ここを原点としてベクトル $\overrightarrow{\mathrm{OA}} = \boldsymbol{a}$，$\overrightarrow{\mathrm{OB}} = \boldsymbol{b}$，$\overrightarrow{\mathrm{OC}} = \boldsymbol{c}$，$\overrightarrow{\mathrm{OG}} = \boldsymbol{g}$ を定める。辺 BC の中点を M とすると $\overrightarrow{\mathrm{OM}}$ は本項（1）の結果より

$$\overrightarrow{\mathrm{OM}} = \boldsymbol{m} = \frac{1}{2}(\boldsymbol{b} + \boldsymbol{c})$$

点 M と点 A を結ぶ線分 MA を 1：2 に内分する点は，本項（1）の結果を再び用いて

$$\boldsymbol{g} = \frac{1}{1+2}(\boldsymbol{a} + 2\boldsymbol{m}) = \frac{1}{3}(\boldsymbol{a} + \boldsymbol{b} + \boldsymbol{c})$$

として三角形の重心を求める公式を作ることができる。

章　末　問　題

【1】 $\boldsymbol{a}=2\boldsymbol{i}+\boldsymbol{j}$，$\boldsymbol{b}=-\boldsymbol{i}+\boldsymbol{j}$，$\boldsymbol{c}=\boldsymbol{i}+\boldsymbol{j}+\boldsymbol{k}$ のとき，つぎの計算を行え。

(1) $\boldsymbol{a}\times\boldsymbol{b}$

(2) $\boldsymbol{b}\times\boldsymbol{a}$

(3) $(\boldsymbol{a}\times\boldsymbol{b})\times\boldsymbol{c}$

(4) $\boldsymbol{a}\times(\boldsymbol{b}\times\boldsymbol{c})$

【2】 $\boldsymbol{A}=2\boldsymbol{i}+3\boldsymbol{j}+\boldsymbol{k}$，$\boldsymbol{B}=\boldsymbol{i}-\boldsymbol{j}+\boldsymbol{k}$，$\boldsymbol{C}=3\boldsymbol{i}+2\boldsymbol{j}-2\boldsymbol{k}$ のとき，つぎの計算を行え。

(1) $\boldsymbol{A}\times\boldsymbol{B}$

(2) $\boldsymbol{B}\times\boldsymbol{C}$

(3) $(\boldsymbol{A}\times\boldsymbol{B})\times\boldsymbol{C}$

(4) $\boldsymbol{A}\times(\boldsymbol{B}\times\boldsymbol{C})$

【3】 三次元直交座標系 $\Sigma(\mathrm{O};\boldsymbol{i},\boldsymbol{j},\boldsymbol{k})$ において，$\boldsymbol{a}=\boldsymbol{i}+\boldsymbol{j}+\boldsymbol{k}$，$\boldsymbol{b}=2\boldsymbol{i}-\boldsymbol{j}+\boldsymbol{k}$，$\boldsymbol{c}=3\boldsymbol{i}+2\boldsymbol{j}-\boldsymbol{k}$ とするとき，つぎの計算を行え。

(1) $\boldsymbol{a}\times\boldsymbol{b}$

(2) $\boldsymbol{b}\times\boldsymbol{c}$

(3) $\boldsymbol{a}\times(\boldsymbol{b}\times\boldsymbol{c})$

(4) $(\boldsymbol{a}\times\boldsymbol{b})\times\boldsymbol{c}$

【4】 つぎの式を証明せよ。

(1) $(\boldsymbol{a}-\boldsymbol{b})\times(\boldsymbol{a}+\boldsymbol{b})=2(\boldsymbol{a}\times\boldsymbol{b})$

(2) $(\boldsymbol{a}-\boldsymbol{b})\cdot(\boldsymbol{a}+\boldsymbol{b})=|\boldsymbol{a}|^2-|\boldsymbol{b}|^2$

(3) $\boldsymbol{a}\times(\boldsymbol{b}\times\boldsymbol{c})+\boldsymbol{b}\times(\boldsymbol{c}\times\boldsymbol{a})+\boldsymbol{c}\times(\boldsymbol{a}\times\boldsymbol{b})=\boldsymbol{0}$

【5】 つぎの式を証明せよ。

(1) $(\boldsymbol{A}\times\boldsymbol{B})\times(\boldsymbol{C}\times\boldsymbol{D})=((\boldsymbol{A}\times\boldsymbol{B})\cdot\boldsymbol{D})\boldsymbol{C}-((\boldsymbol{A}\times\boldsymbol{B})\cdot\boldsymbol{C})\boldsymbol{D}$

(2) $(\boldsymbol{A}\times\boldsymbol{B})\cdot(\boldsymbol{C}\times\boldsymbol{D})=(\boldsymbol{A}\cdot\boldsymbol{C})(\boldsymbol{B}\cdot\boldsymbol{D})-(\boldsymbol{A}\cdot\boldsymbol{D})(\boldsymbol{B}\cdot\boldsymbol{C})$

【6】 つぎのベクトルを隣接辺とする平行六面体の体積を求めよ。

$$\boldsymbol{i}+2\boldsymbol{j},\quad \boldsymbol{i}-2\boldsymbol{j},\quad \boldsymbol{i}+\boldsymbol{j}+3\boldsymbol{k}$$

【7】 点 $\mathrm{P}(2,1,2)$，点 $\mathrm{Q}(1,-3,-4)$ が与えられているとき，点 Q を通って，直線 PQ と直交する平面の方程式を求めよ。また，原点から，この平面までの距離を求めよ。（ヒント）ある点から平面までの距離は，ある点からその平面上の一点に向けたベクトルの，その平面の法線ベクトルの正射影の大きさである[6)]。

【8】 二つの対角線が，$\Sigma(\mathrm{O};\boldsymbol{i},\boldsymbol{j},\boldsymbol{k})$ のベクトル $\boldsymbol{a}=3\boldsymbol{i}+\boldsymbol{j}-2\boldsymbol{k}$，$\boldsymbol{b}=\boldsymbol{i}-3\boldsymbol{j}+4\boldsymbol{k}$ で表される平行四辺形の面積を求めよ[6)]。

【9】 つぎの 3 点を端点とする三角形の面積を求めよ[6)]。

$\mathrm{P}:(1,3,2),\quad \mathrm{Q}:(3,-4,2),\quad \mathrm{R}:(5,0,-5)$

【10】 $\Sigma(\mathrm{O};\boldsymbol{i},\boldsymbol{j},\boldsymbol{k})$ において，3 点 P，Q，R が与えられ，それぞれ原点 O に対し，$\boldsymbol{p}=3\boldsymbol{i}-2\boldsymbol{j}-\boldsymbol{k}$，　$\boldsymbol{q}=\boldsymbol{i}+3\boldsymbol{j}+4\boldsymbol{k}$，　$\boldsymbol{r}=2\boldsymbol{i}+\boldsymbol{j}-2\boldsymbol{k}$ の位置ベクトルをもつとき，つぎを求めよ。

(1) O，Q，R の 3 点が作る平面の方程式

(2) (1) の平面の単位法線ベクトル

(3) 点 P から，この平面におろした垂線の長さ

【11】 四つの面 F_1，F_2，F_3，F_4 をもつ四面体がある。大きさが面 F_1，F_2，F_3，F_4 の面積にそれぞれ等しく，これらの面に直交する（方向は外向き）ベクトルを $\boldsymbol{f}_1$，$\boldsymbol{f}_2$，$\boldsymbol{f}_3$，$\boldsymbol{f}_4$ とするとき，$\boldsymbol{f}_1+\boldsymbol{f}_2+\boldsymbol{f}_3+\boldsymbol{f}_4=\boldsymbol{0}$ であることを証明せよ[6)]。

【12】 ベクトルを使って，長方形の隣接辺の中点を通る直線は，対角線を 1：3 の比に分けることを証明せよ。

【13】 ベクトルを使って，平行四辺形の対角線はたがいに他を 2 等分することを証明せよ。

4 ベクトル値関数の微分と積分，空間曲線と曲線運動

4.1 ベクトル値関数の微分と積分

ベクトル代数の基礎の学習を 3 章までで終了し，これからベクトル解析の主要部分，すなわちベクトルの微積分に進むのであるが，ここでわれわれは**表 4.1**（表 1.1 参照）について考えてみる。ベクトルの微積分で，最初に学ぶのは，スカラーを変数とするベクトル，つまりベクトル値関数の微積分である（スカラー値関数の微積分は，いわゆる微分積分学として習得済みで本書では対象としていない）。

表 4.1　スカラーとベクトルの関数と場の分類

	関数がスカラー	関数がベクトル
変数がスカラー	スカラー値関数（質量の時間変化）	ベクトル値関数（速度・位置の時間変化）
変数がベクトル	スカラー場（重力ポテンシャル，静電ポテンシャル）	ベクトル場（重力場，電場，磁場）

ベクトル値関数の代表的なものは運動している物体の位置ベクトル，速度ベクトル，加速度ベクトル等運動している物体の状態を表すベクトル量で，その場合変数は主として時間である。ベクトル値関数の微積分法は，スカラー値関数の微積分法と基本的には同一である。

4.1.1 ベクトル値関数の微分

運動している物体の位置，速度，加速度などはベクトルで $\boldsymbol{r}$，$\boldsymbol{v}$，$\boldsymbol{a}$ などと表

す。位置，速度，加速度などは，時間とともに変化する。このとき，速度，加速度は時間の関数であるという。このようにベクトルが，ある独立に変化するスカラー量（独立変数あるいは変数）に依存して変化するとき，これをベクトル値関数という。ここでは一般的に取り扱うために，独立変数を u と表すことにする。ベクトル $\boldsymbol{A}$ が，変数 u の関数であるとき，これを $\boldsymbol{A}(u)$ と書き表す。u を助変数またはパラメータあるいは媒介変数という。$\boldsymbol{A}(u)$ の成分を $A_x(u)$, $A_y(u)$, $A_z(u)$ とするとき $\boldsymbol{A}(u) = A_x(u)\boldsymbol{i}+A_y(u)\boldsymbol{j}+A_z(u)\boldsymbol{k}$ あるいは $\boldsymbol{A}(u) = (A_x(u), A_y(u), A_z(u))$ と表す。右辺の u を省略して $\boldsymbol{A}(u) = A_x\boldsymbol{i}+A_y\boldsymbol{j}+A_z\boldsymbol{k}$ あるいは $\boldsymbol{A}(u) = (A_x, A_y, A_z)$ とすることもある。

ベクトル値関数 $\boldsymbol{A}(u)$ が，$u \to u_0$ において，$\boldsymbol{A}(u) \to \boldsymbol{C}$ であるとき（$\boldsymbol{C}$ は定ベクトル），$\boldsymbol{A}(u)$ の極限は $\boldsymbol{C}$ であるという。特に，$\boldsymbol{C} = \boldsymbol{A}(u_0)$ のとき，すなわち

$$u \to u_0 \quad \text{のとき} \quad \boldsymbol{A}(u) \to \boldsymbol{A}(u_0) = \boldsymbol{C} \tag{4.1}$$

であるとき，$\boldsymbol{A}(u)$ は $u = u_0$ において連続であるという。

ベクトル値関数の微積分はつぎに示すように，スカラー値関数の微積分と同様に扱える。変数 u が変わるにつれて，ベクトル $\boldsymbol{A}(u)$ が曲線 L に沿って変化するものとする。図 **4.1** に示すように，$u = u_0$ のとき，ベクトル $\boldsymbol{A}(u_0)$ の終点は P にあり，$u = u_0+\Delta u$ のとき，ベクトル $\boldsymbol{A}(u_0+\Delta u)$ の終点は，Q にあるとする。ベクトル $\overrightarrow{\mathrm{PQ}}$ は，$\boldsymbol{A}(u_0+\Delta u)-\boldsymbol{A}(u_0)$ である。いま

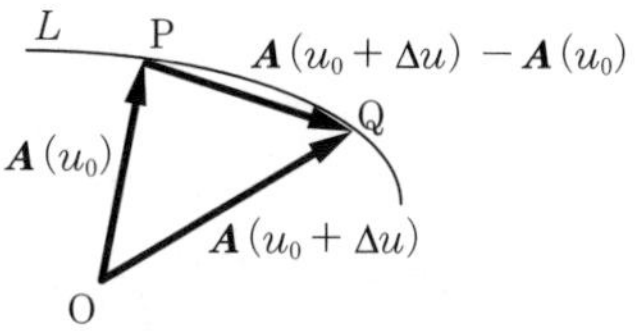

図 **4.1**　ベクトルの変化量

$$\frac{\boldsymbol{A}(u_0+\Delta u)-\boldsymbol{A}(u_0)}{\Delta u} \tag{4.2}$$

を作ると，これも $\boldsymbol{A}(u_0+\Delta u)-\boldsymbol{A}(u_0)$ に平行なベクトルである。式 (4.2) の極限が $\Delta u \to 0$ で存在するとき，式 (4.3) のように書き表して，これを $u = u_0$ におけるベクトル値関数 $\boldsymbol{A}(u)$ の微分係数と定義する。

$$\left.\frac{d\boldsymbol{A}}{du}\right|_{u=u_0} = \lim_{\Delta u\to 0}\frac{\boldsymbol{A}(u_0+\Delta u)-\boldsymbol{A}(u_0)}{\Delta u} \tag{4.3}$$

式 (4.3) の幾何学的意味を考える。$\Delta u \to 0$ とすると，点 Q は点 P に近づくので，ベクトル $\overrightarrow{\mathrm{PQ}}$ は，点 P における曲線 L の接線に近づく。したがって，式 (4.2) で表されるベクトルは接線となることがわかる。すなわち，$\left.\dfrac{d\boldsymbol{A}}{du}\right|_{u=u_0}$ は点 P における曲線 L の接線を与える。

ベクトル値関数 $\boldsymbol{A}(u)$ が慣性空間に固定された直交座標系の基底ベクトル $\boldsymbol{i}$，$\boldsymbol{j}$，$\boldsymbol{k}$ を用いて

$$\boldsymbol{A}(u) = A_x\boldsymbol{i} + A_y\boldsymbol{j} + A_z\boldsymbol{k} \tag{4.4}$$

と表されるとき

$$\frac{d\boldsymbol{A}(u)}{du} = \frac{dA_x}{du}\boldsymbol{i} + \frac{dA_y}{du}\boldsymbol{j} + \frac{dA_z}{du}\boldsymbol{k} \tag{4.5}$$

すなわち $\dfrac{d\boldsymbol{A}(u)}{du}$ は，ベクトル値関数 $\boldsymbol{A}$ の各成分の微分係数を成分とするベクトルである。

ここで注意することは，座標系が慣性空間に固定されているとしているので $\dfrac{d\boldsymbol{i}}{du} = \dfrac{d\boldsymbol{j}}{du} = \dfrac{d\boldsymbol{k}}{du} = 0$ となるのであるが，座標系が慣性座標系に対し回転しているとき，あるいは加速度をもって動いているときには，$\dfrac{d\boldsymbol{i}}{du}$，$\dfrac{d\boldsymbol{j}}{du}$，$\dfrac{d\boldsymbol{k}}{du}$ という項が出てきて，いずれも 0 ではないことである。

同様にして次式が成り立つ。

$$\begin{aligned}\frac{d^2\boldsymbol{A}(u)}{du^2} &= \frac{d^2A_x}{du^2}\boldsymbol{i} + \frac{d^2A_y}{du^2}\boldsymbol{j} + \frac{d^2A_z}{du^2}\boldsymbol{k}\\ \frac{d^n\boldsymbol{A}(u)}{du^n} &= \frac{d^nA_x}{du^n}\boldsymbol{i} + \frac{d^nA_y}{du^n}\boldsymbol{j} + \frac{d^nA_z}{du^n}\boldsymbol{k}\end{aligned} \tag{4.6}$$

さらにつぎのような式が成り立つ。ここで c は定数，$m = m(u)$ である。

$$\begin{aligned}&\frac{d}{du}(c\boldsymbol{A}) = c\frac{d\boldsymbol{A}}{du}\\ &\frac{d}{du}(m\boldsymbol{A}) = \frac{dm}{du}\boldsymbol{A} + m\frac{d\boldsymbol{A}}{du}\\ &\frac{d}{du}(\boldsymbol{A} \pm \boldsymbol{B}) = \frac{d\boldsymbol{A}}{du} \pm \frac{d\boldsymbol{B}}{du}\\ &\frac{d}{du}(\boldsymbol{A} \cdot \boldsymbol{B}) = \frac{d\boldsymbol{A}}{du} \cdot \boldsymbol{B} + \boldsymbol{A} \cdot \frac{d\boldsymbol{B}}{du}\end{aligned}$$

$$\frac{d}{du}(\boldsymbol{A}\times\boldsymbol{B}) = \frac{d\boldsymbol{A}}{du}\times\boldsymbol{B} + \boldsymbol{A}\times\frac{d\boldsymbol{B}}{du} \tag{4.7}$$

$\dfrac{d}{du}(\boldsymbol{A}\cdot\boldsymbol{B}) = \dfrac{d\boldsymbol{A}}{du}\cdot\boldsymbol{B} + \boldsymbol{A}\cdot\dfrac{d\boldsymbol{B}}{du}$ を証明してみる。$\boldsymbol{A} = A_x\boldsymbol{i} + A_y\boldsymbol{j} + A_z\boldsymbol{k}$, $\boldsymbol{B} = B_x\boldsymbol{i} + B_y\boldsymbol{j} + B_z\boldsymbol{k}$ とすると，次式を得る。

$$\begin{aligned}\frac{d}{du}(\boldsymbol{A}\cdot\boldsymbol{B}) &= \frac{d}{du}(A_xB_x + A_yB_y + A_zB_z)\\ &= \frac{dA_x}{du}B_x + \frac{dA_y}{du}B_y + \frac{dA_z}{du}B_z + A_x\frac{dB_x}{du} + A_y\frac{dB_y}{du} + A_z\frac{dB_z}{du}\\ &= \frac{d\boldsymbol{A}}{du}\cdot\boldsymbol{B} + \boldsymbol{A}\cdot\frac{d\boldsymbol{B}}{du}\end{aligned} \tag{4.8}$$

例題 4.1　$\boldsymbol{A} = 2u^2\boldsymbol{i} + 3u\boldsymbol{j} + \boldsymbol{k}$, $\boldsymbol{B} = \boldsymbol{i} + 2u\boldsymbol{j} + 4u^2\boldsymbol{k}$ のとき，$\dfrac{d}{du}(\boldsymbol{A}\times\boldsymbol{B})$ を求めよ。

【解答】　このような問題の場合，まず $\boldsymbol{A}\times\boldsymbol{B}$ を求めて，各成分を u で微分すればよい。

$$\boldsymbol{A}\times\boldsymbol{B} = \begin{vmatrix}\boldsymbol{i} & \boldsymbol{j} & \boldsymbol{k}\\ 2u^2 & 3u & 1\\ 1 & 2u & 4u^2\end{vmatrix} = (12u^3 - 2u)\boldsymbol{i} + (1 - 8u^4)\boldsymbol{j} + (4u^3 - 3u)\boldsymbol{k}$$

$$\frac{d(\boldsymbol{A}\times\boldsymbol{B})}{du} = (36u^2 - 2)\boldsymbol{i} - 32u^3\boldsymbol{j} + (12u^2 - 3)\boldsymbol{k}$$

◇

例題 4.2　$\boldsymbol{A}$ が単位ベクトルのとき，$\boldsymbol{A}\cdot\dfrac{d\boldsymbol{A}}{du} = 0$ となることを示せ[6)]。

【解答】

$\boldsymbol{A}\cdot\boldsymbol{A} = 1$ なので，両辺の微分をとると，つぎのようになる。

$$\boldsymbol{A}\cdot\frac{d\boldsymbol{A}}{du} + \frac{d\boldsymbol{A}}{du}\cdot\boldsymbol{A} = 0 \to \boldsymbol{A}\cdot\frac{d\boldsymbol{A}}{du} = 0$$

◇

例題 4.3　慣性空間に固定された直交座標系内での質点の位置ベクトルが $\boldsymbol{r}(t) = a\cos\omega t\boldsymbol{i} + a\sin\omega t\boldsymbol{j}$ で表されるとき，$\dfrac{d\boldsymbol{r}}{dt}$，$\dfrac{d^2\boldsymbol{r}}{dt^2}$ を求めよ。

【解答】　$\boldsymbol{i}$，$\boldsymbol{j}$ は固定されているので $\dfrac{d\boldsymbol{i}}{dt}$，$\dfrac{d\boldsymbol{j}}{dt}$ は考えなくてもよい。したがって

$$\frac{d\boldsymbol{r}}{dt} = -a\omega\sin\omega t\boldsymbol{i} + a\omega\cos\omega t\boldsymbol{j}$$
$$\frac{d^2\boldsymbol{r}}{dt^2} = -a\omega^2\cos\omega t\boldsymbol{i} - a\omega^2\sin\omega t\boldsymbol{j} = -\omega^2\boldsymbol{r}$$

ここで，$\dfrac{d^2\boldsymbol{r}}{dt^2} = -\omega^2\boldsymbol{r}$ と表されることに注意が必要である。この場合 $\boldsymbol{r}$ は中心力を受けて円運動する質点を表しており，この式は円運動においては中心力と遠心力とが釣り合っていることを示している。このような表記法は今後しばしば現れるであろう。　◇

4.1.2　ベクトル値関数の積分

ベクトル値関数の積分は，微分の逆演算である。ベクトル値関数 $\boldsymbol{D}(u)$ の導関数が $\boldsymbol{A}(u)$ のとき，すなわち，$\dfrac{d\boldsymbol{D}(u)}{du} = \boldsymbol{A}(u)$ のとき

$$\boldsymbol{D}(u) = \int \boldsymbol{A}(u)du \tag{4.9}$$

をベクトル値関数 $\boldsymbol{A}(u)$ の不定積分という。

$$\int \boldsymbol{A}(u)du = \int A_x(u)du\boldsymbol{i} + \int A_y(u)du\boldsymbol{j} + \int A_z(u)du\boldsymbol{k} \tag{4.10}$$

である。また，つぎの諸公式が成り立つ（$\boldsymbol{C}$ は積分定数で，定ベクトルである：$\dfrac{d\boldsymbol{C}}{du} = 0$）。

$$\int c\frac{d\boldsymbol{A}}{du}du = c\boldsymbol{A} + \boldsymbol{C}$$
$$\int \left(\frac{dm(u)}{du}\boldsymbol{A} + m(u)\frac{d\boldsymbol{A}}{du}\right)du = m(u)\boldsymbol{A} + \boldsymbol{C}$$
$$\int \left(\frac{d\boldsymbol{A}}{du} \pm \frac{d\boldsymbol{B}}{du}\right)du = \boldsymbol{A} \pm \boldsymbol{B} + \boldsymbol{C}$$

$$\int \left(\frac{d\boldsymbol{A}}{du} \cdot \boldsymbol{B} + \boldsymbol{A} \cdot \frac{d\boldsymbol{B}}{du} \right) du = \boldsymbol{A} \cdot \boldsymbol{B} + \boldsymbol{C}$$
$$\int \left(\frac{d\boldsymbol{A}}{du} \times \boldsymbol{B} + \boldsymbol{A} \times \frac{d\boldsymbol{B}}{du} \right) du = \boldsymbol{A} \times \boldsymbol{B} + \boldsymbol{C} \tag{4.11}$$

ベクトル値関数 $\boldsymbol{A}(u)$ の定積分は

$$\begin{aligned} \boldsymbol{S} &= \int_a^b \boldsymbol{A}(u) du \\ &= \left(\int_a^b A_x(u) du \right) \boldsymbol{i} + \left(\int_a^b A_y(u) du \right) \boldsymbol{j} + \left(\int_a^b A_z(u) du \right) \boldsymbol{k} \end{aligned} \tag{4.12}$$

と表せる。

4.1.3 ベクトル微分方程式[8)]

運動方程式はベクトルを用いるときれいに書き表せるが，これをベクトルの形のまま実際に解こうとするとき，スカラー値関数の微分方程式の解法のごとき一般的な公式はない。そこで，テクニックを用いて無理なく積分できる形にもっていくことが通常行われている。例えば

$$\ddot{\boldsymbol{r}} + \frac{\mu}{r^3} \boldsymbol{r} = \boldsymbol{0} \tag{4.13}$$

は中心力場における質点の運動方程式であるが，式 (4.13) を積分するに際して，位置ベクトル $\boldsymbol{r}$ や，速度ベクトル $\dot{\boldsymbol{r}}$ と式 (4.13) とのベクトル積やスカラー積をとって積分できるような形にもっていくのである。式 (4.13) と位置ベクトル $\boldsymbol{r}$ との外積をとり，同じベクトルどうしの外積は $\boldsymbol{0}$ になることを利用すると

$$\boldsymbol{r} \times \ddot{\boldsymbol{r}} + \boldsymbol{r} \times \frac{\mu}{r^3} \boldsymbol{r} = \boldsymbol{r} \times \ddot{\boldsymbol{r}} = \boldsymbol{0} \tag{4.14}$$

となるが

$$\frac{d}{dt}(\boldsymbol{r} \times \dot{\boldsymbol{r}}) = \dot{\boldsymbol{r}} \times \dot{\boldsymbol{r}} + \boldsymbol{r} \times \ddot{\boldsymbol{r}} = \boldsymbol{r} \times \ddot{\boldsymbol{r}} \tag{4.15}$$

となるので，式 (4.14)，(4.15) を合わせると次式を得る。

$$\frac{d}{dt}(\boldsymbol{r} \times \dot{\boldsymbol{r}}) = \boldsymbol{0}$$

これより

$$\boldsymbol{r} \times \dot{\boldsymbol{r}} = \boldsymbol{r} \times \boldsymbol{v} = \boldsymbol{c} \tag{4.16}$$

となる（$\dot{\boldsymbol{r}} = \boldsymbol{v}$ であり，また $\boldsymbol{c}$ は定ベクトルである）。この式は角運動量保存則に相当する。式 (4.13) と $\dot{\boldsymbol{r}}$ との内積をとると積分可能な形にすることができて，この場合にはエネルギー保存則を得ることができる。式 (4.13) は二階の三元方程式であるから，6 個の解があり，式 (4.16) はそのうち 3 個を与えるのみなので，他の 3 個は別のテクニックで求めなければならない。つぎの例題は，そのテクニックの一つである。

例題 4.4　式 (4.13) と $\dot{\boldsymbol{r}}$ との内積をとることにより，ベクトル微分方程式 (4.13) の積分を行え。

【解答】　$2\dot{\boldsymbol{r}}$ と式 (4.13) の内積をとるとつぎのようになる。

$$2\dot{\boldsymbol{r}} \cdot \ddot{\boldsymbol{r}} + \frac{2\mu}{r^3}\dot{\boldsymbol{r}} \cdot \boldsymbol{r} = 0$$

ここで

$$\frac{d}{dt}(\dot{\boldsymbol{r}} \cdot \dot{\boldsymbol{r}}) = 2(\dot{\boldsymbol{r}} \cdot \ddot{\boldsymbol{r}})$$

$$\frac{d}{dt}(\boldsymbol{r} \cdot \boldsymbol{r}) = 2(\boldsymbol{r} \cdot \dot{\boldsymbol{r}})$$

$$\dot{\boldsymbol{r}} \cdot \dot{\boldsymbol{r}} = \boldsymbol{v} \cdot \boldsymbol{v} = v^2, \qquad \boldsymbol{r} \cdot \boldsymbol{r} = r^2$$

であるから

$$\frac{d}{dt}v^2 + \frac{\mu}{r^3}\frac{d}{dt}(r^2) = 0$$

となる。この式は

$$\frac{d}{dt}v^2 - \frac{d}{dt}\left(\frac{2\mu}{r}\right) = \frac{d}{dt}\left(v^2 - \frac{2\mu}{r}\right) = 0$$

となり

$$v^2 - \frac{2\mu}{r} = h \qquad \text{あるいは} \qquad \frac{v^2}{2} - \frac{\mu}{r} = \frac{h}{2}$$

となるが，これはエネルギー積分に他ならない。　◇

4.2 空間曲線と曲線運動

物体が空間内を運動するとき，その軌道は空間内の曲線を描き，その軌跡は助変数を用いてベクトル値関数で表すことができる。この軌跡の接線，法線などをベクトルを用いて系統的に求めることができる。そのためにはまず，空間曲線の助変数表示について学ばなければならない。

4.2.1 空間内の曲線の助変数表示

助変数とは何かということから始めよう。問題を見やすくするために二次元で考える。一般に平面曲線はある関数関係 $f(x,y)=0$ を満たす点 (x,y) の集まりである。つまり

$$\boldsymbol{r}=x\boldsymbol{i}+y\boldsymbol{j},\quad f(x,y)=0 \tag{4.17}$$

は一つの曲線を表している。例えば半径 a の円は

$$\boldsymbol{r}=x\boldsymbol{i}+y\boldsymbol{j},\quad x^2+y^2=a^2 \tag{4.18}$$

と表すのである。

しかし，このままでは扱いに不便なので，二つの式を何らかの手段で一つにして解析の対象とすることができるようにすることを考えるのである。ここで登場するのが助変数 u で

$$x=a\cos u,\quad y=a\sin u \tag{4.19}$$

とおくことにより

$$\boldsymbol{r}=a\cos u\boldsymbol{i}+a\sin u\boldsymbol{j} \tag{4.20}$$

とすることができて，二つの式が一つになる。この u は x 軸を起点として円周を一周するときの角度となる（図 **4.2**）。つまり u という補助の変数（補助の変

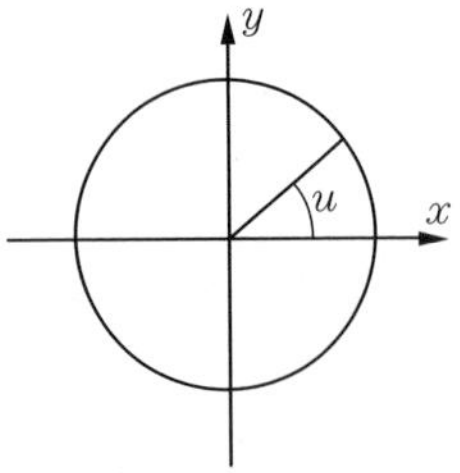

図 **4.2**　円と助変数

数であるから**助変数**という）を導入することにより，式の数が一つ減らせるのであるが，それと同時に空間曲線を一つの**パラメータ**（すなわち助変数）で表示できたという素晴らしい副産物も得たのである。複雑な曲線を一つのパラメータで表せることの威力は絶大である。このことを三次元に拡張して一般的に述べてみる。いま，三次元空間内の曲線が

$$\boldsymbol{r} = x\boldsymbol{i} + y\boldsymbol{j} + z\boldsymbol{k} \tag{4.21}$$

という形で表されているとする。助変数 u を用いて，曲線がたどるべき曲面 $f(x, y, z) = 0$ を

$$x = x(u), \quad y = y(u), \quad z = z(u) \tag{4.22}$$

と表すことができたとすると，式 (4.21) は

$$\boldsymbol{r} = x(u)\boldsymbol{i} + y(u)\boldsymbol{j} + z(u)\boldsymbol{k} \tag{4.23}$$

と書き表すことができ，式 (4.23) は空間曲線を一つのパラメータ（助変数）で表現する式となる。ここまで述べたことを少し改まって表現するとつぎのようになる。

空間内の任意の点 (x, y, z) と原点 O と結ぶ位置ベクトル $\boldsymbol{r}$ が

$$\boldsymbol{r}(u) = x(u)\boldsymbol{i} + y(u)\boldsymbol{j} + z(u)\boldsymbol{k}$$

と表せるとき，u の値が変化すると，ベクトル $\boldsymbol{r}$ の終点は，空間曲線（space curve）を描くという。u をパラメータあるいは助変数あるいは**媒介変数**といい，前述の表現を空間曲線の**パラメータ表示**あるいは**助変数表示**という。逆にいえば，空間曲線 C は C 上の点の位置ベクトルを適当なパラメータ u $(\alpha \leqq u \leqq \beta)$ の関数として与えることによって定められるといってよい。もし，空間曲線が $y = f(x)$，$z = g(x)$ の形で与えられているときには，$x = u$ とおくことにより

$$\boldsymbol{r}(u) = u\boldsymbol{i} + f(u)\boldsymbol{j} + g(u)\boldsymbol{k} \tag{4.24}$$

として，曲線 C の助変数表示が得られる。いくつかの助変数表示の例題をつぎに示すことにする。

例題 4.5　xy 平面上の半径 a の円 $x^2+y^2=a^2$，$z=0$ を助変数表示せよ。

【解答】　文中に述べた例を三次元に拡張したもので，$\boldsymbol{r}=x\boldsymbol{i}+y\boldsymbol{j}+z\boldsymbol{k}$，$x^2+y^2=a^2$，$z=0$ の場合である。文中の例に $z=0$ を加えるだけでよい。$x=a\cos u$，$y=a\sin u$（$a>0$，$0 \leqq u \leqq 2\pi$）とおけるから，$\boldsymbol{r}=a\cos u\boldsymbol{i}+a\sin u\boldsymbol{j}$ と表せる。$\boldsymbol{r}=(a\cos u, a\sin u, 0)$ と書いてもよい。 ◇

例題 4.6　楕円 $\dfrac{x^2}{a^2}+\dfrac{y^2}{b^2}=1$，$z=0$ を助変数表示せよ。

【解答】　式 (4.21) において $\boldsymbol{r}=x\boldsymbol{i}+y\boldsymbol{j}+z\boldsymbol{k}$，$\dfrac{x^2}{a^2}+\dfrac{y^2}{b^2}=1$，$z=0$ の場合である。$x=a\cos u$，$y=b\sin u$，$z=0$ とおくことにより，$\boldsymbol{r}=a\cos u\boldsymbol{i}+b\sin u\boldsymbol{j}$ と表せる。 ◇

例題 4.7　つぎの曲線を助変数表示せよ。

$$(y-2)^2+(z-5)^2=16, \quad x=0$$

【解答】　標準形におき直すと

$$\boldsymbol{r}=x\boldsymbol{i}+y\boldsymbol{j}+z\boldsymbol{k}, \quad x=0, \quad (y-2)^2+(z-5)^2=16$$

となるが，$x=0$，$y=2+4\cos u$，$z=5+4\sin u$ とおけば，一つのパラメータにまとめることができる。すなわち

$$x=0, \quad y=2+4\cos u, \quad z=5+4\sin u$$

あるいは

$$\boldsymbol{r}=(2+4\cos u)\boldsymbol{j}+(5+4\sin u)\boldsymbol{k}$$

となる。 ◇

例題 4.8　つぎのようにパラメータ表示された曲線の方程式を求めよ。

$$\left(t, \frac{1}{t}, 0\right)$$

【解答】 $x = t$, $y = 1/t$, $z = 0$ であるから，$t = x = 1/y$ より曲線の方程式は $xy = 1$ となる。$z = 0$ はそのままである。この曲線は z 平面上の双曲線であることを示している。 ◇

助変数は，他の助変数に変換することができる。

$$u = \varphi(t) \quad (\alpha \leqq t \leqq \beta)$$

とおくと曲線 $\boldsymbol{r} = \boldsymbol{r}(u)$ $(\varphi(\alpha) \leqq u \leqq \varphi(\beta))$ は，$\boldsymbol{r} = \boldsymbol{r}(\varphi(t))$ $(\alpha \leqq t \leqq \beta)$ となり，t という別のパラメータで定義される。

例題 4.9　つる巻線を助変数表示せよ。

【解答】 まず，つる巻線の方程式を求める必要がある。つる巻線または円ら線直円柱は，x, y 平面上の円 $x^2 + y^2 = a^2$ 上にあって，直円柱の母線となす角度が $\pi/2 - \alpha$ $(\alpha = \tan^{-1}(b/a))$ の空間曲線であり，$x^2 + y^2 = a^2$ であるから，$x = a\cos u$, $y = a\sin u$ となる。u は回転角であるから，角度 u 回転したときの弧の長さは au で，そのときの高さは $z = au\tan\alpha = bu = b\tan^{-1}(y/x)$ となる（図 **4.3**）。すなわち，つる巻線の方程式は，$\boldsymbol{r} = x\boldsymbol{i} + y\boldsymbol{j} + z\boldsymbol{k}$, $x^2 + y^2 = a^2$,

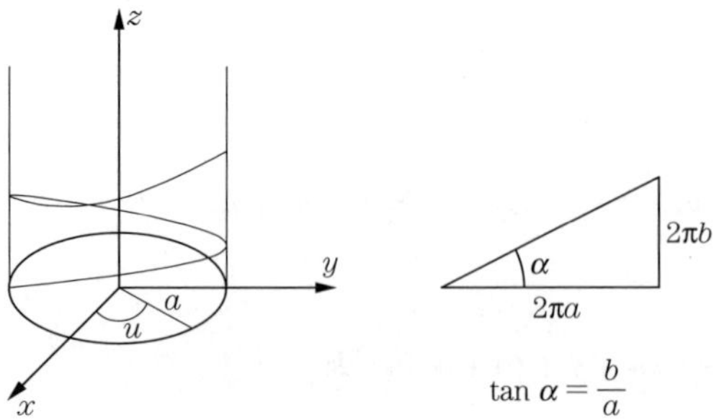

図 **4.3**　つる巻線

$z = b\tan^{-1}(y/x)$ である。ここまで述べたことから $x = a\cos u$, $y = a\sin u$, $z = bu$ とおくことにより

$$\boldsymbol{r} = a\cos u\boldsymbol{i} + a\sin u\boldsymbol{j} + bu\boldsymbol{k} \qquad (a > 0,\ b > 0,\ 0 \leqq u \leqq 2\pi)$$

と表せる。展開すると図 4.3 のように，勾配 $\tan\alpha$ の直線となる。 ◇

例題 4.10 $\boldsymbol{r} = a\cos u\boldsymbol{i} + a\sin u\boldsymbol{j}$ ($0 \leqq u \leqq 2\pi$) において，$t = au$ とおいて助変数を u から t に変換せよ。

【解答】 $\boldsymbol{r} = a\cos\dfrac{t}{a}\boldsymbol{i} + a\sin\dfrac{t}{a}\boldsymbol{j}$ となる。$0 \leqq u \leqq 2\pi$ は，$0 \leqq \dfrac{t}{a} \leqq 2\pi$ より $0 \leqq t \leqq 2\pi a$ となる。 ◇

4.2.2 線素，曲線の向きならびに曲線の長さ

助変数表示をすると曲線の長さを求めることができる。助変数 u を用いて $\boldsymbol{r} = \boldsymbol{r}(u)$ と表される曲線 C があるとする（図 **4.4**）。図より，$\boldsymbol{r}(u) + \Delta\boldsymbol{r} = \boldsymbol{r}(u + \Delta u)$ であるから，$\Delta\boldsymbol{r} = \boldsymbol{r}(u + \Delta u) - \boldsymbol{r}(u)$ より

$$\lim_{\Delta u \to 0} \frac{\boldsymbol{r}(u + \Delta u) - \boldsymbol{r}(u)}{\Delta u} = \lim_{\Delta u \to 0} \frac{\Delta\boldsymbol{r}}{\Delta u} = \frac{d\boldsymbol{r}}{du} \tag{4.25}$$

とも表せる。$d\boldsymbol{r}$ を**線素**（line element）という。

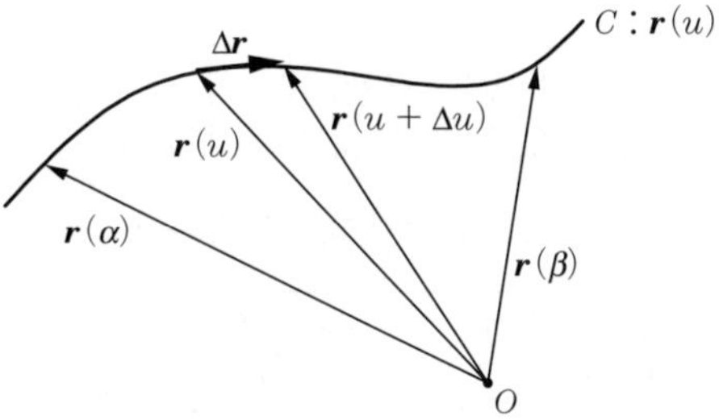

図 **4.4** 線素ベクトル

パラメータ u が α から β に向かって動くとき，これに伴って $\boldsymbol{r}$ の動く方向を曲線の向きという（図 **4.5**）。曲線の向きは，$\dfrac{d\boldsymbol{r}}{du}$ の向きと一致している。すなわち，線素ベクトルの向きは，曲線の向きと一致している。

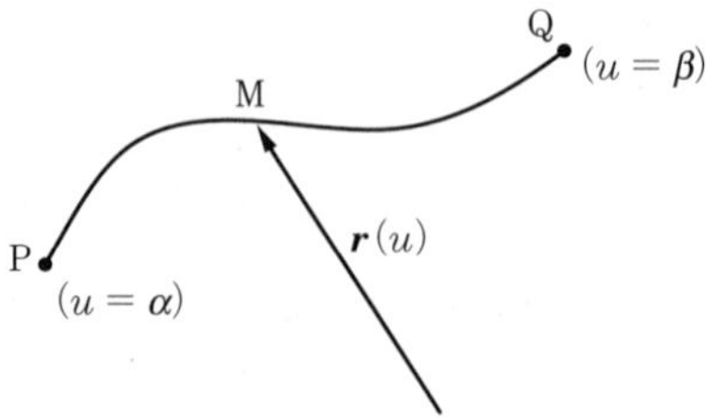

図 4.5　線素ベクトルの範囲

曲線の方程式が，つぎのようにベクトル値関数 $\boldsymbol{r}=\boldsymbol{r}(u)$ で与えられているとする。

$$\boldsymbol{r}(u)=x(u)\boldsymbol{i}+y(u)\boldsymbol{j}+z(u)\boldsymbol{k}$$

線素 $d\boldsymbol{r}$ の長さを ds とする。

$$ds=|d\boldsymbol{r}|=\frac{|d\boldsymbol{r}|}{du}du=\left|\frac{d\boldsymbol{r}}{du}\right|du \tag{4.26}$$

ここで，$\dfrac{d\boldsymbol{r}}{du}=\dfrac{dx}{du}\boldsymbol{i}+\dfrac{dy}{du}\boldsymbol{j}+\dfrac{dz}{du}\boldsymbol{k}$ であるから

$$\left|\frac{d\boldsymbol{r}}{du}\right|^2=\left(\frac{dx}{du}\right)^2+\left(\frac{dy}{du}\right)^2+\left(\frac{dz}{du}\right)^2 \tag{4.27}$$

である。したがって

$$ds=\left|\frac{d\boldsymbol{r}}{du}\right|du=\sqrt{\left(\frac{dx}{du}\right)^2+\left(\frac{dy}{du}\right)^2+\left(\frac{dz}{du}\right)^2}\,du \tag{4.28}$$

曲線 PQ の長さを L とすると，L は次式で与えられる。

$$L=\int_P^Q ds=\int_\alpha^\beta\sqrt{\left(\frac{dx}{du}\right)^2+\left(\frac{dy}{du}\right)^2+\left(\frac{dz}{du}\right)^2}\,du \tag{4.29}$$

式 (4.29) を用いて，例題に示すように曲線の長さ L を求めることができる。

例題 4.11　$\boldsymbol{r}=a\cos u\boldsymbol{i}+a\sin u\boldsymbol{j}$　$(0\leqq u\leqq 2\pi)$ のとき，曲線の長さを求めよ。

【解答】 式 (4.29) を利用する。ただし，二次元であるから z は考慮しなくてもよい。

$$x = a\cos u, \qquad \frac{dx}{du} = -a\sin u$$
$$y = a\sin u, \qquad \frac{dy}{du} = a\cos u$$

$$L = \int_0^{2\pi} \sqrt{a^2\sin^2 u + a^2\cos^2 u}du = \int_0^{2\pi} adu = 2\pi a$$

◇

例題 4.12 $\boldsymbol{r} = a\cos u\boldsymbol{i} + a\sin u\boldsymbol{j} + bu\boldsymbol{k}$ （$0 \leqq u \leqq 2\pi$）のとき，曲線の長さを求めよ。

【解答】 例題 4.9 より，本題の曲線はつる巻線である。

$$x = a\cos u, \qquad \frac{dx}{du} = -a\sin u$$
$$y = a\sin u, \qquad \frac{dy}{du} = a\cos u$$
$$z = bu, \qquad \frac{dz}{du} = b$$
$$L = \int_0^{2\pi} \sqrt{a^2\sin^2 u + a^2\cos^2 u + b^2}du$$
$$= \int_0^{2\pi} \sqrt{a^2 + b^2}du = 2\pi\sqrt{a^2 + b^2}$$

◇

例題 4.13 密度が一定で伸縮せず，曲がりやすい糸を重力場でつるすと，平面上の直交座標系に関して $y = \cosh x$ なる曲線を描く。これをカテナリ（catenary，懸垂線）という。$0 \leqq x \leqq 1$ の場合のカテナリの長さを求めよ。

【解答】 このような場合は $x = u$ とおくと，$y = \cosh u$ となり，カテナリはつぎのように助変数表示できる。

$$\boldsymbol{r} = u\boldsymbol{i} + \cosh u\boldsymbol{j}$$

したがって，$x=u$，$y=\cosh u$ となり，式 (4.29) を用いることができる。

$$\frac{dx}{du}=1,\qquad \frac{dy}{du}=\sinh u$$
$$L=\int_0^1\sqrt{1+\sinh^2 u}du=\int_0^1\cosh u du=\Big[\sinh u\Big]_0^1=\frac{e-e^{-1}}{2}$$

◇

4.2.3 接線ベクトル，法線ベクトル，曲率

曲線の助変数表示を用いると空間曲線の接線ベクトル，法線ベクトルなどを組織的な手段で求めることができる。原点 O を基準とし，助変数 u をパラメータとして表示される曲線 $\boldsymbol{r}=\boldsymbol{r}(u)$ があるとする。u が $u+\Delta u$ になったとき，曲線の動径ベクトルは $\boldsymbol{r}(u+\Delta u)$ で表され，$\Delta\boldsymbol{r}=\boldsymbol{r}(u+\Delta u)-\boldsymbol{r}(u)$ は $\boldsymbol{r}$ の増分である。$\Delta u\to 0$ の極限で，$\Delta\boldsymbol{r}$ は曲線の接線の方向を向くことは図 **4.6** より明らかである。したがって

$$\frac{d\boldsymbol{r}}{du}=\lim_{\Delta u\to 0}\frac{\Delta\boldsymbol{r}}{\Delta u}=\lim_{\Delta u\to 0}\frac{\boldsymbol{r}(u+\Delta u)-\boldsymbol{r}(u)}{\Delta u}\tag{4.30}$$

は，曲線の接線の方向を向くベクトルである。

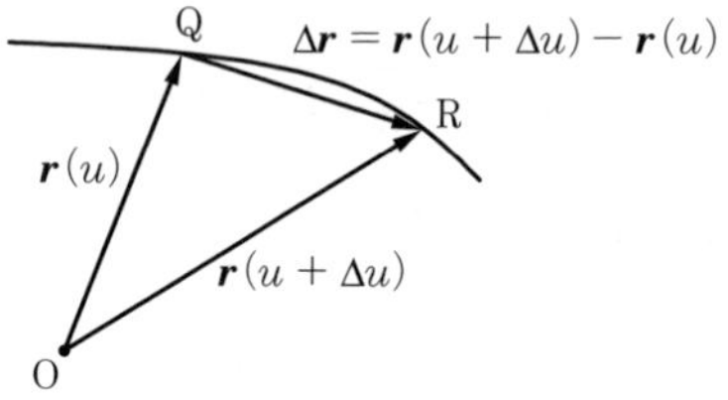

図 **4.6**　線素ベクトル

いま，助変数を u から曲線の長さ s に変換する。式 (4.26) から

$$|d\boldsymbol{r}|=ds$$

であるから

$$\frac{d\boldsymbol{r}}{du}=\frac{d\boldsymbol{r}}{ds}\frac{ds}{du}=\frac{d\boldsymbol{r}}{ds}\frac{|d\boldsymbol{r}|}{du}=\frac{d\boldsymbol{r}}{ds}\left|\frac{d\boldsymbol{r}}{du}\right|\tag{4.31}$$

となり

$$\frac{d\boldsymbol{r}}{ds} = \frac{\dfrac{d\boldsymbol{r}}{du}}{\left|\dfrac{d\boldsymbol{r}}{du}\right|} \tag{4.32}$$

となって $\dfrac{d\boldsymbol{r}}{ds}$ は，長さ 1 で接線方向を向くベクトル，すなわち，接線方向の単位ベクトルとなる。これを $\boldsymbol{t}$ とおいて，**単位接線ベクトル** (unit tangent vector) と呼ぶことにする。単位接線ベクトルはつぎのように表される。

$$\boldsymbol{t} = \frac{d\boldsymbol{r}}{ds} = \frac{\dfrac{d\boldsymbol{r}}{du}}{\left|\dfrac{d\boldsymbol{r}}{du}\right|} \tag{4.33}$$

つぎに，法線ベクトルについて考える。いま，点 Q における単位接線ベクトルを $\boldsymbol{t}(s)$ とし，点 R における単位接線ベクトルを $\boldsymbol{t}(s+\Delta s)$ とすると，$\Delta\boldsymbol{t} = \boldsymbol{t}(s+\Delta s) - \boldsymbol{t}(s)$ は，**図 4.7** のようになる。図から $\Delta\boldsymbol{t}$ は，原点に向かうベクトルとなる。そして $\Delta s \to 0$ の極限では

$$\frac{d\boldsymbol{t}}{ds} = \lim_{\Delta s\to 0}\frac{\Delta\boldsymbol{t}}{\Delta s} = \lim_{\Delta s\to 0}\frac{\boldsymbol{t}(s+\Delta s) - \boldsymbol{t}(s)}{\Delta s} \tag{4.34}$$

が存在する。

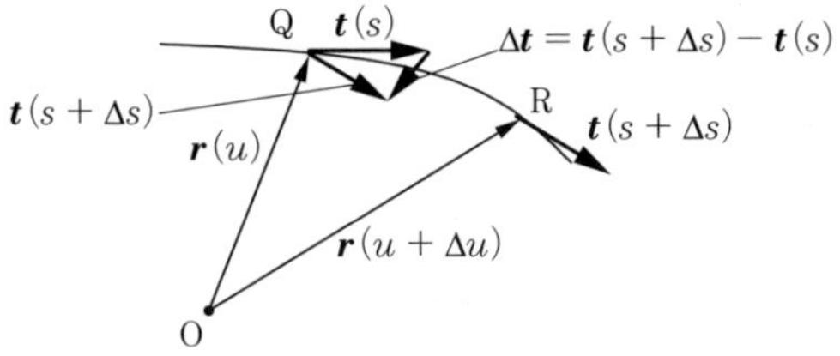

図 4.7 単位接線ベクトルの変化

$\dfrac{d\boldsymbol{t}}{ds}$ が，いかなるベクトルであるかを見てみることにする。$\boldsymbol{t}$ は単位ベクトルであるから

$$\boldsymbol{t}\cdot\boldsymbol{t} = 1$$

であり

$$\frac{d\boldsymbol{t}}{ds}\cdot\boldsymbol{t}=0$$

である。すなわち，$\dfrac{d\boldsymbol{t}}{ds}$ は $\boldsymbol{t}$ と直交する。

$$\boldsymbol{N}=\frac{d\boldsymbol{t}}{ds}=\frac{d\boldsymbol{t}}{du}\frac{du}{ds}=\frac{d\boldsymbol{t}}{du}\left|\frac{du}{d\boldsymbol{r}}\right|=\frac{\dfrac{d\boldsymbol{t}}{du}}{\left|\dfrac{d\boldsymbol{r}}{du}\right|} \tag{4.35}$$

は，$\boldsymbol{t}$ と直交するベクトルであって，この単位ベクトルを $\boldsymbol{n}$ とおくと

$$\boldsymbol{n}=\frac{\boldsymbol{N}}{|\boldsymbol{N}|}=\frac{\dfrac{d\boldsymbol{t}}{ds}}{\left|\dfrac{d\boldsymbol{t}}{ds}\right|} \tag{4.36}$$

は，接線ベクトルに直角な単位ベクトルとなる。

このベクトル $\boldsymbol{n}$ を**単位主法線ベクトル** (unit principal normal vector) と呼ぶことにする。$\boldsymbol{n}$ は図 4.7 より，点 O に向かうベクトルである。単位接線ベクトル $\boldsymbol{t}$ と，単位主法線ベクトル $\boldsymbol{n}$ とで定まる平面を接触平面あるいは接平面という。

$$\left|\frac{d\boldsymbol{t}}{ds}\right|=\kappa \tag{4.37}$$

とおくと，式 (4.36) は

$$\frac{d\boldsymbol{t}}{ds}=\kappa\boldsymbol{n} \tag{4.38}$$

とも書ける。

$\boldsymbol{t}(s)$ と $\boldsymbol{t}(s+\Delta s)$ の間の角度を $\Delta\theta$ とおくと，$|\boldsymbol{t}(s)|=1$ であるから

$$|\Delta\boldsymbol{t}|=|\boldsymbol{t}(s)\Delta\theta|=|\boldsymbol{t}(s)||\Delta\theta|=|\Delta\theta|$$

となり（図 4.7 参照）

$$\kappa = \left|\frac{d\boldsymbol{t}}{ds}\right| = \left|\frac{\Delta \boldsymbol{t}}{\Delta s}\right| = \frac{|\Delta\theta|}{|\Delta s|} \tag{4.39}$$

となるので，$\kappa\Delta s$ は，パラメータが Δs 変化したときの，単位接線ベクトル $\boldsymbol{t}$ の回転角度を表す。κ を曲線の曲がっていく率，すなわち**曲率**（curvature）と呼ぶ。

$$\frac{1}{\kappa} = \rho \tag{4.40}$$

とおくと

$$\frac{1}{\rho} = \left|\frac{\Delta\theta}{\Delta s}\right|$$

と表すことができ，これは

$$|\Delta s| = \rho|\Delta\theta| \tag{4.41}$$

となり，ρ はもとの曲線に戻って考えると，接線ベクトルが $\Delta\theta$ 回転する間に進む距離 Δs に対して，ちょうど瞬間的な半径となっているので，これを**曲率半径**（radius of curvature）と呼んでいる。

例題 4.14　平面曲線 $\boldsymbol{r} = a\cos u\boldsymbol{i} + a\sin u\boldsymbol{j}$ の単位接線ベクトル，単位主法線ベクトル，曲率 κ および曲率半径 ρ を求めよ。

【解答】　この種の問題では，まず $\dfrac{d\boldsymbol{r}}{du}$ を計算し $\left|\dfrac{d\boldsymbol{r}}{du}\right|$ を求める。すると式 (4.33) より $\boldsymbol{t}$ が求まる。これに式 (4.35)，(4.36) を用いると単位主法線ベクトル $\boldsymbol{n}$ が求められ，式 (4.35) で求めた $\dfrac{d\boldsymbol{t}}{ds}$ より κ，ρ が求められる。

$\dfrac{d\boldsymbol{r}}{du} = -a\sin u\boldsymbol{i} + a\cos u\boldsymbol{j}$ より，つぎのようになる。

$$\left|\frac{d\boldsymbol{r}}{du}\right| = \sqrt{(-a\sin u)^2 + (a\cos u)^2} = a$$

$$\boldsymbol{t} = \frac{d\boldsymbol{r}}{ds} = \frac{\dfrac{d\boldsymbol{r}}{du}}{\dfrac{ds}{du}} = \frac{\dfrac{d\boldsymbol{r}}{du}}{\left|\dfrac{d\boldsymbol{r}}{du}\right|} = \frac{1}{a}\frac{d\boldsymbol{r}}{du} = -\sin u\boldsymbol{i} + \cos u\boldsymbol{j}$$

$$\frac{d\boldsymbol{t}}{du} = -\cos u\boldsymbol{i} - \sin u\boldsymbol{j} = -\frac{1}{a}\boldsymbol{r}$$

$$\frac{d\boldsymbol{t}}{ds} = \frac{d\boldsymbol{t}}{du}\frac{du}{ds} = \frac{d\boldsymbol{t}}{du}\left|\frac{du}{d\boldsymbol{r}}\right| = \frac{\dfrac{d\boldsymbol{t}}{du}}{\left|\dfrac{d\boldsymbol{r}}{du}\right|} = \frac{1}{a}\left(\frac{d\boldsymbol{t}}{du}\right) = \frac{1}{a}(-\cos u\boldsymbol{i} - \sin u\boldsymbol{j})$$

$$\kappa = \left|\frac{d\boldsymbol{t}}{ds}\right| = \frac{1}{a}, \qquad \rho = \frac{1}{\kappa} = a$$

$$\boldsymbol{n} = \frac{\dfrac{d\boldsymbol{t}}{ds}}{\left|\dfrac{d\boldsymbol{t}}{ds}\right|} = \frac{1}{\dfrac{1}{a}}\frac{1}{a}(-\cos u\boldsymbol{i} - \sin u\boldsymbol{j}) = -\cos u\boldsymbol{i} - \sin u\boldsymbol{j} = -\frac{1}{a}\boldsymbol{r}$$

◇

4.2.4 従法線ベクトルとフルネ・セレの公式

三次元の空間曲線には単位接線ベクトル $\boldsymbol{t}$ と単位主法線ベクトル $\boldsymbol{n}$ に直交する第 3 の単位ベクトルがつぎのように存在する（図 **4.8**）。

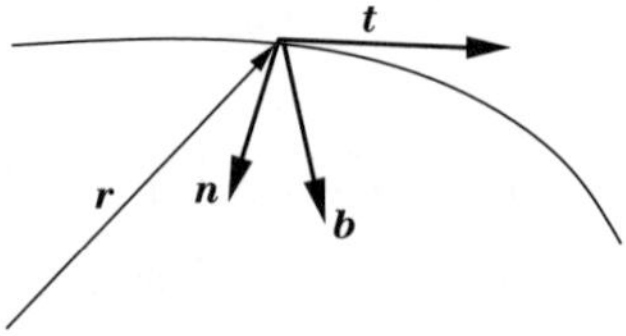

図 **4.8**　従法線ベクトル

$$\boldsymbol{b} = \boldsymbol{t} \times \boldsymbol{n} \tag{4.42}$$

$\boldsymbol{b}$ を**単位陪法線ベクトル**あるいは**単位従法線ベクトル**（unit binormal vector）という。

ここで $\dfrac{d\boldsymbol{b}}{ds}$ を考える。

$$\begin{aligned}\frac{d\boldsymbol{b}}{ds} &= \frac{d\boldsymbol{t}}{ds} \times \boldsymbol{n} + \boldsymbol{t} \times \frac{d\boldsymbol{n}}{ds} \\ &= \kappa\boldsymbol{n} \times \boldsymbol{n} + \boldsymbol{t} \times \frac{d\boldsymbol{n}}{ds} = \boldsymbol{t} \times \frac{d\boldsymbol{n}}{ds}\end{aligned} \tag{4.43}$$

すなわち，$\dfrac{d\boldsymbol{b}}{ds}$ は $\boldsymbol{t}$ と直交する。一方，$\boldsymbol{b}$ は単位ベクトルであるから，$\boldsymbol{b}\cdot\boldsymbol{b}=1$ より

$$\frac{d\boldsymbol{b}}{ds}\cdot\boldsymbol{b}+\boldsymbol{b}\cdot\frac{d\boldsymbol{b}}{ds}=2\boldsymbol{b}\cdot\frac{d\boldsymbol{b}}{ds}=0 \tag{4.44}$$

である。すなわち $\boldsymbol{b}$ と $\dfrac{d\boldsymbol{b}}{ds}$ とは直交する。結局 $\dfrac{d\boldsymbol{b}}{ds}$ は，$\boldsymbol{t}$ と $\boldsymbol{b}$ に直交，すなわち $\boldsymbol{n}$ と平行なベクトルであることがわかる。よって比例定数を $-\tau$ とおいて

$$\frac{d\boldsymbol{b}}{ds}=-\tau\boldsymbol{n} \tag{4.45}$$

と書き，τ を捩率（れいりつ）（torsion）と呼ぶ。$|\boldsymbol{n}|=1$ であるから

$$\left|\frac{d\boldsymbol{b}}{ds}\right|=\tau|\boldsymbol{n}|=\tau \tag{4.46}$$

である。図 4.8 より

$$-\boldsymbol{n}=\boldsymbol{t}\times\boldsymbol{b} \tag{4.47}$$

よって

$$\frac{d\boldsymbol{n}}{ds}=-\frac{d\boldsymbol{t}}{ds}\times\boldsymbol{b}-\boldsymbol{t}\times\frac{d\boldsymbol{b}}{ds}=-\kappa\boldsymbol{n}\times\boldsymbol{b}+\tau\boldsymbol{t}\times\boldsymbol{n}=-\kappa\boldsymbol{t}+\tau\boldsymbol{b} \tag{4.48}$$

ここで，式 (4.38)，(4.45) を用いた。また，$\boldsymbol{b}=\boldsymbol{t}\times\boldsymbol{n}$ より

$$\boldsymbol{n}\times\boldsymbol{b}=\boldsymbol{n}\times(\boldsymbol{t}\times\boldsymbol{n})=(\boldsymbol{n}\cdot\boldsymbol{n})\boldsymbol{t}-(\boldsymbol{n}\cdot\boldsymbol{t})\boldsymbol{n}=\boldsymbol{t}$$

を用いた（$\boldsymbol{n}\cdot\boldsymbol{t}$ は，$\boldsymbol{n}$ と $\boldsymbol{t}$ が直交するため 0 となる）。

式 (4.38)，(4.45)，(4.48) の 3 式をあわせて，**フルネ・セレ**（Frenet-Serret）**の公式**という。フルネ・セレの公式を改めて式 (4.49) に示す。

$$\frac{d\boldsymbol{t}}{ds}=\kappa\boldsymbol{n},\quad \frac{d\boldsymbol{b}}{ds}=-\tau\boldsymbol{n},\quad \frac{d\boldsymbol{n}}{ds}=-\kappa\boldsymbol{t}+\tau\boldsymbol{b} \tag{4.49}$$

例題 4.15　$\boldsymbol{r}=a\cos u\boldsymbol{i}+a\sin u\boldsymbol{j}$ の単位陪法線ベクトル $\boldsymbol{b}$，および捩率 τ を求めよ。

【解答】　例題 4.14 の結果を利用する。

$$\boldsymbol{t} = -\sin u\boldsymbol{i} + \cos u\boldsymbol{j}$$

$$\boldsymbol{n} = -\cos u\boldsymbol{i} - \sin u\boldsymbol{j}$$

$$\boldsymbol{b} = \boldsymbol{t} \times \boldsymbol{n} = \begin{vmatrix} \boldsymbol{i} & \boldsymbol{j} & \boldsymbol{k} \\ -\sin u & \cos u & 0 \\ -\cos u & -\sin u & 0 \end{vmatrix} = \sin^2 u\boldsymbol{k} + \cos^2 u\boldsymbol{k} = \boldsymbol{k}$$

また，$\dfrac{d\boldsymbol{b}}{ds} = \dfrac{\dfrac{d\boldsymbol{b}}{du}}{\left|\dfrac{d\boldsymbol{r}}{du}\right|}$ であるから，$\tau = 0$ ◇

章 末 問 題

【1】 つぎの関数を助変数表示せよ。

(1) $4x^2 - 9y^2 = 36, \quad z = 0$

(2) $(x+2)^2 + (y-2)^2 = 4, \quad z = 6$

【2】 ある関数がつぎのように助変数表示されている。もとの関数を求めよ。

(1) $(0, t^2, t)$

(2) $\cos t\boldsymbol{j} + (2 + 2\sin t)\boldsymbol{k}$

【3】 空間曲線が $x = \cos t$，$y = \sin t$，$z = t$ で与えられている。

(1) この曲線の図を描け。

(2) 単位接線ベクトル $\boldsymbol{t}$ を求めよ。

(3) 単位主法線ベクトル $\boldsymbol{n}$，曲率 κ および曲率半径 ρ を求めよ。

(4) 単位陪法線ベクトル $\boldsymbol{b}$ および捩率 τ を求めよ。

【4】 曲線 $\boldsymbol{r} = a\cos u\boldsymbol{i} + a\sin u\boldsymbol{j} + bu\boldsymbol{k}$ において

(1) 単位接線ベクトル $\boldsymbol{t}$ を求めよ。

(2) 単位主法線ベクトル $\boldsymbol{n}$ を求めよ。

(3) 曲率 κ を求めよ。

【5】 曲線 $\boldsymbol{r} = u\boldsymbol{i} + \sqrt{\dfrac{3}{2}}u^2\boldsymbol{j} + u^3\boldsymbol{k}$ において

(1) 単位接線ベクトル $\boldsymbol{t}$ を求めよ。

(2) 単位主法線ベクトル $\boldsymbol{n}$ を求めよ。

(3) 曲率 κ を求めよ。

(4) 単位陪法線ベクトル $\boldsymbol{b}$ を求めよ。

(5) 捩率 τ を求めよ。

5 古典力学への応用といろいろなベクトル

ベクトル解析は古典力学，電磁気学，流体力学などの分野で主として用いられているが，これまで学んだベクトル代数，ベクトル値関数の微積分は古典力学の分野で多く用いられている。本章では，ベクトルの古典力学への応用について述べるとともに，現実に現れるいろいろなベクトルについて学ぶ。

5.1 古典力学への応用

5.1.1 運動の法則のベクトルによる表現

ニュートン（Isaac Newton, 1643-1727）が整理してオイラー（Leonhard Euler, 1707-1783）が定式化し完成させた運動の古典力学の三法則（一般にはニュートンの運動の法則と呼ばれている）はつぎのように表される。

第一法則：すべての物体は，外力によりその状態が変えられない限り，静止または一様運動の状態を保つ。

第二法則：運動（量）の時間変化率は，外力に比例し，その力が働く方向に起こる。

第三法則：反作用（運動量）は作用と同じ大きさで，方向は反対である。

これらはつぎのようにベクトルを用いて表現することができる。運動の第二法則を式で書くと

$$\frac{d}{dt}(m\boldsymbol{v}) = \boldsymbol{F} \tag{5.1}$$

となり，ここに

$$\boldsymbol{v} = \frac{d\boldsymbol{r}}{dt} = \dot{\boldsymbol{r}} \tag{5.2}$$

である。$m\boldsymbol{v}$ を運動量ベクトルという。式 (5.1) はつぎのように変形できる。

$$\frac{dm}{dt}\boldsymbol{v} + m\frac{d\boldsymbol{v}}{dt} = \boldsymbol{F} \tag{5.3}$$

質点の力学では，質量は変化しないスカラー量と考えるので，式 (5.3) は

$$m\frac{d\boldsymbol{v}}{dt} = m\frac{d^2\boldsymbol{r}}{dt^2} = m\ddot{\boldsymbol{r}} = \boldsymbol{F} \tag{5.4}$$

となる。$\boldsymbol{r} = x\boldsymbol{i} + y\boldsymbol{j} + z\boldsymbol{k}$，$\boldsymbol{F} = F_x\boldsymbol{i} + F_y\boldsymbol{j} + F_z\boldsymbol{k}$ とすると

$$m\frac{d^2x}{dt^2} = F_x, \quad m\frac{d^2y}{dt^2} = F_y, \quad m\frac{d^2z}{dt^2} = F_z \tag{5.5}$$

となるが，これは，1.1 節で述べた式 (1.1) に他ならない。特に，$\boldsymbol{F} = \boldsymbol{0}$ とすると，式 (5.4) は容易に積分できて

$$\boldsymbol{r} = \boldsymbol{a}t + \boldsymbol{b} \tag{5.6}$$

となるが式 (5.6) は，外力が働かないときには直線運動をするという運動の第一法則を表している。相互作用する二つの質点 m_1，m_2 について，第三法則はつぎのように書き表せる。

$$\frac{d}{dt}(m_1\boldsymbol{v}_1) = \boldsymbol{F} = -\frac{d}{dt}(m_2\boldsymbol{v}_2) \tag{5.7}$$

式 (5.7) より

$$\frac{d}{dt}(m_1\boldsymbol{v}_1) + \frac{d}{dt}(m_2\boldsymbol{v}_2) = \boldsymbol{0} \tag{5.8}$$

となるが，これは n 個の質点についても成立するので

$$\sum_{i=1}^{n} m_i\boldsymbol{v}_i = \boldsymbol{0} \tag{5.9}$$

となる。式 (5.9) は運動量保存の法則を表す。

位置 $\boldsymbol{r}_i$ にある質量 m_i の合計 n 個の質点からなる質点系の重心 $\boldsymbol{r}_0$ は

$$\boldsymbol{r}_0 = \frac{1}{m}\sum_{i=1}^{n} m_i\boldsymbol{r}_i, \quad m = \sum_{i=1}^{n} m_i \tag{5.10}$$

となる。原点をO，Oから測った位置ベクトルを$\boldsymbol{r}$とすると，$\boldsymbol{r}$と運動量ベクトル$m\boldsymbol{v}$の外積

$$\boldsymbol{H} = \boldsymbol{r} \times (m\boldsymbol{v}) \tag{5.11}$$

を点Oのまわりの角運動量という。角運動量の時間変化はつぎのように表せる。

$$\frac{d\boldsymbol{H}}{dt} = \frac{d\boldsymbol{r}}{dt} \times (m\boldsymbol{v}) + \boldsymbol{r} \times \frac{d}{dt}(m\boldsymbol{v}) = \boldsymbol{r} \times \boldsymbol{F} \tag{5.12}$$

ここで$\dfrac{d\boldsymbol{r}}{dt} = \boldsymbol{v}$であるから，式(5.12)の第1項は$\boldsymbol{0}$になるのである（同じベクトルの外積は$\boldsymbol{0}$になる）。また，右辺第2項に式(5.4)を用いた。

力$\boldsymbol{F}$の働く方向が$\boldsymbol{r}$に平行のとき，この力を中心力という。式(5.12)より$\boldsymbol{F}$と$\boldsymbol{r}$が平行ならば外積は$\boldsymbol{0}$であるから，中心力が働くとき角運動量は変化しない。このことを角運動量保存則という。

5.1.2 質点の運動のベクトルによる表現

質点が運動して軌跡Cを描くとする。適当な原点をとり，C上の点を位置ベクトル$\boldsymbol{r}$で表す（図**5.1**）。$\boldsymbol{r}$は時間とともに変わるので，時間の関数，すなわち$\boldsymbol{r}(t)$である。このとき速度ベクトルはつぎのように表せる。

$$\boldsymbol{v} = \frac{d\boldsymbol{r}}{dt} = \frac{ds}{dt}\frac{d\boldsymbol{r}}{ds} = v\boldsymbol{t} \tag{5.13}$$

ここで，$\boldsymbol{t}$は単位接線ベクトルである。加速度は，次式で表せる。

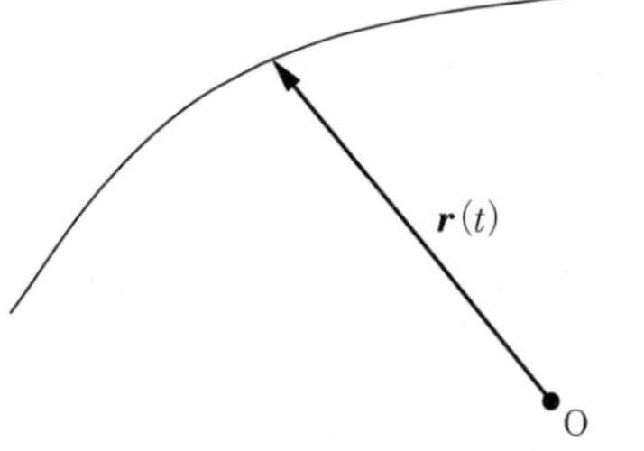

図 **5.1** 質点の運動

$$\boldsymbol{a} = \frac{d^2\boldsymbol{r}}{dt^2} = \frac{d\boldsymbol{v}}{dt} = \frac{dv}{dt}\boldsymbol{t} + \frac{d\boldsymbol{t}}{dt}v = \frac{dv}{dt}\boldsymbol{t} + \frac{d\boldsymbol{t}}{ds}\frac{ds}{dt}v$$
$$= \frac{dv}{dt}\boldsymbol{t} + v^2\kappa\boldsymbol{n} = \frac{dv}{dt}\boldsymbol{t} + \frac{v^2}{\rho}\boldsymbol{n} \tag{5.14}$$

ここに，ρ は軌跡 C の曲率半径である。

式 (5.14) は加速度が接線方向と主法線方向よりなることを示すものであり，主法線方向の成分はいわゆる遠心力に相当するものであることがわかる。運動の代表的なものとして，等速円運動について速度および加速度を求め，得られた加速度は物理現象をよく説明することを，つぎの例題で確認する。

例題 5.1　慣性空間に固定された直角直交座標系を考える。この座標系の原点 O を中心とする半径 a の円周上を一定の角速度 ω で動いている質点の運動を等速円運動という。等速円運動の速度，加速度，接線ベクトルならびに法線ベクトルを求めよ。

【解答】　等速円運動の位置ベクトルは，角速度（一定）を ω として

$$\boldsymbol{r} = a\cos\omega t\boldsymbol{i} + a\sin\omega t\boldsymbol{j}$$

で表せるから，速度ベクトルを $\boldsymbol{v}$，加速度ベクトルを $\boldsymbol{a}$ とすると

$$\boldsymbol{v} = -a\omega\sin\omega t\boldsymbol{i} + a\omega\cos\omega t\boldsymbol{j}$$
$$\boldsymbol{a} = \frac{d\boldsymbol{v}}{dt} = -a\omega^2\cos\omega t\boldsymbol{i} - a\omega^2\sin\omega t\boldsymbol{j} = -\omega^2\boldsymbol{r}$$

となる。また

$$\boldsymbol{t} = \frac{\dfrac{d\boldsymbol{r}}{dt}}{\left|\dfrac{d\boldsymbol{r}}{dt}\right|} = \frac{1}{a\omega}(-a\omega\sin\omega t\boldsymbol{i} + a\omega\cos\omega t\boldsymbol{j}) = -\sin\omega t\boldsymbol{i} + \cos\omega t\boldsymbol{j}$$
$$\boldsymbol{n} = \frac{\dfrac{d\boldsymbol{t}}{dt}}{\left|\dfrac{d\boldsymbol{t}}{dt}\right|} = \frac{-\omega\cos\omega t\boldsymbol{i} - \omega\sin\omega t\boldsymbol{j}}{\omega} = -\cos\omega t\boldsymbol{i} - \sin\omega t\boldsymbol{j} = -\frac{\boldsymbol{r}}{a}$$
$$\kappa = \frac{1}{a}$$

であり，$\boldsymbol{v} = a\omega \boldsymbol{t}$，$\boldsymbol{a} = -\omega^2 \boldsymbol{r} = a\omega^2 \boldsymbol{n}$ となる。すなわち速度は接線方向を向いており，加速度は接線方向成分が $a_t = 0$ となるため存在せず（等速であるから当然である），主法線方向成分 $a_n = v^2/a = a\omega^2$ のみが存在する。この主法線方向は円運動の中心を向いており，この運動が中心力場であることを示している。◇

5.1.3 点に働く力の作るモーメント

図 5.2 において，点 P に力 $\boldsymbol{F}$ が作用しているとき，$\boldsymbol{F}$ の作る点 O まわりのモーメントの大きさは，O からベクトル $\boldsymbol{F}$ におろした垂線の足 Q として

$$|\boldsymbol{F}||\overrightarrow{\mathrm{OQ}}| = |\boldsymbol{F}||\boldsymbol{r}|\sin\theta \tag{5.15}$$

である。また，モーメントの軸は，力と位置ベクトルで決まる平面の法線と定義される。すなわち，モーメントを $\boldsymbol{N}$ とすると

$$\boldsymbol{N} = \boldsymbol{r} \times \boldsymbol{F} \tag{5.16}$$

$\boldsymbol{r} \times \boldsymbol{F}$ というように $\boldsymbol{r}$ を先に書くのは，$\boldsymbol{r}$ を $\boldsymbol{F}$ に重ねるように動かしたとき，右ねじの進む方向を $\boldsymbol{N}$ の正の方向と定義するからである。

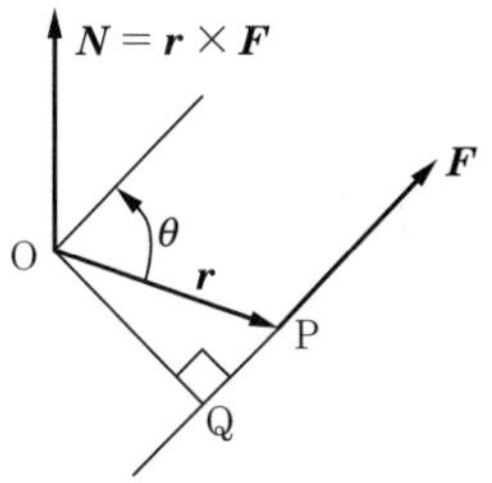

図 5.2 点まわりのモーメント

5.1.4 任意の軸（向きのある直線）まわりのモーメントの大きさ

点 O を通る任意の軸のベクトル表示を $\boldsymbol{S} = S_x\boldsymbol{i} + S_y\boldsymbol{j} + S_z\boldsymbol{k}$ とする（図 **5.3**）。点 P（$\overrightarrow{\mathrm{OP}} = \boldsymbol{r}$）に $\boldsymbol{F}$ の力が働き，$\boldsymbol{N} = \boldsymbol{r} \times \boldsymbol{F}$ というモーメントが点 O まわりに働いているとき，$\boldsymbol{N}$ の $\boldsymbol{S}$ 上への投影（正射影）を軸 $\boldsymbol{S}$ のまわりの力 $\boldsymbol{F}$ の作るモーメントという。したがって，$\boldsymbol{N} = N_x\boldsymbol{i} + N_y\boldsymbol{j} + N_x\boldsymbol{k}$ とするとき，$\boldsymbol{N}$ と $\boldsymbol{S}$ との間の角を ϕ とすると，軸 $\boldsymbol{S}$ まわりのモーメントの大きさは

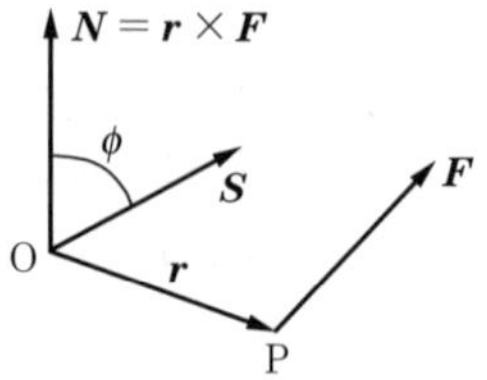

図 5.3　軸まわりのモーメント

つぎのように表せる。

$$|\boldsymbol{N}|\cos\phi=|\boldsymbol{N}|\frac{\boldsymbol{N}\cdot\boldsymbol{S}}{|\boldsymbol{N}||\boldsymbol{S}|}=\frac{\boldsymbol{N}\cdot\boldsymbol{S}}{|\boldsymbol{S}|} \tag{5.17}$$

例題 5.2　$\boldsymbol{F}=\boldsymbol{i}+2\boldsymbol{j}-2\boldsymbol{k}$〔N〕が，点 (2,1,3)（単位：m）に働いている。つぎを求めよ。

(1)　z 軸まわりの力のモーメントの大きさ

(2)　$\boldsymbol{S}=\boldsymbol{i}+\boldsymbol{j}+\boldsymbol{k}$ とするとき，軸 $\boldsymbol{S}$ まわりの力のモーメントの大きさ

【解答】　$\boldsymbol{N}=\boldsymbol{r}\times\boldsymbol{F}$ は $\boldsymbol{r}$ と $\boldsymbol{F}$ で決まる平面の法線まわりのモーメントであるから，式 (5.17) を用いて z 軸，軸 $\boldsymbol{S}$ まわりのモーメントに変換する必要がある。

$$\boldsymbol{N}=\boldsymbol{r}\times\boldsymbol{F}=(2\boldsymbol{i}+\boldsymbol{j}+3\boldsymbol{k})\times(\boldsymbol{i}+2\boldsymbol{j}-2\boldsymbol{k})$$
$$=\begin{vmatrix}\boldsymbol{i} & \boldsymbol{j} & \boldsymbol{k}\\ 2 & 1 & 3\\ 1 & 2 & -2\end{vmatrix}=-8\boldsymbol{i}+7\boldsymbol{j}+3\boldsymbol{k}$$

(1)　$\boldsymbol{S}=\boldsymbol{k}$ であるから

$$|\boldsymbol{N}|\cos\phi=\frac{\boldsymbol{N}\cdot\boldsymbol{S}}{|\boldsymbol{S}|}=\frac{3}{1}=3\,\mathrm{N\cdot m}$$

(2)　$\boldsymbol{S}=\boldsymbol{i}+\boldsymbol{j}+\boldsymbol{k}, |\boldsymbol{S}|=\sqrt{3}$ であるから

$$|\boldsymbol{N}|\cos\phi=\frac{\boldsymbol{N}\cdot\boldsymbol{S}}{|\boldsymbol{S}|}=\frac{1}{\sqrt{3}}(-8+7+3)=\frac{2}{\sqrt{3}}\,\mathrm{N\cdot m}$$

◇

5.1.5　角速度ベクトル

直線 l のまわりを回転角速度 ω で回転している剛体がある（図 **5.4**）。線分 l 上の点 O から $\boldsymbol{r}$ だけ離れた点 M では，O と M 間の距離 $|\boldsymbol{r}| = r$ は一定であり

$$r^2 = \boldsymbol{r} \cdot \boldsymbol{r} = 一定 \tag{5.18}$$

となる。例題 4.2 の結果を利用して

$$\boldsymbol{r} \cdot \frac{d\boldsymbol{r}}{dt} = 0 \tag{5.19}$$

すなわち，$\boldsymbol{r}$ と $\dfrac{d\boldsymbol{r}}{dt}$ は直交している。いま，ここで $\boldsymbol{r}$ と $\dfrac{d\boldsymbol{r}}{dt}$ に直交するもう一つのベクトル $\boldsymbol{\omega}$ を考えると，図 5.4 より

$$\frac{d\boldsymbol{r}}{dt} = \boldsymbol{\omega} \times \boldsymbol{r} \tag{5.20}$$

と表せる。一方，点 M における速度の大きさ $v = \left|\dfrac{d\boldsymbol{r}}{dt}\right|$ は，$\dfrac{d\boldsymbol{r}}{dt}$ が $\boldsymbol{r}$ と直交していることを考えると，図 5.4 より

$$v = \omega |\boldsymbol{r}| \sin\phi \tag{5.21}$$

となる。このことは直線 l に沿ったベクトル $\boldsymbol{\omega}$ があって

$$\boldsymbol{v} = \boldsymbol{\omega} \times \boldsymbol{r} \tag{5.22}$$

と表されることを示している。$\boldsymbol{\omega}$ の向きは，$\boldsymbol{\omega}$ が $\boldsymbol{r}$ に重なるように動いたとき，右ねじの進む方向が $\boldsymbol{v}$ の正方向であるように定める。$\boldsymbol{\omega}$ を**角速度ベクトル**と呼んでいる。

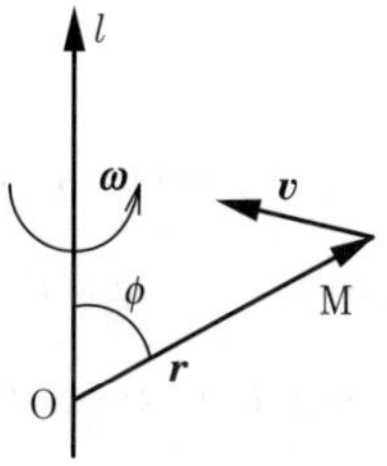

図 **5.4**　角速度ベクトル

5.1.6 座標変換

力学，特に相対運動の力学では座標変換はきわめて重要である。静止した直交座標系に対して回転する直交座標系への変換の行列を，幾何学的作図を行って求め，頭のなかが混乱した経験をもつ人は多いと思うが，方向余弦を用いると，幾何学的作図を行わずに機械的に座標変換行列を求めることができる。

いま，直交座標系 Σ から直交座標系 Σ' への線形変換を考える。二つの座標系 Σ，Σ' の正規直交基底ベクトルを $\boldsymbol{i}$，$\boldsymbol{j}$，$\boldsymbol{k}$ および $\boldsymbol{i}'$，$\boldsymbol{j}'$，$\boldsymbol{k}'$ とする。すると，任意の位置ベクトル $\boldsymbol{r}$ は，座標系 Σ では

$$\boldsymbol{r} = x\boldsymbol{i} + y\boldsymbol{j} + z\boldsymbol{k} \tag{5.23}$$

表せる。また，座標系 Σ' では

$$\boldsymbol{r} = x'\boldsymbol{i}' + y'\boldsymbol{j}' + z'\boldsymbol{k}' \tag{5.24}$$

と表すことができる。

$\boldsymbol{i}$ と $\boldsymbol{i}'$，$\boldsymbol{j}'$，$\boldsymbol{k}'$ の間の方向余弦を $\cos(\boldsymbol{i},\boldsymbol{i}')$，$\cos(\boldsymbol{i},\boldsymbol{j}')$，$\cos(\boldsymbol{i},\boldsymbol{k}')$ とすると

$$\boldsymbol{i} = \cos(\boldsymbol{i},\boldsymbol{i}')\boldsymbol{i}' + \cos(\boldsymbol{i},\boldsymbol{j}')\boldsymbol{j}' + \cos(\boldsymbol{i},\boldsymbol{k}')\boldsymbol{k}' \tag{5.25}$$

$\boldsymbol{j}$ と $\boldsymbol{i}'$，$\boldsymbol{j}'$，$\boldsymbol{k}'$ の間の方向余弦を $\cos(\boldsymbol{j},\boldsymbol{i}')$，$\cos(\boldsymbol{j},\boldsymbol{j}')$，$\cos(\boldsymbol{j},\boldsymbol{k}')$ とすると

$$\boldsymbol{j} = \cos(\boldsymbol{j},\boldsymbol{i}')\boldsymbol{i}' + \cos(\boldsymbol{j},\boldsymbol{j}')\boldsymbol{j}' + \cos(\boldsymbol{j},\boldsymbol{k}')\boldsymbol{k}' \tag{5.26}$$

$\boldsymbol{k}$ と $\boldsymbol{i}'$，$\boldsymbol{j}'$，$\boldsymbol{k}'$ の間の方向余弦を $\cos(\boldsymbol{k},\boldsymbol{i}')$，$\cos(\boldsymbol{k},\boldsymbol{j}')$，$\cos(\boldsymbol{k},\boldsymbol{k}')$ とすると

$$\boldsymbol{k} = \cos(\boldsymbol{k},\boldsymbol{i}')\boldsymbol{i}' + \cos(\boldsymbol{k},\boldsymbol{j}')\boldsymbol{j}' + \cos(\boldsymbol{k},\boldsymbol{k}')\boldsymbol{k}' \tag{5.27}$$

ここで

$$\begin{aligned}
&\cos(\boldsymbol{i},\boldsymbol{i}') = \cos(\boldsymbol{i}',\boldsymbol{i}) = a_{xx}, \qquad \cos(\boldsymbol{i},\boldsymbol{j}') = \cos(\boldsymbol{j}',\boldsymbol{i}) = a_{xy}\\
&\cos(\boldsymbol{i},\boldsymbol{k}') = \cos(\boldsymbol{k}',\boldsymbol{i}) = a_{xz}, \qquad \cos(\boldsymbol{j},\boldsymbol{i}') = \cos(\boldsymbol{i}',\boldsymbol{j}) = a_{yx}\\
&\cos(\boldsymbol{j},\boldsymbol{j}') = \cos(\boldsymbol{j}',\boldsymbol{j}) = a_{yy}, \qquad \cos(\boldsymbol{j},\boldsymbol{k}') = \cos(\boldsymbol{k}',\boldsymbol{j}) = a_{yz}
\end{aligned}$$

$$\cos(\boldsymbol{k}, \boldsymbol{i}') = \cos(\boldsymbol{i}', \boldsymbol{k}) = a_{zx}, \qquad \cos(\boldsymbol{k}, \boldsymbol{j}') = \cos(\boldsymbol{j}', \boldsymbol{k}) = a_{zy}$$
$$\cos(\boldsymbol{k}, \boldsymbol{k}') = \cos(\boldsymbol{k}', \boldsymbol{k}) = a_{zz} \tag{5.28}$$

とおくと，式 (5.25)~(5.27) はつぎのようになる。

$$\begin{aligned} \boldsymbol{i} &= a_{xx}\boldsymbol{i}' + a_{xy}\boldsymbol{j}' + a_{xz}\boldsymbol{k}' \\ \boldsymbol{j} &= a_{yx}\boldsymbol{i}' + a_{yy}\boldsymbol{j}' + a_{yz}\boldsymbol{k}' \\ \boldsymbol{k} &= a_{zx}\boldsymbol{i}' + a_{zy}\boldsymbol{j}' + a_{zz}\boldsymbol{k}' \end{aligned} \tag{5.29}$$

式 (5.29) の $\boldsymbol{i}$，$\boldsymbol{j}$，$\boldsymbol{k}$ を $\boldsymbol{r} = x\boldsymbol{i} + y\boldsymbol{j} + z\boldsymbol{k}$ に代入すると

$$\begin{aligned} \boldsymbol{r} &= x(a_{xx}\boldsymbol{i}' + a_{xy}\boldsymbol{j}' + a_{xz}\boldsymbol{k}') \\ &\quad + y(a_{yx}\boldsymbol{i}' + a_{yy}\boldsymbol{j}' + a_{yz}\boldsymbol{k}') + z(a_{zx}\boldsymbol{i}' + a_{zy}\boldsymbol{j}' + a_{zz}\boldsymbol{k}') \\ &= (a_{xx}x + a_{yx}y + a_{zx}z)\boldsymbol{i}' + (a_{xy}x + a_{yy}y + a_{zy}z)\boldsymbol{j}' \\ &\quad + (a_{xz}x + a_{yz}y + a_{zz}z)\boldsymbol{k}' \end{aligned}$$

となるが，$\boldsymbol{r} = x'\boldsymbol{i}' + y'\boldsymbol{j}' + z'\boldsymbol{k}'$ であるから

$$\begin{aligned} x' &= a_{xx}x + a_{yx}y + a_{zx}z \\ y' &= a_{xy}x + a_{yy}y + a_{zy}z \\ z' &= a_{xz}x + a_{yz}y + a_{zz}z \end{aligned} \tag{5.30}$$

となる。すなわち

$$\boldsymbol{r}' = \begin{pmatrix} x' \\ y' \\ z' \end{pmatrix} = \begin{pmatrix} a_{xx} & a_{yx} & a_{zx} \\ a_{xy} & a_{yy} & a_{zy} \\ a_{xz} & a_{yz} & a_{zz} \end{pmatrix} \begin{pmatrix} x \\ y \\ z \end{pmatrix}$$

$$= \begin{pmatrix} \cos(\boldsymbol{i}', \boldsymbol{i}) & \cos(\boldsymbol{i}', \boldsymbol{j}) & \cos(\boldsymbol{i}', \boldsymbol{k}) \\ \cos(\boldsymbol{j}', \boldsymbol{i}) & \cos(\boldsymbol{j}', \boldsymbol{j}) & \cos(\boldsymbol{j}', \boldsymbol{k}) \\ \cos(\boldsymbol{k}', \boldsymbol{i}) & \cos(\boldsymbol{k}', \boldsymbol{j}) & \cos(\boldsymbol{k}', \boldsymbol{k}) \end{pmatrix} \begin{pmatrix} x \\ y \\ z \end{pmatrix} \tag{5.31}$$

となり，a_{xx} は x 軸（基底ベクトル $\boldsymbol{i}$）と x' 軸（基底ベクトル $\boldsymbol{i}'$）の間の角の余弦，a_{xy} は x 軸（基底ベクトル $\boldsymbol{i}$）と y' 軸（基底ベクトル $\boldsymbol{j}'$）の間の角の余弦，$\cdots\cdots$ と入れていくと自然に Σ 座標系と Σ' 座標系の変換行列ができあがる。これは実に便利で間違いの少ない方法である。一方

$$\begin{aligned} \boldsymbol{i}' &= \cos(\boldsymbol{i}', \boldsymbol{i})\boldsymbol{i} + \cos(\boldsymbol{i}', \boldsymbol{j})\boldsymbol{j} + \cos(\boldsymbol{i}', \boldsymbol{k})\boldsymbol{k} = a_{xx}\boldsymbol{i} + a_{yx}\boldsymbol{j} + a_{zx}\boldsymbol{k} \\ \boldsymbol{j}' &= \cos(\boldsymbol{j}', \boldsymbol{i})\boldsymbol{i} + \cos(\boldsymbol{j}', \boldsymbol{j})\boldsymbol{j} + \cos(\boldsymbol{j}', \boldsymbol{k})\boldsymbol{k} = a_{xy}\boldsymbol{i} + a_{yy}\boldsymbol{j} + a_{zy}\boldsymbol{k} \\ \boldsymbol{k}' &= \cos(\boldsymbol{k}', \boldsymbol{i})\boldsymbol{i} + \cos(\boldsymbol{k}', \boldsymbol{j})\boldsymbol{j} + \cos(\boldsymbol{k}', \boldsymbol{k})\boldsymbol{k} = a_{xz}\boldsymbol{i} + a_{yz}\boldsymbol{j} + a_{zz}\boldsymbol{k} \end{aligned} \tag{5.32}$$

を $\boldsymbol{r}' = x'\boldsymbol{i}' + y'\boldsymbol{j}' + z'\boldsymbol{k}'$ に代入し，$\boldsymbol{r} = \boldsymbol{r}'$ であることを用いると，前述と同様の手順で Σ' 座標系から Σ 座標系への変換行列を式 (5.33) のように得ることができる。

$$\begin{aligned} \boldsymbol{r} = \begin{pmatrix} x \\ y \\ z \end{pmatrix} &= \begin{pmatrix} a_{xx} & a_{xy} & a_{xz} \\ a_{yx} & a_{yy} & a_{yz} \\ a_{zx} & a_{zy} & a_{zz} \end{pmatrix} \begin{pmatrix} x' \\ y' \\ z' \end{pmatrix} \\ &= \begin{pmatrix} \cos(\boldsymbol{i}, \boldsymbol{i}') & \cos(\boldsymbol{i}, \boldsymbol{j}') & \cos(\boldsymbol{i}, \boldsymbol{k}') \\ \cos(\boldsymbol{j}, \boldsymbol{i}') & \cos(\boldsymbol{j}, \boldsymbol{j}') & \cos(\boldsymbol{j}, \boldsymbol{k}') \\ \cos(\boldsymbol{k}, \boldsymbol{i}') & \cos(\boldsymbol{k}, \boldsymbol{j}') & \cos(\boldsymbol{k}, \boldsymbol{k}') \end{pmatrix} \begin{pmatrix} x' \\ y' \\ z' \end{pmatrix} \end{aligned} \tag{5.33}$$

すなわち，面倒な幾何学的作図を行わなくても，対応する座標軸間の角度の余弦の値を入れていけば自然に変換行列ができてしまうのである。

式 (5.33) を $\boldsymbol{r} = A\boldsymbol{r}'$，式 (5.31) を $\boldsymbol{r}' = A'\boldsymbol{r}$ とおくと，A' は A の転置行列で $A' = {}^tA$ であるから

$$\boldsymbol{r} = A\boldsymbol{r}' = A({}^tA\boldsymbol{r}) = A{}^tA\boldsymbol{r} \tag{5.34}$$

となる。また

$$\boldsymbol{r}' = {}^tA\boldsymbol{r} = {}^tA(A\boldsymbol{r}') = {}^tAA\boldsymbol{r}' \tag{5.35}$$

であるから

$$A{}^tA = {}^tAA = E \tag{5.36}$$

となり，また，$A^{-1}A{}^tA = {}^tA = A^{-1}E = A^{-1}$ より

$$A^{-1} = {}^tA \tag{5.37}$$

の関係があることが示される。

式 (5.36) の関係を満たす正方行列 A を直交行列というので，三次元ベクトル空間内のある直角直交座標系から他の直角直交座標系への座標変換は直交行列であることも示される。これらの結果を二次元の直交座標系の変換に応用してみる。

例題 5.3 二次元直角直交座標系の変換行列を求め，式 (5.36)，(5.37) の関係が成り立つことを示せ（**図 5.5**）。

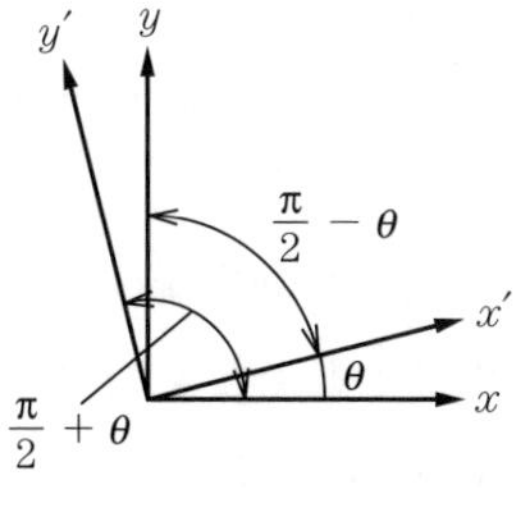

図 **5.5** 二次元座標変換

【解答】 図 5.5 を見ながら，x 軸と x' 軸の間の角 θ の余弦（cos）を行列の第 1 行第 1 列に入れ，x 軸と y' 軸の間の角（$\pi/2+\theta$）の余弦（$\cos(\pi/2+\theta) = -\sin\theta$）を第 1 行第 2 列に入れ，以下，同様の操作を行っていくとつぎの行列を得る。

$$\begin{pmatrix} x \\ y \end{pmatrix} = \begin{pmatrix} \cos\theta & \cos\left(\dfrac{\pi}{2}+\theta\right) \\ \cos\left(\dfrac{\pi}{2}-\theta\right) & \cos\theta \end{pmatrix} = \begin{pmatrix} \cos\theta & -\sin\theta \\ \sin\theta & \cos\theta \end{pmatrix} \begin{pmatrix} x' \\ y' \end{pmatrix}$$

$$\begin{pmatrix} x' \\ y' \end{pmatrix} = \begin{pmatrix} \cos\theta & \sin\theta \\ -\sin\theta & \cos\theta \end{pmatrix} \begin{pmatrix} x \\ y \end{pmatrix}$$

したがって

$$A = \begin{pmatrix} \cos\theta & -\sin\theta \\ \sin\theta & \cos\theta \end{pmatrix}, \qquad A' = \begin{pmatrix} \cos\theta & \sin\theta \\ -\sin\theta & \cos\theta \end{pmatrix}$$

$$A' = {}^tA = A^{-1}$$

$$AA' = \begin{pmatrix} \cos\theta & -\sin\theta \\ \sin\theta & \cos\theta \end{pmatrix} \begin{pmatrix} \cos\theta & \sin\theta \\ -\sin\theta & \cos\theta \end{pmatrix} = \begin{pmatrix} 1 & 0 \\ 0 & 1 \end{pmatrix} = E$$

◇

5.2 いろいろなベクトル[9)]

5.2.1 ベクトルと擬ベクトル（極性ベクトルと軸性ベクトル）

これまで学んできたベクトルは，位置ベクトル，力のベクトルのように大きさと方向が自然に定まっていた。このようなベクトルを**極性ベクトル**（polar vector）と呼び，内性の向きをもっているという。一方，角速度ベクトルは，明らかに極性ベクトルとは異なった性格をもっており，特に方向は定義されて初めて決まる。このようなベクトルを**軸性ベクトル**（axial vector）あるいは**擬ベクトル**（pseudo vector）という。

線分 PQ が，角速度 ω で回転しているとき，角速度擬ベクトルは，回転方向にまわしたときに進む方向に，線分 PQ に矢印をつけてできる大きさが ω の極性ベクトル $\overrightarrow{\mathrm{PQ}}$ と，たがいに対応するものと考えられる（**図 5.6**）。このようなベクトル $\overrightarrow{\mathrm{PQ}}$ を，擬ベクトルの随伴ベクトルという。擬ベクトルの加法・

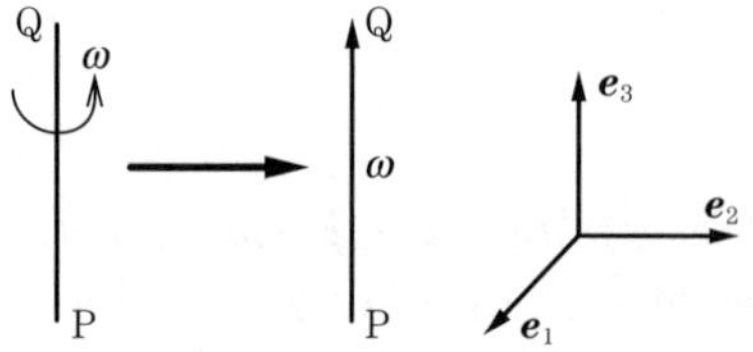

図 5.6 擬ベクトル

減法は，随伴ベクトルの演算を行って，その結果を擬ベクトルに戻せばよい。すなわち，擬ベクトルの加法・減法は，極性ベクトルと同様に実施すればよい。

ところで，極性ベクトルは空間反転に対して符号が変わるので基準となる座標系が右手系から左手系に変わると擬ベクトルの随伴ベクトルの符号が変わる。

同じように基準となる座標系が，右手系から左手系に変わると符号が変わるスカラー量がある。例えば，スカラー三重積で定義される体積 V は，右手系から左手系に変わると $-V$ となる。このようなスカラーを擬スカラーと呼ぶ。工学上の問題を取り扱うときには，擬ベクトル，擬スカラーを意識せずに通常の極性ベクトルと同様に考えて計算を実行してよい。

5.2.2 面積ベクトル

閉曲線 C で囲まれた平面領域（面分）S について，面分 S の面積の大きさをもち，その法線方向に方向をもつベクトルを面積ベクトルという（**図 5.7**）。方向は，2 方向あるが，閉曲線 C をどちらの方向に一周するかで符号を定めることにする。閉曲線 C をどちらの方向に一周するかということと，座標系が右手系か左手系かを指定することは等価である。すなわち，図 5.7 において，$\boldsymbol{e}_1$ を $\boldsymbol{e}_2$ に重ねるように動かすときに，右ねじの進む方向を正と決めることは，C に沿って矢印の方向にまわるとき，右ねじの進む方向を正にとることと等価である。

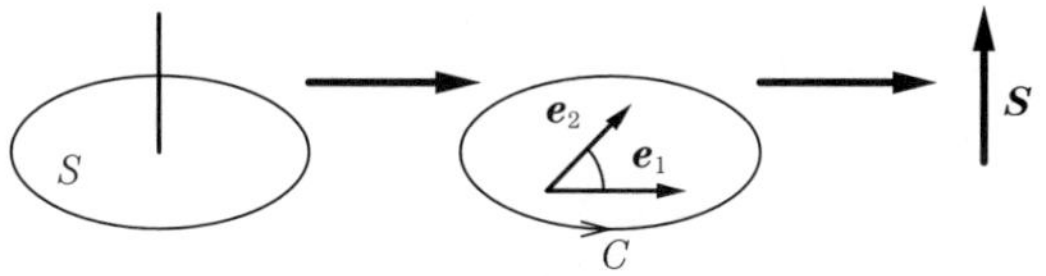

図 5.7　面積ベクトル

$\boldsymbol{S}$ は擬ベクトルであって，面積（擬）ベクトルという。ベクトル $\boldsymbol{a}$，$\boldsymbol{b}$ があるとき，外積 $\boldsymbol{a} \times \boldsymbol{b}$ は，$\boldsymbol{a}$ と $\boldsymbol{b}$ を 2 辺とする平行四辺形の面積を大きさとし，$\boldsymbol{a}$，$\boldsymbol{b}$ に対し右手系をなすように方向を定められた面積擬ベクトルである。

章 末 問 題

【1】 $\boldsymbol{r} = \cos t\boldsymbol{i} + \sin t\boldsymbol{j} + t\boldsymbol{k}$ のとき，つぎを求めよ。

(1) $\dfrac{d\boldsymbol{r}}{dt}$　(2) $\dfrac{d^2\boldsymbol{r}}{dt^2}$　(3) $\left|\dfrac{d\boldsymbol{r}}{dt}\right|$　(4) $\left|\dfrac{d^2\boldsymbol{r}}{dt^2}\right|$

【2】 質点が曲線 L に沿って運動している。質点の位置が三次元座標で $x = t,\ y = t^2$，$z = t^3$〔m〕で与えられているとき，つぎの問に答えよ。

(1) 任意の時刻における質点の速度と加速度をベクトル表示せよ。

(2) 時刻 $t = 1$〔s〕における質点の速度と加速度を求めよ（ベクトル表示と大きさ）。

(3) $t = 1$〔s〕における速度と加速度のベクトル $\boldsymbol{i} + \boldsymbol{j} + \boldsymbol{k}$ 方向の成分を求めよ。

【3】 質点が $\boldsymbol{r} = a\cos\omega t\boldsymbol{i} + a\sin\omega t\boldsymbol{j}$ で表される運動をしている（二次元平面内の円運動）とき，つぎの問に答えよ[6)]。

(1) 速度 $\boldsymbol{v} = \dfrac{d\boldsymbol{r}}{dt}$ は，$\boldsymbol{r}$ と直交することを証明せよ。

(2) 加速度 $\boldsymbol{a} = \dfrac{d^2\boldsymbol{r}}{dt^2}$ は，原点に向かい，大きさが原点からの距離に比例するベクトルであることを示せ。

(3) $\boldsymbol{r} \times \boldsymbol{v}$ は定ベクトルであることを示せ（角運動量保存の法則）。

【4】 質点が，曲線 $\boldsymbol{r} = t^2\boldsymbol{i} + 2t\boldsymbol{j} + (2t^2 - 3t)\boldsymbol{k}$〔m〕に沿って運動しているとき，$t = 1$〔s〕における加速度の接線方向成分を求めよ[6)]。

【5】 時間 t〔s〕をパラメータとして，$\Sigma(\mathrm{O}xyz)$ 座標系で

$$x = e^{-t}\ \text{〔m〕}$$
$$y = 2\cos 2t\ \text{〔m〕}$$
$$z = 2\sin 2t\ \text{〔m〕}$$

で与えられる空間曲線に沿って質点が運動している。つぎを求めよ[6)]。

(1) 任意の時刻における質点の速度と加速度

(2) $t = 0$ における速度と加速度の大きさ

(3) $t = 0$ における速度と加速度の，ベクトル $\boldsymbol{i} + \boldsymbol{j} + \boldsymbol{k}$ の方向成分

【6】 力 $\boldsymbol{F} = (1, -2, 0)$〔N〕が点 $(1, 1, 1)$〔m〕に働いている。この力が点 $(2, -1, 3)$〔m〕まわりに作るモーメントを求めよ。また，このモーメントの点 $(2, -1, 3)$ を通り，方向が $\boldsymbol{i} + \boldsymbol{j} + \boldsymbol{k}$ と一致する軸まわりのモーメントの大きさを求めよ。

【7】 つぎの問に答えよ[7)]。

(1) 図 **5.8** において，力 $\boldsymbol{F}$ が円板の中心まわり（z 軸まわり）に作るモーメントを x，y，z 座標系の基底ベクトル $\boldsymbol{i}$，$\boldsymbol{j}$，$\boldsymbol{k}$ を用いて表せ。

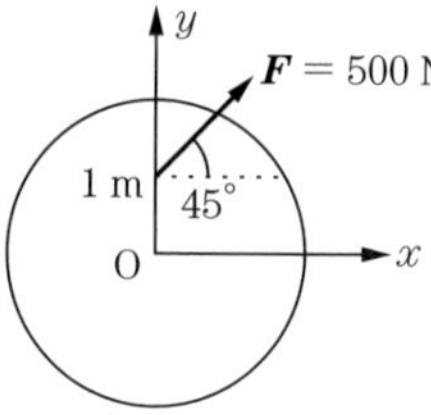

図 5.8 z 軸まわりのモーメント

(2) 力 $\boldsymbol{F}$ が，ベクトル $\boldsymbol{i}+\boldsymbol{j}+\boldsymbol{k}$ で表される軸のまわりに作るモーメントの大きさを求めよ。

【8】 ある物体に，力 $\boldsymbol{F}=10\boldsymbol{i}+20\boldsymbol{j}+30\boldsymbol{k}$〔N〕を加えて，点 $\mathrm{P}(4,1,1)$〔m〕から点 $\mathrm{Q}(-3,-1,2)$〔m〕まで動かすときになされる仕事を求めよ。（ヒント）仕事は，力と変位の内積で表される。

【9】 つぎの問に答えよ。

(1) $\boldsymbol{r}_1$，$\boldsymbol{r}_2$，$\cdots$，$\boldsymbol{r}_n$ が原点 O に対して質量 m_1，m_2，$\cdots$，m_n をもつ位置ベクトルであるとき，重心の位置は，つぎの式によって与えられることを示せ。

$$\boldsymbol{r}=\frac{m_1\boldsymbol{r}_1+m_2\boldsymbol{r}_2+\cdots+m_n\boldsymbol{r}_n}{m_1+m_2+\cdots+m_n}$$

(2) 点 O から O′ に移したとき $(\overrightarrow{\mathrm{OO'}}=\boldsymbol{r}_0)$, $\boldsymbol{r}'$, $\boldsymbol{r}_i'$ $(\boldsymbol{r}'=\boldsymbol{r}=\boldsymbol{r}_0, \boldsymbol{r}_i'=\boldsymbol{r}_i-\boldsymbol{r}_0)$ について，同様な関係式が成り立つことを示せ。

(3) 五角形 ABCDE が，その頂点 A，B，C，D，E において，それぞれ 1，2，3，4，5 kg の質量をもっているとき，重心の座標を求めよ。各頂点の座標はつぎのようにする（単位：m）。

$\mathrm{A}(-1,-2,2)$,　$\mathrm{B}(3,2,-1)$,　$\mathrm{C}(1,-2,4)$,　$\mathrm{D}(3,1,2)$,　$\mathrm{E}(2,3,2)$

【10】 $\boldsymbol{r}$ を時間 t のベクトル値関数，$r=|\boldsymbol{r}|$ とするとき，つぎの関数を時間で微分せよ。

(1) $r\boldsymbol{r}$

(2) $\dfrac{\boldsymbol{r}}{r}$

(3) $\boldsymbol{r}\cdot\boldsymbol{r}$

(4) $\left(\left|\dfrac{d\boldsymbol{r}}{dt}\right|\right)^2$

6 スカラー場とベクトル場，スカラー場の勾配

本章以降は，ベクトルを変数とする関数（すなわち「場」）の微分・積分に入っていく。この微分・積分は，スカラーを変数とする関数の微分・積分とは異なった表現をとる。本書ではあまり純粋数学的にならないように，物理現象（力学現象，流体，電磁気）を例にとって説明していくことにする。

6.1 スカラー場とベクトル場

6.1.1 場とは何か[10)]

ベクトル解析において，学生諸君を悩ますのは「場」という概念である。「場（field)」というともっともらしく聞こえるが，場とは，単純に考えれば何かある量が位置の関数として定められている状態のことをいう。例えば，ある物体の温度が物体内での場所によって異なる分布をもっているとする。そのとき，温度は場（温度場）を形成しているという。位置は三次元空間ではベクトル $\boldsymbol{r}(x, y, z)$ で表されるので，温度場はベクトル $\boldsymbol{r}$ の関数で $T(\boldsymbol{r})$ と表すことができ，$\boldsymbol{r}$ は 3 変数で表されるので，温度場は 3 変数関数である。一般にいくつかの変数の関数である関数を多変数関数という。場は数学的にいうと多変数関数である。それなら多変数関数といえばよいではないかと思うのであるが，物理学で先に「場」という概念ができてしまっていたのだから仕方がない。

場の概念は，磁力や重力の発見と深くかかわっており，萌芽は遠くギリシャ時代にまで遡るが，遠隔作用すなわち場らしきものを不完全にではあるが認めたのはトマス–アクィナス（Thomas Aquinas, 1225 頃-1274）である。そして，

現代の「場」のような難しい概念をもち込んだ人物はイギリスの物理学者ファラデー（Michael Faraday, 1791-1867）である。

フランスの物理学者クーロン（Charles Augustine de Coulomb, 1736-1806）は，実験中，一見何もない空間におかれた帯電した二つの球の間に距離の 2 乗に反比例する力が働くことを見いだした (1785)。物体を一点に置いたとき，それがある方向に動きだしたとする。それが超能力で動いたのではないとしたら，ものを置いた場所に何かがあり，その何かがものを動かしたと考えるべきである。この「何か」をファラデーは場と呼んだのである。すなわち，空間に何か正体はわからないが，緊張状態があって，それが力を伝えると考え，その緊張状態を場といい表したのである。

ファラデーが場と名づけたのは，いまでいうベクトル場であった。ベクトル場というのは，ベクトル（例えば位置）の関数として表されるベクトル（例えば重力，電界）で表現される場である（重力の場合「重力場」，電界の場合，磁場とあわせて「電磁場」という）。ファラデーの発見した場は電磁場であり，電界（$\boldsymbol{E}$）と磁場（$\boldsymbol{B}$）とからなっている。万有引力で引き合う物体の作る重力場もベクトル場である。

緊張状態が，スカラー量，すなわち単にある物理量の大きさだけで記述できる場をスカラー場（scalar field）という。地球上の気圧配置はスカラー場である。また，ある物体を温めたとき，その物体の各点がそれぞれ異なる温度をもつ場合もスカラー場である。大雑把ないい方を許してもらえば，スカラー場は「静止均衡している緊張状態の場」である。それに対して，緊張状態が変動的で動きがあるとき，この場をベクトル場という。重力場，電磁場などはベクトル場であると説明したが，川の流れもベクトル場である。また，洗面台の流しにできる渦を伴った水の流れの場もベクトル場である。ベクトル場は，スカラー場と対照的に「動きを伴う激しい緊張状態の場」である。動きは目に見える場合と見えない場合とがあり，川の流れなどは前者，重力場，電場などは後者である。スカラー場，ベクトル場とスカラー値関数，ベクトル値関数との違いは，表 1.1 に戻る必要がある。変数によって変わる量を関数というが，関数にもスカラー量とベクトル量とがあり，変数がベクトル量で関数がスカラー量の場合をスカラー場，変数・関数ともにベクトル量の場合をベクトル場ということを表は示している。気圧配置の場合，変数は場所であるから，一般的には三次元の量であり，ベクトルである。したがって，気圧配置は，ベクトルである場所の関数としてスカラー量である気圧が表されるのでスカラー場となる。また，川の流れは，ベクトルである場所の関数として流れの状態（例えば流れの速度で）を表すのでベクトル場となるのである。

改めて，スカラー場とベクトル場の例を整理してみると，**表 6.1** のようになる。

表 6.1　スカラー場とベクトル場の例

	関　数	変　数
スカラー場（気圧，温度）	スカラー（p，T など）	位置ベクトル（$\boldsymbol{r}$）
ベクトル場（流れ，電場）	ベクトル（$\boldsymbol{v}$，$\boldsymbol{E}$ など）	位置ベクトル（$\boldsymbol{r}$）

スカラー場には，気圧配置のように，規則性が明らかでない分布をするものと，ある法則に従うものとがある。すなわち**表 6.2** のようになる。スカラー場とベクトル場について少し詳しく述べてみることにする。

表 6.2　スカラー場の分類

規則性のないスカラー場	（例）気圧配置
規則性のあるスカラー場	（例）スカラーポテンシャル

6.1.2　ス　カ　ラ　ー　場

スカラー場とは，工学的に説明すると，ある物理量が三次元空間内のある点で，ある特定の値をとっている状態をいう。例えば，図 1.3 に挙げた天気図の例について考えると，日本各地でそれぞれ気圧が異なっている。日本地図の上に気圧の大きさをのせていくと一つの曲面ができる。場所によっては同じ気圧を示しているところもあるので，その点をつないでいくと，気圧の曲面の等高線ができる。この等高線を一般的には等位線といっている。式で表すとつぎのようになる。気圧を p，日本国内の各地を座標 (x, y, z) で表すと，各地に気圧が対応していることを

$$\varphi(x, y, z) = p \tag{6.1}$$

と表すことができる。これがスカラー場の一般的な表現である。等位線の上では一定の値 p_1 をとるので

$$\varphi(x, y, z) = p_1 \tag{6.2}$$

となり，式 (6.2) の全微分をとると

$$d\varphi(x, y, z) = 0 \tag{6.3}$$

となる。すなわち，等位線を表す式は

$$d\varphi = 0 \tag{6.4}$$

となる。

例題 6.1　温度がつぎの関数で与えられているスカラー場がある。このスカラー場の等温線を描け。

$$T(x, y) = x^2 + y^2 - 4x$$

【解答】　$T(x, y) = (x-2)^2 + y^2 - 4$ と書き直せるので，温度を C とすると等温線はつぎのようになる。

$$(x-2)^2 + y^2 - 4 = C$$

$C = 0$，5，12 について等温線を描くと図 **6.1** のようになる。　◇

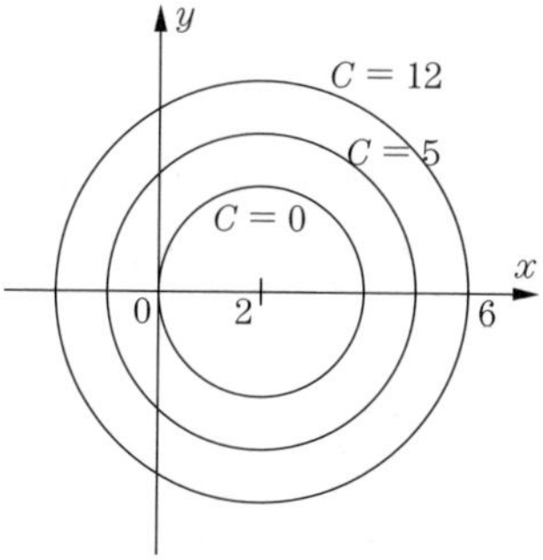

図 **6.1**　等　温　線

6.1.3 ベクトル場

ベクトル場は位置を変数とする三次元の量（三次元の関数）あるいは3変数のベクトル量である。といっても実感がわかないと思うので実例として重力場，電磁場と流れ場を採り上げて説明することにする。

（1） 重 力 場　図**6.2**のように，二つの質量 M，m の質点M，mが距離 r〔m〕だけ離れておかれているときに，質点Mから質点mに向かうベクトルを $\boldsymbol{r}$ とおくと，質点mが質点Mから受ける力は

$$\boldsymbol{F} = -\frac{GmM}{r^2}\frac{\boldsymbol{r}}{r} = -\frac{GmM}{r^3}\boldsymbol{r} \quad 〔\mathrm{N}〕 \tag{6.5}$$

と表せる。ここに $G(= 6.673 \times 10^{-11} \quad \mathrm{m^3 s^{-2} kg^{-1}})$ は万有引力定数である。

$$\frac{GmM}{r^2} \tag{6.6}$$

は2物体間に働く万有引力で，式(6.5)は万有引力の法則（law of gravitation）または，逆二乗則とも呼ばれている。

ところで，式(6.5)の右辺を見ると，一見，逆三乗則のように見えるが，これは，$\boldsymbol{r}$ 方向の単位ベクトルを，$\boldsymbol{r}$ をその大きさ r で除して作ったため（$\boldsymbol{r}/r$ は $\boldsymbol{r}$ 方向の単位ベクトルとなる）そう見えるだけで実質は逆自乗則である（このようにして単位ベクトルを作るのはベクトル解析を物理学，工学に応用するときの常套手段である！）。なお，式(6.5)におけるマイナスの符号は，質点mの引かれる方向が，ベクトル $\boldsymbol{r}$ とは逆向きであることを示している。

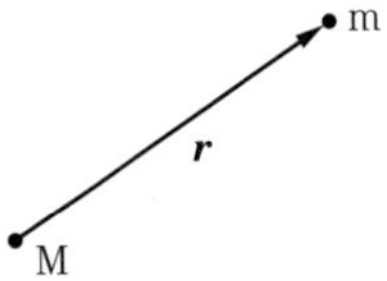

図**6.2**　重　力　場

質点Mを地球とし，質点mを地球のまわりをまわる物体（例えば人工衛星）とすると，地球の重力加速度ベクトル $\boldsymbol{g}(\boldsymbol{r})$ を用いて，質点Mから質点mに働く力は

$$\boldsymbol{F} = m\boldsymbol{g}(\boldsymbol{r}) \tag{6.7}$$

と表すことができ，$GM = \mu$ とおくと

$$\boldsymbol{g}(\boldsymbol{r}) = -\frac{GM}{r^2}\frac{\boldsymbol{r}}{r} = -\frac{\mu}{r^2}\frac{\boldsymbol{r}}{r} = -\mu\frac{\boldsymbol{r}}{r^3} \tag{6.8}$$

とおくことができる。重力加速度ベクトル $\boldsymbol{g}(\boldsymbol{r})$ はそれ自身がベクトルであるが，地球上の位置によって異なる値と方向をもつので位置ベクトルの関数，すなわちベクトル場であり，地球重力場（gravitational field）と呼ばれている。

(2) 静 電 場　二つの電荷 Q〔C〕，q〔C〕が距離 r〔m〕だけ離れて静止しているとき，電荷 q が電荷 Q から受けるクーロン力は，式 (6.9) で表される。

$$\boldsymbol{F} = \frac{1}{4\pi\varepsilon_0}\frac{Qq}{r^2}\frac{\boldsymbol{r}}{r} \quad \text{〔N〕} \tag{6.9}$$

ここに，$\varepsilon_0 = 8.854 \times 10^{-12}$〔F/m〕は誘電率である。式 (6.9) は，万有引力の法則の電磁気学版で，クーロンの法則（Coulomb's law）と呼ばれている。万有引力の法則では，二つの質点の間に働く力は引力であったが，クーロンの法則では二つの電荷の間に働く力は斥力である点が異なっている。

電荷 q〔C〕が，電荷 Q〔C〕から受ける力をクーロン力といい次式で表される。

$$\boldsymbol{F} = q\boldsymbol{E} \tag{6.10}$$

ベクトル $\boldsymbol{E}$ は

$$\boldsymbol{E} = \boldsymbol{E}(\boldsymbol{r}) = \frac{1}{4\pi\varepsilon_0}\frac{Q}{r^2}\frac{\boldsymbol{r}}{r} = \frac{Q}{4\pi\varepsilon_0}\frac{\boldsymbol{r}}{r^3} \quad \text{〔N/C〕} \tag{6.11}$$

とおくことができ，ここに $\boldsymbol{E}$ は電場（electric field。電界と呼ぶことがある）と呼ばれるベクトル場である。電場はそれ自身ベクトルであるが一般的には位置により大きさと方向が異なるので，ベクトルの関数すなわちベクトル場である。この電場内におかれた単位電荷 q に働く力は

$$\boldsymbol{F} = q\boldsymbol{E} = \frac{qQ}{4\pi\varepsilon_0}\frac{\boldsymbol{r}}{r^3} \tag{6.12}$$

と表される。一見，逆三乗則のように見えるが，単位ベクトルを作ったがために生じた見かけの現象であることは重力場の場合と同じである。特に時間変化のない電場を静電場（electrostatic field）と呼ぶ。

（3） 流 れ 場　重力場，電場は代表的なベクトル場であるが，もっと身近なベクトル場がある。それは流れの場である。**図 6.3** は洗面台の流しの排水口に水が流れ込んでいるところを描いたつもりである。水の流れは，流しの各点で異なる大きさと方向とをもち，流れ場を形成している。流れ場の解析はベクトル解析の応用によって急速に進展し，航空機技術発展の基礎を築いた。流れ場については 6.3.8 項で改めて述べる。

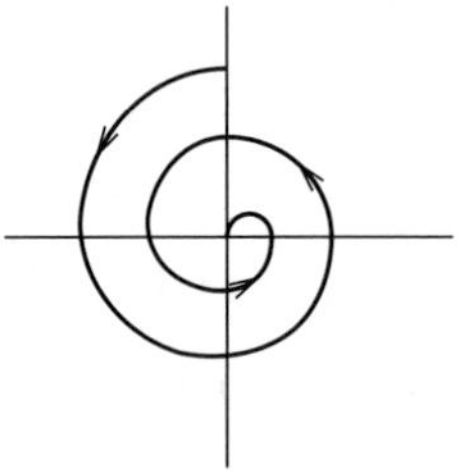

図 **6.3**　流れ場の例

（4） ベクトル場の流線・電気力線[2)]　ベクトル場は動きを伴う場であると述べたが，ベクトル場を可視的に表す一方法として**流線**（streamline）の利用がある。いま，つぎのようなベクトル場があるとする。

$$\boldsymbol{A}(\boldsymbol{r}) = \boldsymbol{A}(x, y) = (-y, x) = -y\boldsymbol{i} + x\boldsymbol{j}$$

各点におけるベクトルの大きさと方向を**図 6.4** に示す。

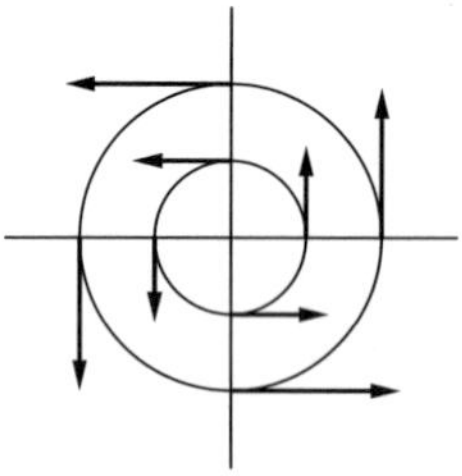

図 **6.4**　ベクトル場の流線

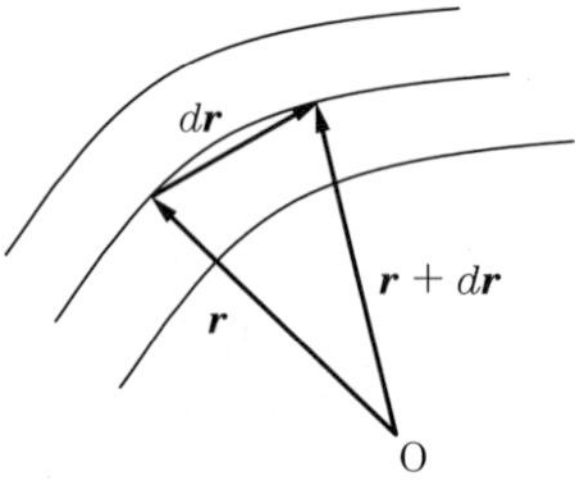

図 **6.5**　流線と線素ベクトル

すなわち，図 6.4 はベクトル場の流れの線を表す。この曲線群をベクトル場（流れ場）$\boldsymbol{A}$ の流線という。この曲線群のうちの一つの曲線の線素ベクトルを $d\boldsymbol{r}$ とすると（**図 6.5**），$d\boldsymbol{r}$ は $\boldsymbol{A}$ に沿っているから，一般的に流線を $\boldsymbol{A}$ で表すと，次式が成り立つ。

$$d\boldsymbol{r} \times \boldsymbol{A} = 0 \tag{6.13}$$

$d\boldsymbol{r} = (dx, dy, dz)$，$\boldsymbol{A} = (A_x, A_y, A_z)$ と表すと

$$d\boldsymbol{r} \times \boldsymbol{A} = \begin{vmatrix} \boldsymbol{i} & \boldsymbol{j} & \boldsymbol{k} \\ dx & dy & dz \\ A_x & A_y & A_z \end{vmatrix}$$
$$= (A_z dy - A_y dz)\boldsymbol{i} + (A_x dz - A_z dx)\boldsymbol{j} + (A_y dx - A_x dy)\boldsymbol{k} \tag{6.14}$$

となる。式 (6.13) より

$$A_z dy - A_y dz = 0 \to \frac{dy}{A_y} = \frac{dz}{A_z}$$
$$A_x dz - A_z dx = 0 \to \frac{dx}{A_x} = \frac{dz}{A_z}$$
$$A_y dx - A_x dy = 0 \to \frac{dy}{A_y} = \frac{dx}{A_x}$$
$$\therefore \frac{dx}{A_x} = \frac{dy}{A_y} = \frac{dz}{A_z} \tag{6.15}$$

式 (6.15) は流線を求める公式である。式 (6.15) を応用して二次元の静電場の流線の式を求めてみる。式 (6.11) より

$$\boldsymbol{E}(\boldsymbol{r}) = \frac{1}{4\pi\varepsilon_0}\frac{Q}{r^3}\boldsymbol{r} = (E_x, E_y) \tag{6.16}$$

とおくと

$$E_x = \frac{Q}{4\pi\varepsilon_0}\frac{x}{r^3}, \qquad E_y = \frac{Q}{4\pi\varepsilon_0}\frac{y}{r^3} \tag{6.17}$$

流線の式は，式 (6.15) より

$$\frac{dx}{E_x} = \frac{dy}{E_y}$$

となり，E_x，E_y に式 (6.17) を代入すると

$$\frac{dx}{x} = \frac{dy}{y} \tag{6.18}$$

となる。式 (6.18) を積分すると

$$\ln x = \ln y + C$$

したがって

$$y = ax \tag{6.19}$$

となり，流線は点電荷 Q を中心とする放射直線群となる。この線群は，そこに置かれた電荷 q の受ける力の方向を示しており，電磁気学ではこの線群のことを，**電気力線**（line of electric force）と呼んでいる（図 **6.6**）。

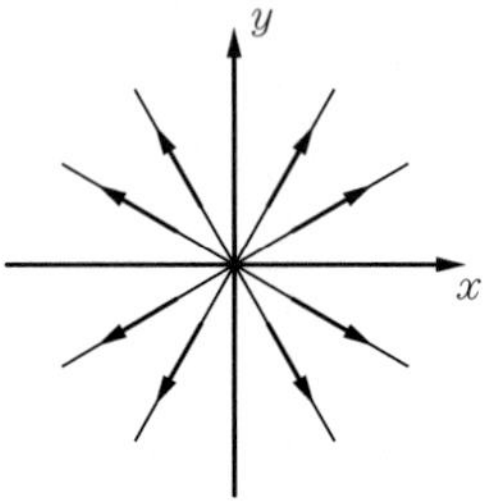

図 **6.6**　電 気 力 線

例題 6.2　つぎのベクトル場の流線を表す式を求めよ。

$$\boldsymbol{A}(\boldsymbol{r}) = (-y, x)$$

【解答】　$A_x = -y$，$A_y = x$ であるから，式 (6.15) より

$$\frac{dx}{-y} = \frac{dy}{x} \to xdx + ydy = 0$$

$$\therefore x^2 + y^2 = C = R^2$$

◇

例題 6.3　$\boldsymbol{A}(\boldsymbol{r}) = (x, y)$ で与えられるベクトル場の流線の式を求め，図示せよ。

【解答】　$\boldsymbol{A}(\boldsymbol{r}) = (x, y) = x\boldsymbol{i} + y\boldsymbol{j}$ に，式 (6.15) を用いると

$$\frac{dx}{x} = \frac{dy}{y} \to \ln x = \ln y + C$$

$$\therefore y = ax$$

ここで得られた線群の式は式 (6.19) とまったく同一であり，図 6.6 の電気力線と同じ形状を示す。 ◇

6.2 合成関数の微分法

この節タイトルを見て，なぜここに合成関数の微分法が出てくるのか，そして，いまさらなぜ合成関数の微分を復習する必要があるのかと思うかもしれない。そう思う人は試みに，つぎの偏微分

$$\frac{\partial}{\partial x}(re^{-r}), \quad r = \sqrt{x^2 + y^2 + z^2} \tag{6.20}$$

を解いてみてほしい。解答は

$$\frac{(1-r)x}{r}e^{-r}$$

であるが，どれだけの諸君が正解に達したであろうか？　大学 3，4 年生を対象とする試験にこの偏微分を出題したところ，200 人の受験生中正解は数人であった。正解に近かった解答に

$$\frac{(1-r^2)x}{r}e^{-r}, \quad -\frac{x}{r}e^{-r}$$

などがあったが，多くの人は

$$\frac{\partial}{\partial x}\left(\sqrt{x^2 + y^2 + z^2}e^{-\sqrt{x^2+y^2+z^2}}\right)$$

にまともに取り組んで，文字のやぶのなかに入り込み，ついに脱出できず解けなかった（正しい解法は例題 6.4 参照）。

式 (6.20) のような微分を行うときに，合成関数の微分をきちんと理解しているかどうかが試されて，わかっていない人は馬脚を表すのである（馬脚を表すという言葉は，何かとうわべを繕っていた化けの皮がはがれるという意味をもつ）。

工学では，スカラー場，ベクトル場ともに位置の関数であることが多い。式 (6.5)，(6.12) などを見ると，すべて距離 $r = \sqrt{x^2 + y^2 + z^2}$ の関数となって

いる。次節以降で説明するが，多変数関数の微分では，d/dr あるいは $d/d\boldsymbol{r}$ と書いても実際の演算ではそれぞれの成分として $\partial/\partial x$，$\partial/\partial y$，$\partial/\partial z$ を計算するので式 (6.20) のような演算を行うことは避けられないことになる。式 (6.20) の微分は，合成関数の微分の代表例で合成関数の微分法をマスターしていれば，きわめて機械的に計算を実行できる。そうなるために，ここで合成関数の微分法の復習を行うのである。

6.2.1　合成関数の微分

まず最初に基本的な定理を述べる。

定理 6.1

二つの関数

$$y = f(x), \quad x = g(u) \tag{6.21}$$

があって，それぞれ，x，u のある区間で微分可能とする。g の値域が f の定義域に含まれているならば，g と f との合成関数 $y = f(g(u))$ は，微分可能であって，次式を得る。

$$\frac{dy}{du} = \frac{dy}{dx}\frac{dx}{du} = \frac{df(x)}{dx}\frac{dg(u)}{du} \tag{6.22}$$

証明　$u = u_0$ のとき，$x_0 = g(u_0)$，$y_0 = f(u_0)$ とする。$y = f(x)$，$x = g(u)$ が，$x = x_0$，$u = u_0$ で微分可能であるときは，つぎのようにおくことができる。

$$y - y_0 = f'(x_0)(x - x_0) + \varepsilon(x - x_0)$$
$$x - x_0 = g'(u_0)(u - u_0) + \eta(u - u_0)$$

ただし，$x \to x_0$ で $\varepsilon \to 0$，$u \to u_0$ で $\eta \to 0$ である。したがって

$$y - y_0 = f'(x_0)g'(u_0)(u - u_0) + \eta f'(x_0)(u - u_0) + \varepsilon\varphi'(u_0)(u - u_0) + \varepsilon\eta(u - u_0)$$

である。$u \to u_0$ で，$\varepsilon \to 0$，$\eta \to 0$ であるから，次式を得る。

$$\frac{dy}{du} = \lim_{u \to u_0} \frac{y(u) - y(u_0)}{u - u_0} = f'(x_0)g'(u_0) \qquad (u \to u_0)$$

♠

式 (6.22) を用いて式 (6.20) の微分演算を実行してみよう。

例題 6.4　$r = \sqrt{x^2 + y^2 + z^2}$ のとき，$\dfrac{\partial}{\partial x}(re^{-r})$ を求めよ。

【解答】　まず，$y = f(r) = re^{-r}$，$r = r(x, y, z) = \sqrt{x^2 + y^2 + z^2}$ とおくことができる。すると

$$\frac{\partial y}{\partial x} = \frac{df}{dr}\frac{\partial r}{\partial x}$$

とおくことができる。偏微分記号を用いたのは，r は 3 変数の関数であるため，r は 3 変数の関数となって

$$\frac{dr}{dx} \to \frac{\partial r}{\partial x}$$

としなければならないからである。さて

$$\frac{df}{dr} = e^{-r} - re^{-r}, \quad \frac{\partial r}{\partial x} = \frac{2x}{2\sqrt{x^2 + y^2 + z^2}} = \frac{x}{r}$$

であるから

$$\frac{\partial y}{\partial x} = \frac{\partial}{\partial x}(re^{-r}) = (1 - r)e^{-r}\frac{x}{r} = \frac{(1 - r)x}{r}e^{-r}$$

となる。　◇

微分の対象がベクトルになったらどうなるかということを示すのが例題 6.5 である。ここでは，二つの注意点がある。第 1 は，$\boldsymbol{r} = x\boldsymbol{i} + y\boldsymbol{j} + z\boldsymbol{k}$ の場合，$r = \sqrt{x^2 + y^2 + z^2}$ となることである。第 2 は，$\dfrac{d\boldsymbol{r}}{dt}$ を求めるとき，$\dfrac{dx}{dt}\boldsymbol{i} + \dfrac{dy}{dt}\boldsymbol{k} + \dfrac{dz}{dt}\boldsymbol{k}$ としてもよいが，早い段階で成分に分解してしまうと解けなくなってしまうので，できるだけベクトルのまま演算を進めることである。ベクトル $\boldsymbol{r}$ の形のまま演算して，最後に成分に分解することは，演算の途中で間違える確率を減らすだけではなく，成分に分解してしまっては見失うかもしれない近道を発見できる可能性を与えるのである。以上のことを頭に入れてつぎの例題に挑戦してもらいたい。

例題 6.5　$\boldsymbol{r} = x(t)\boldsymbol{i} + y(t)\boldsymbol{j} + z(t)\boldsymbol{k}$ のとき $\dfrac{d}{dt}\dfrac{\boldsymbol{r}}{r}$ を求めよ。

【解答】　$\boldsymbol{f}(t) = \dfrac{\boldsymbol{r}}{r}$ とおくと，$\boldsymbol{r} = \boldsymbol{r}(t)$，$r = r(t) = \sqrt{x(t)^2 + y(t)^2 + z(t)^2}$ であるから

$$\frac{d\boldsymbol{f}}{dt} = \frac{d}{dt}\left(\frac{\boldsymbol{r}}{r}\right) = \frac{d}{dr}\left(\frac{\boldsymbol{r}}{r}\right)\cdot\frac{dr}{dt}$$

である。ここで

$$\frac{d}{dr}\left(\frac{\boldsymbol{r}}{r}\right) = \frac{r\dfrac{d\boldsymbol{r}}{dr} - \boldsymbol{r}}{r^2}$$

であるから

$$\frac{d\boldsymbol{f}}{dt} = \frac{r\dfrac{d\boldsymbol{r}}{dr} - \boldsymbol{r}}{r^2}\cdot\frac{dr}{dt} = \frac{1}{r}\frac{d\boldsymbol{r}}{dr}\frac{dr}{dt} - \frac{\boldsymbol{r}}{r^2}\frac{dr}{dt} = \frac{1}{r}\frac{d\boldsymbol{r}}{dt} - \frac{\boldsymbol{r}}{r^2}\frac{dr}{dt}$$

となる。ここで，$\dfrac{dr}{dt} = \dot{r}$，$\dfrac{d\boldsymbol{r}}{dt} = \dot{\boldsymbol{r}}$ とおくと

$$\frac{d\boldsymbol{f}}{dt} = \frac{d}{dt}\left(\frac{\boldsymbol{r}}{r}\right) = \frac{1}{r}\dot{\boldsymbol{r}} - \frac{\boldsymbol{r}}{r^2}\dot{r} = \frac{r\dot{\boldsymbol{r}} - \dot{r}\boldsymbol{r}}{r^2}$$

となる。　◇

6.2.2　多変数関数の微分法

すでに例題 6.4 で偏微分法を用いているので，ここで多変数関数の微分法，すなわち偏微分法をもち出すのは順番が前後するが，偏微分法については習得済みであろうから，順序が逆になっても実害はないであろう。

$f = f(x, y)$ を，x，y 座標系内の点における，例えば気圧の分布を表す関数であるとすると，この関数は一つの曲面を表し，$\dfrac{\partial f}{\partial x}$ は，$y =$ 一定，すなわち，f–y 平面における f の傾きを，また $\dfrac{\partial f}{\partial y}$ は，$x =$ 一定，すなわち，f–x 平面内における f の傾きを示している。

$$\frac{\partial f}{\partial x} = \lim_{\Delta x \to 0}\frac{f(x + \Delta x, y) - f(x, y)}{\Delta x}$$
$$\frac{\partial f}{\partial y} = \lim_{\Delta y \to 0}\frac{f(x, y + \Delta y) - f(x, y)}{\Delta y}$$

をそれぞれ，f の x，y に関する**偏微分**と呼び

$$\frac{\partial f}{\partial x},\quad \frac{\partial f}{\partial y},\quad \frac{\partial f(x,y)}{\partial x},\quad \frac{\partial f(x,y)}{\partial y},\quad f_x(x,y),\quad f_y(x,y)$$

などと表す。∂ は，ディー，マル，round（ラウンド），Rund（ルント）などと呼ばれる（シッポと呼ぶ人もいる）。$f(x)$ に $\dfrac{\partial}{\partial x}$ あるいは $\dfrac{\partial}{\partial y}$ を繰り返して行うと，高次導関数が得られる。$\dfrac{\partial f}{\partial x}$，$\dfrac{\partial f}{\partial y}$ を一次偏導関数という。$\dfrac{\partial^2 f}{\partial x^2}$，$\dfrac{\partial^2 f}{\partial y^2}$，$\dfrac{\partial^2 f}{\partial x \partial y}$，$\dfrac{\partial^2 f}{\partial y \partial x}$ は，二次偏導関数である。$f(x,y,z) = f(\xi)$，$\xi = g(x,y,z)$ のとき

$$\frac{\partial f}{\partial x} = \frac{df}{d\xi}\frac{\partial \xi}{\partial x}$$

として計算する。このことは例題 6.4 の解のなかで述べたことの繰返しである。

あまり注意せずに行われているが，本当は注意を払わなければならないことを指摘しておく。それは，一般的にいえば，$f_{xy} \neq f_{yx}$ であることである。しかし f_{xy}，f_{yx} がともに存在して（二階微分可能で）連続ならば，$f_{xy} = f_{yx}$ であり，幸いにして大学で対象となる関数はほとんどが二階微分可能な連続関数なので通常 $f_{xy} = f_{yx}$ が許されるのである。合成関数の微分法の練習もかねてつぎの例題を解いてみてほしい。

例題 6.6　$\varphi(x,y,z) = r$，$r = \sqrt{x^2 + y^2 + z^2}$ のとき，φ_x，φ_y，φ_z，φ_{xx}，φ_{xy}，φ_{xz} を求めよ。

【解答】

$$\varphi_x = \frac{\partial r}{\partial x} = \frac{x}{\sqrt{x^2 + y^2 + z^2}} = \frac{x}{r}$$

同様に

$$\varphi_y = \frac{y}{r},\quad \varphi_z = \frac{z}{r}$$

である。よって

$$\varphi_{xx} = \frac{\partial^2 r}{\partial x^2} = \frac{\partial}{\partial x}\left(\frac{x}{r}\right) = \frac{r - x\dfrac{\partial r}{\partial x}}{r^2} = \frac{1}{r} - \frac{x^2}{r^3}$$

$$\varphi_{xy} = \frac{\partial^2 r}{\partial x \partial y} = \frac{\partial}{\partial x}\left(\frac{\partial r}{\partial y}\right) = \frac{\partial}{\partial x}\left(\frac{y}{r}\right) = \frac{-y\dfrac{\partial r}{\partial x}}{r^2} = -\frac{xy}{r^3}$$

微分可能な関数では

$$\varphi_{yx} = \frac{\partial^2 r}{\partial y \partial x} = \frac{\partial}{\partial y}\left(\frac{\partial r}{\partial x}\right) = \frac{\partial}{\partial y}\left(\frac{x}{r}\right) = \frac{-x\dfrac{\partial r}{\partial y}}{r^2} = -\frac{xy}{r^3}$$

となって

$$\varphi_{xy} = \varphi_{yx}$$

である。同様にして，次式を得る。

$$\varphi_{xz} = \varphi_{zx} = -\frac{xz}{r^3}$$

◇

例題 6.7　$\varphi(x, y, z) = r^m$，$r = \sqrt{x^2 + y^2 + z^2}$ のとき，φ_x，φ_{xx}，φ_{xy} を求めよ。

【解答】　例題 6.6 の結果 $\dfrac{\partial r}{\partial x} = \dfrac{x}{r}$ を用いる。

$$\varphi_x = \frac{\partial \varphi}{\partial x} = \frac{\partial}{\partial x} r^m = \frac{\partial}{\partial r} r^m \frac{\partial r}{\partial x} = m r^{m-1} \frac{x}{r} = m x r^{m-2}$$

$$\begin{aligned}\varphi_{xx} &= \frac{\partial}{\partial x}(m x r^{m-2}) = m r^{m-2} + m(m-2) x r^{m-3} \frac{\partial r}{\partial x} \\ &= m r^{m-2} + m(m-2) x^2 r^{m-4}\end{aligned}$$

$$\begin{aligned}\varphi_{xy} = \varphi_{yx} &= \frac{\partial}{\partial y}\left(\frac{\partial \varphi}{\partial x}\right) = \frac{\partial}{\partial y}(m x r^{m-2}) \\ &= m x(m-2) x r^{m-3} \frac{\partial r}{\partial y} = m(m-2) x y r^{m-4}\end{aligned}$$

◇

6.3 スカラー場の微分・勾配

これから，いよいよベクトルの微分にはいっていくが，最初はスカラー場の微分からとりかかることにする。微分のもつ意味の一つは，曲線の傾斜，すなわち勾配を表すことであった。スカラー場の微分をスカラー場の勾配ともいう。スカラー場は曲面をなしていると 6.1.2 項で述べたが，スカラー場の微分とはこの曲面の傾斜を表現するものであり，それゆえにスカラー場の勾配と呼ばれるのである。ここで起こってくる問題は，面の傾斜を表す場合に，一次元の量では表せないことである。平面は三次元であるから，常識的に考えれば，傾斜も三つの量の組で表されなければならない。**すなわちスカラー場の傾斜は三つの次元の量，つまりベクトルとなるのである。**

6.3.1 勾配と勾配ベクトル場

$\dfrac{\partial\varphi}{\partial x}\boldsymbol{i}+\dfrac{\partial\varphi}{\partial y}\boldsymbol{j}+\dfrac{\partial\varphi}{\partial z}\boldsymbol{k}$ というベクトルを考える。このベクトルの各成分 $\dfrac{\partial\varphi}{\partial x}, \dfrac{\partial\varphi}{\partial y}, \dfrac{\partial\varphi}{\partial z}$ は，スカラー場 $\varphi(x,y,z)$ の点 (x,y,z) における勾配の yz 面，xz 面，xy 面への投影を表しており，結局ベクトル $\left(\dfrac{\partial\varphi}{\partial x}, \dfrac{\partial\varphi}{\partial y}, \dfrac{\partial\varphi}{\partial z}\right)$ はスカラー場 $\varphi(x,y,z)$ の勾配を表す**ベクトル場**であることになる。ベクトル場を

$$\operatorname{grad}\varphi = \frac{\partial\varphi}{\partial x}\boldsymbol{i}+\frac{\partial\varphi}{\partial y}\boldsymbol{j}+\frac{\partial\varphi}{\partial z}\boldsymbol{k} \tag{6.23}$$

とおき，**スカラー場 $\boldsymbol{\varphi}$ の勾配**（グレイディエント：gradient）と呼ぶ。$\operatorname{grad}\varphi$ は勾配により作られるベクトル場であるから勾配ベクトル場とも呼ばれる。gradient は，英語読みするとグレイディエントであるが，日本ではローマ字読みしてグラジエントともいい，両方の呼び方が存在する（ドイツ語読みでもグラジエントとなるが，アクセントは「エ」の音にある）。

6.3.2 スカラー場の全微分形式表現

二次元のスカラー場 $\varphi(x,y)$ を考える。位置を (x,y) から $(x+\Delta x,y)$ まで，

x 方向に Δx 変化させたときの $\varphi(x,y)$ の変化分から，つぎのように偏微分 $\dfrac{\partial \varphi}{\partial x}$ が定義される。

$$\frac{\partial \varphi}{\partial x} = \lim_{\Delta x \to 0} \frac{\varphi(x+\Delta x, y) - \varphi(x,y)}{\Delta x} \tag{6.24}$$

一方，(x,y) から $(x, y+\Delta y)$ まで，y 方向に Δy 変化させたときの $\varphi(x,y)$ の変化分からは，つぎのように偏微分 $\dfrac{\partial \varphi}{\partial y}$ が定義される。

$$\frac{\partial \varphi}{\partial y} = \lim_{\Delta y \to 0} \frac{\varphi(x, y+\Delta y) - \varphi(x,y)}{\Delta y} \tag{6.25}$$

いま，位置を (x,y) から $(x+\Delta x, y+\Delta y)$ まで変化させたときの $\varphi(x,y)$ の変化分 $\Delta\varphi$ を考えるとつぎのようになる。

$$\Delta\varphi = \varphi(x+\Delta x, y+\Delta y) - \varphi(x,y)$$

これをつぎのようにおくことができる。

$$\begin{aligned}\Delta\varphi = &\frac{\varphi(x+\Delta x, y+\Delta y) - \varphi(x, y+\Delta y)}{\Delta x}\Delta x \\ &+ \frac{\varphi(x, y+\Delta y) - \varphi(x,y)}{\Delta y}\Delta y\end{aligned} \tag{6.26}$$

式 (6.26) において，$\Delta x \to 0$，$\Delta y \to 0$ とすると

$$\lim_{\Delta x \to 0} \frac{\varphi(x+\Delta x, y+\Delta y) - \varphi(x, y+\Delta y)}{\Delta x} = \frac{\partial \varphi}{\partial x}$$
$$\lim_{\Delta y \to 0} \frac{\varphi(x, y+\Delta y) - \varphi(x,y)}{\Delta y} = \frac{\partial \varphi}{\partial y}$$

とおくことができて，$\Delta\varphi \to d\varphi$，$\Delta x \to dx$，$\Delta y \to dy$ を考慮すると

$$d\varphi = \lim_{\substack{\Delta x \to 0 \\ \Delta y \to 0}} \Delta\varphi = \frac{\partial \varphi}{\partial x}dx + \frac{\partial \varphi}{\partial y}dy \tag{6.27}$$

となり，これを**全微分**という。式 (6.27) を三次元に拡張すると，スカラー場 $\varphi(x,y,z)$ の全微分はつぎのように表現される。

$$d\varphi = \frac{\partial \varphi}{\partial x}dx + \frac{\partial \varphi}{\partial y}dy + \frac{\partial \varphi}{\partial z}dz \tag{6.28}$$

式 (6.28) は，スカラー場の全微分が勾配ベクトル場 $\left(\dfrac{\partial\varphi}{\partial x}, \dfrac{\partial\varphi}{\partial y}, \dfrac{\partial\varphi}{\partial z}\right)$ とベクトル $d\boldsymbol{r} = (dx, dy, dz)$ の内積としてつぎのように表せることを示している。

$$d\varphi = \mathrm{grad}\,\varphi \cdot d\boldsymbol{r} \tag{6.29}$$

6.3.3 勾配の意味

スカラー場 $\varphi(x, y)$ について考える。スカラー場は，一般に起伏のある面で表すことができる。すなわち，2 変数のスカラー場 $\varphi(x, y)$ は，点 (x, y) での起伏の高さを表している（図 **6.7**）。この面の上に，ボールを置き，どの方向に転がるかを考えると，ボールは重力に引かれて，できるだけ速く低い方向へ動こうとする。いま，$x\varphi$ 面にボールの動きを投影すると，ボールの動く方向は，$\dfrac{\partial\varphi}{\partial x}$ である。また，$y\varphi$ 面にボールの動きを投影するとボールの動く方向は $\dfrac{\partial\varphi}{\partial y}$ である。したがってボールは，$\left(\dfrac{\partial\varphi}{\partial x}, \dfrac{\partial\varphi}{\partial y}\right)$ の方向に転がろうとする。

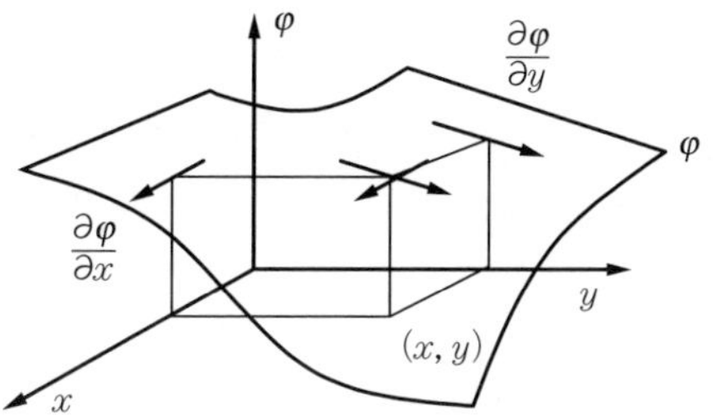

図 **6.7** 勾配の意味

このことを別の方法でいうと，つぎのようになる。先にスカラー場には等位線があるということを述べた。等位線を xy 面に投影すると図 **6.8** のようになる。

いま，点が等位線に沿って $\boldsymbol{r}$ から $\boldsymbol{r}+d\boldsymbol{r}$ に動いたとする。ここに，$d\boldsymbol{r} = (dx, dy)$ である。

この場は，スカラー場であるとすると等位線の上では，式 (6.4) より

$$d\varphi = 0 \tag{6.30}$$

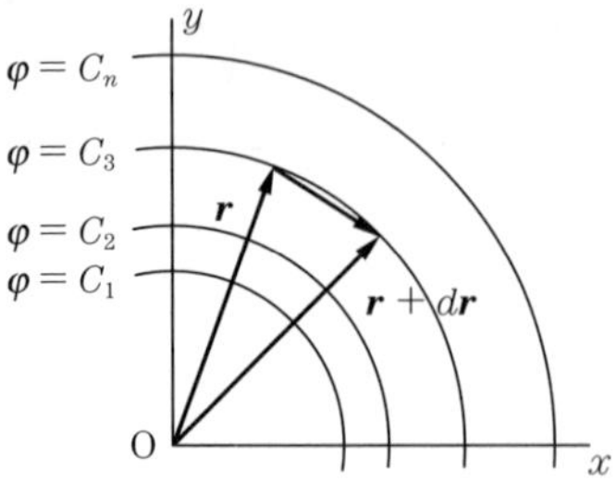

図 **6.8**　等　位　線

となる。そして，式 (6.29) より

$$d\varphi = \frac{\partial \varphi}{\partial x}dx + \frac{\partial \varphi}{\partial y}dy = \mathrm{grad}\,\varphi \cdot d\boldsymbol{r} \tag{6.31}$$

であるから，結局

$$\mathrm{grad}\,\varphi \cdot d\boldsymbol{r} = 0 \tag{6.32}$$

となる。すなわち，$\mathrm{grad}\,\varphi$ と $d\boldsymbol{r}$ は直交する。つまり $\mathrm{grad}\,\varphi$ の向きは，等位線に垂直な方向，つまり傾斜の最も急な方向を与えるのである。ボールは傾斜の最も急な方向に転がろうとすることを考えると，$\mathrm{grad}\,\varphi$ は等位線に垂直であることは納得できるであろう。等位線が等電位線であるとすれば，$\mathrm{grad}\,\varphi$ の向きは，等電位線に垂直である。また，重力場であるとすれば，$\mathrm{grad}\,\varphi$ は，等重力ポテンシャル線に垂直である。

6.3.4　微分演算子 ∇

$\mathrm{grad}\,\varphi$ を

$$\mathrm{grad}\,\varphi = \frac{\partial \varphi}{\partial x}\boldsymbol{i} + \frac{\partial \varphi}{\partial y}\boldsymbol{j} + \frac{\partial \varphi}{\partial z}\boldsymbol{k} = \left(\frac{\partial}{\partial x}\boldsymbol{i} + \frac{\partial}{\partial y}\boldsymbol{j} + \frac{\partial}{\partial z}\boldsymbol{k}\right)\varphi \tag{6.33}$$

の形に書くと，スカラー値関数 φ に微分演算子

$$\nabla = \frac{\partial}{\partial x}\boldsymbol{i} + \frac{\partial}{\partial y}\boldsymbol{j} + \frac{\partial}{\partial z}\boldsymbol{k} \tag{6.34}$$

を作用させたものと考えることができる。すなわち

$$\mathrm{grad}\,\varphi = \nabla\varphi \tag{6.35}$$

となる。ここに，∇ は**ナブラ**または**ハミルトン**（Hamilton）**演算子**と呼ばれ，**ベクトルと同じ性質をもつ**。ただし

$$\nabla \cdot \boldsymbol{A} \neq \boldsymbol{A} \cdot \nabla \tag{6.36}$$

である。すなわち

$$\nabla \cdot \boldsymbol{A} = \frac{\partial A_x}{\partial x} + \frac{\partial A_y}{\partial y} + \frac{\partial A_z}{\partial z} \tag{6.37}$$

$$\boldsymbol{A} \cdot \nabla = A_x \frac{\partial}{\partial x} + A_y \frac{\partial}{\partial y} + A_z \frac{\partial}{\partial z} \tag{6.38}$$

となり，$\nabla \cdot \boldsymbol{A}$ と $\boldsymbol{A} \cdot \nabla$ とは等しくない。∇ は微分演算子であるから，∇ の後においたものを微分する。∇ と $\boldsymbol{A}$ を入れ替えることはできないのである。

例題 6.8　$\varphi = \dfrac{1}{r}$ のとき $\nabla\varphi$ を求めよ。ただし $r = \sqrt{x^2 + y^2 + z^2}$ とする。

【解答】

$$\nabla\varphi = \frac{\partial}{\partial x}\left(\frac{1}{r}\right)\boldsymbol{i} + \frac{\partial}{\partial y}\left(\frac{1}{r}\right)\boldsymbol{j} + \frac{\partial}{\partial z}\left(\frac{1}{r}\right)\boldsymbol{k}$$

$$\frac{\partial}{\partial x}\left(\frac{1}{r}\right) = -\frac{1}{r^2}\frac{\partial r}{\partial x} = -\frac{1}{r^2}\frac{x}{\sqrt{x^2+y^2+z^2}} = -\frac{x}{r^3}$$

$$\frac{\partial}{\partial y}\left(\frac{1}{r}\right) = -\frac{1}{r^2}\frac{\partial r}{\partial y} = -\frac{1}{r^2}\frac{y}{\sqrt{x^2+y^2+z^2}} = -\frac{y}{r^3}$$

$$\frac{\partial}{\partial z}\left(\frac{1}{r}\right) = -\frac{1}{r^2}\frac{\partial r}{\partial z} = -\frac{1}{r^2}\frac{z}{\sqrt{x^2+y^2+z^2}} = -\frac{z}{r^3}$$

$$\therefore \nabla\varphi = -\frac{1}{r^3}(x\boldsymbol{i} + y\boldsymbol{j} + z\boldsymbol{k}) = -\frac{\boldsymbol{r}}{r^3}$$

◇

例題 6.9　$\boldsymbol{r} = (x, y, z)$，$\varphi = r^m$，$|\boldsymbol{r}|^m = (x^2 + y^2 + z^2)^{m/2}$ のとき，$\boldsymbol{a} = \nabla\varphi$ を求めよ。

【解答】

$$\nabla\varphi = \frac{\partial\varphi}{\partial x}\boldsymbol{i} + \frac{\partial\varphi}{\partial y}\boldsymbol{j} + \frac{\partial\varphi}{\partial z}\boldsymbol{k}$$

$$\frac{\partial\varphi}{\partial x} = \frac{\partial r^m}{\partial x} = mr^{m-1}\frac{\partial r}{\partial x} = mr^{m-1}\frac{x}{\sqrt{x^2+y^2+z^2}} = mr^{m-2}x$$

同様に

$$\frac{\partial\varphi}{\partial y} = mr^{m-2}y, \quad \frac{\partial\varphi}{\partial z} = mr^{m-2}z$$

を得る。よって

$$\nabla\varphi = mr^{m-2}(x\boldsymbol{i} + y\boldsymbol{j} + z\boldsymbol{k}) = mr^{m-2}\boldsymbol{r}$$

これは例題 6.8 の一般化である。 ◇

6.3.5 grad φ の演算

ϕ，ψ を任意のスカラー値関数，$f(u)$ を $u = u(x,y,z)$ の関数とすると，次式が成り立つ。λ_1，λ_2 は定数である。

$$\mathrm{grad}\,(\phi+\psi) = \mathrm{grad}\,\phi + \mathrm{grad}\,\psi$$

$$\text{あるいは}\quad \nabla(\phi+\psi) = \nabla\phi + \nabla\psi \tag{6.39}$$

$$\mathrm{grad}\,(\phi\psi) = \psi\,\mathrm{grad}\,\phi + \phi\,\mathrm{grad}\,\psi$$

$$\text{あるいは}\quad \nabla(\phi\psi) = \psi\nabla\phi + \phi\nabla\psi \tag{6.40}$$

$$\mathrm{grad}\,(\lambda_1\phi + \lambda_2\psi) = \lambda_1\,\mathrm{grad}\,\phi + \lambda_2\,\mathrm{grad}\,\psi$$

$$\text{あるいは}\quad \nabla(\lambda_1\phi + \lambda_2\psi) = \lambda_1\nabla\phi + \lambda_2\nabla\psi \tag{6.41}$$

$$\mathrm{grad}\,f(u) = \frac{df}{du}\mathrm{grad}\,u \quad \text{あるいは} \quad \nabla f(u) = \frac{df}{du}\nabla u \tag{6.42}$$

式 (6.42) の証明はつぎのようにして行う。

$$\begin{aligned}
\mathrm{grad}\,f(u) &= \frac{\partial f(u)}{\partial x}\boldsymbol{i} + \frac{\partial f(u)}{\partial y}\boldsymbol{j} + \frac{\partial f(u)}{\partial z}\boldsymbol{k} \\
&= \frac{df(u)}{du}\frac{\partial u}{\partial x}\boldsymbol{i} + \frac{df(u)}{du}\frac{\partial u}{\partial y}\boldsymbol{j} + \frac{df(u)}{du}\frac{\partial u}{\partial z}\boldsymbol{k} \\
&= \frac{df(u)}{du}\left(\frac{\partial u}{\partial x}\boldsymbol{i} + \frac{\partial u}{\partial y}\boldsymbol{j} + \frac{\partial u}{\partial z}\boldsymbol{k}\right) = \frac{df}{du}\mathrm{grad}\,u
\end{aligned} \tag{6.43}$$

例題 6.10 φ，ψ をスカラー場とするとき，$\nabla\left(\dfrac{\varphi}{\psi}\right) = \dfrac{\psi\nabla\varphi - \varphi\nabla\psi}{\psi^2}$ を証明せよ。

【解答】

$$\frac{\partial}{\partial x}\left(\frac{\varphi}{\psi}\right) = \frac{\psi\dfrac{\partial\varphi}{\partial x} - \varphi\dfrac{\partial\psi}{\partial x}}{\psi^2} = \frac{1}{\psi}\frac{\partial\varphi}{\partial x} - \frac{\varphi}{\psi^2}\frac{\partial\psi}{\partial x}$$

$$\frac{\partial}{\partial y}\left(\frac{\varphi}{\psi}\right) = \frac{\psi\dfrac{\partial\varphi}{\partial y} - \varphi\dfrac{\partial\psi}{\partial y}}{\psi^2} = \frac{1}{\psi}\frac{\partial\varphi}{\partial y} - \frac{\varphi}{\psi^2}\frac{\partial\psi}{\partial y}$$

$$\frac{\partial}{\partial z}\left(\frac{\varphi}{\psi}\right) = \frac{\psi\dfrac{\partial\varphi}{\partial z} - \varphi\dfrac{\partial\psi}{\partial z}}{\psi^2} = \frac{1}{\psi}\frac{\partial\varphi}{\partial z} - \frac{\varphi}{\psi^2}\frac{\partial\psi}{\partial z}$$

を得る。したがって

$$\begin{aligned}
\nabla\left(\frac{\varphi}{\psi}\right) &= \left(\frac{1}{\psi}\frac{\partial\varphi}{\partial x} - \frac{\varphi}{\psi^2}\frac{\partial\psi}{\partial x}\right)\boldsymbol{i} + \left(\frac{1}{\psi}\frac{\partial\varphi}{\partial y} - \frac{\varphi}{\psi^2}\frac{\partial\psi}{\partial y}\right)\boldsymbol{j} \\
&\quad + \left(\frac{1}{\psi}\frac{\partial\varphi}{\partial z} - \frac{\varphi}{\psi^2}\frac{\partial\psi}{\partial z}\right)\boldsymbol{k} \\
&= \frac{1}{\psi}\left(\frac{\partial\varphi}{\partial x}\boldsymbol{i} + \frac{\partial\varphi}{\partial y}\boldsymbol{j} + \frac{\partial\varphi}{\partial z}\boldsymbol{k}\right) - \frac{\varphi}{\psi^2}\left(\frac{\partial\psi}{\partial x}\boldsymbol{i} + \frac{\partial\psi}{\partial y}\boldsymbol{j} + \frac{\partial\psi}{\partial z}\boldsymbol{k}\right) \\
&= \frac{\psi\nabla\varphi - \varphi\nabla\psi}{\psi^2}
\end{aligned}$$

となる。 ◇

6.3.6 方向微分係数

スカラー場のある点において，grad φ は，傾斜が最も急な方向を与え，等位線と grad φ とは直交することが 6.3.3 項で示された。つぎにその点における任意の方向の傾斜を求めることを考える（図 **6.9**）。

スカラー場の等位線に直角なベクトルを考える。ここから角度 γ の方向に向く直線 L（基底ベクトルは $\boldsymbol{e}$）上の点 Q のベクトル表示はつぎの式で与えられる。s は任意の変数である。

$$\boldsymbol{r} = x\boldsymbol{i} + y\boldsymbol{j} + z\boldsymbol{k} = \boldsymbol{r}_0 + s\boldsymbol{e} \tag{6.44}$$

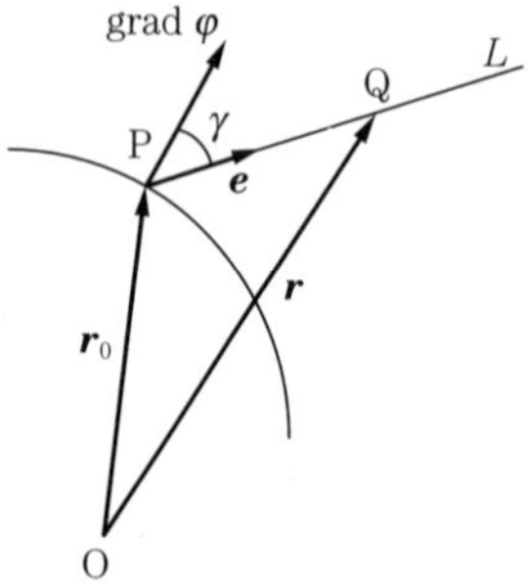

図 **6.9**　方向微分係数

式 (6.44) より，$\boldsymbol{r}$ の直線 L 方向の微分係数はつぎのようになる。

$$\frac{d\boldsymbol{r}}{ds} = \frac{dx}{ds}\boldsymbol{i} + \frac{dy}{ds}\boldsymbol{j} + \frac{dz}{ds}\boldsymbol{k} = \boldsymbol{e} \tag{6.45}$$

一方，φ の直線 L 方向の微分係数は，次式のようになる。

$$\begin{aligned}\frac{d\varphi}{ds} &= \frac{\partial\varphi}{\partial x}\frac{dx}{ds} + \frac{\partial\varphi}{\partial y}\frac{dy}{ds} + \frac{\partial\varphi}{\partial z}\frac{dz}{ds} \\ &= \mathrm{grad}\,\varphi \cdot \frac{d\boldsymbol{r}}{ds} = \mathrm{grad}\,\varphi \cdot \boldsymbol{e} \\ &= |\boldsymbol{e}||\mathrm{grad}\,\varphi|\cos\gamma = |\mathrm{grad}\,\varphi|\cos\gamma\end{aligned} \tag{6.46}$$

$\dfrac{d\varphi}{ds}$ をスカラー場の**方向微分係数**（directional derivative）という（$\gamma = 0$ のとき，方向微分係数すなわち傾斜が最大になることは，式 (6.46) からもわかる）。

例題 6.11　点 (1,1,1) におけるスカラー場 $f(x, y, z) = 4x^2 + 4y^2 + z^2$ のベクトル $\boldsymbol{a} = \boldsymbol{i} + \boldsymbol{j} - \boldsymbol{k}$ 方向の方向微分係数を求めよ。

【解答】

$$\mathrm{grad}\,f = 8x\boldsymbol{i} + 8y\boldsymbol{j} + 2z\boldsymbol{k}$$

点 (1,1,1) においては，$\mathrm{grad}\,f = 8\boldsymbol{i} + 8\boldsymbol{j} + 2\boldsymbol{k}$ である。$\boldsymbol{a}$ 方向の単位ベクトルは，$\boldsymbol{e} = \dfrac{1}{\sqrt{3}}(\boldsymbol{i} + \boldsymbol{j} - \boldsymbol{k})$ なので，つぎのようになる。

$$\frac{df}{ds} = \boldsymbol{e}\cdot(\mathrm{grad}\, f) = \frac{1}{\sqrt{3}}(\boldsymbol{i}+\boldsymbol{j}-\boldsymbol{k})\cdot(8\boldsymbol{i}+8\boldsymbol{j}+2\boldsymbol{k}) = \frac{14}{\sqrt{3}} \qquad \diamondsuit$$

6.3.7 曲面の法線ベクトルとしての勾配

いま，曲面の方程式を

$$f(x, y, z) = C \tag{6.47}$$

とする。一方，空間内の曲線が助変数 u を用いて

$$\boldsymbol{r}(u) = x(u)\boldsymbol{i} + y(u)\boldsymbol{j} + z(u)\boldsymbol{k} \tag{6.48}$$

で表されるとき，この曲線が曲面上にあるためには

$$f(x(u), y(u), z(u)) = C \tag{6.49}$$

でなければならない。

ところで，曲線 C の接線ベクトル（必ずしも単位接線ベクトルでなくてもよい）は，式 (4.33) より

$$\boldsymbol{t} = \frac{d\boldsymbol{r}}{du} = \frac{dx}{du}\boldsymbol{i} + \frac{dy}{du}\boldsymbol{j} + \frac{dz}{du}\boldsymbol{k} \tag{6.50}$$

であり，曲面上のある点における接線ベクトルは一つの平面を作る。その平面の法線ベクトルは接線ベクトルと直交するはずである。

$f(x(u), y(u), z(u)) = C$ を u で微分する。

$$\frac{\partial f}{\partial x}\frac{dx}{du} + \frac{\partial f}{\partial y}\frac{dy}{du} + \frac{\partial f}{\partial z}\frac{dz}{du} = 0 \tag{6.51}$$

この式は，ベクトル $\left(\dfrac{\partial f}{\partial x}, \dfrac{\partial f}{\partial y}, \dfrac{\partial f}{\partial z}\right)$ とベクトル $\left(\dfrac{dx}{du}, \dfrac{dy}{du}, \dfrac{dz}{du}\right)$ が直交していることを示す。$\left(\dfrac{dx}{du}, \dfrac{dy}{du}, \dfrac{dz}{du}\right)$ は，式 (6.49) と比べてみると，曲面上のある点におけるすべての接線ベクトルを表す。したがって，式 (6.51) より，$\mathrm{grad}\, f = \left(\dfrac{\partial f}{\partial x}, \dfrac{\partial f}{\partial y}, \dfrac{\partial f}{\partial z}\right)$ はすべての接線ベクトルと直交することから曲面の

法線ベクトルであることがわかる。

6.3.8 スカラー場の応用（流体静力学）[11)]

流体力学ではベクトル解析が随所に用いられているが，ここでは，スカラー場（勾配スカラー場ともいう）の応用例を見ることにする。

静止流体中に Σ 座標系をとり，各辺がそれぞれ x，y，z 軸に平行で，長さがそれぞれ dx，dy，dz の微小直方体を考える。直方体中央の座標を (x, y, z) とし，その点での圧力を p とする（図 **6.10**）。

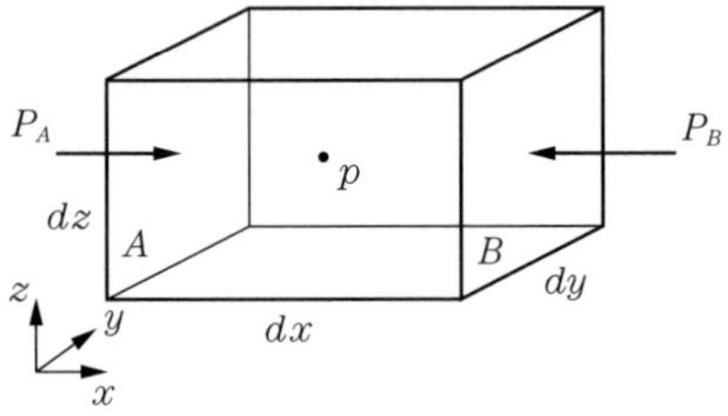

図 6.10　微小直方体と圧力

直方体の面 A に働く力は，中央の圧力から $\dfrac{\partial p}{\partial x}\dfrac{dx}{2}$ だけ圧力が減るので

$$P_A = \left(p - \frac{\partial p}{\partial x}\frac{dx}{2}\right) dydz \tag{6.52}$$

である。面 B に働く力は，中央の圧力から $\dfrac{\partial p}{\partial x}\dfrac{dx}{2}$ だけ圧力が増すので

$$P_B = \left(p + \frac{\partial p}{\partial x}\frac{dx}{2}\right) dydz \tag{6.53}$$

である。したがって，流体の圧力により x 軸方向に働く力は

$$dP_x = (P_A - P_B) = -\frac{\partial p}{\partial x}dxdydz \tag{6.54}$$

となり，同様にして，流体の圧力により軸方向に働く力として

$$dP_y = -\frac{\partial p}{\partial y}dxdydz, \quad dP_z = -\frac{\partial p}{\partial z}dxdydz \tag{6.55}$$

を得る。いま，微小直方体に働く外力（たとえば重力）を $d\boldsymbol{F} = (dF_x, dF_y, dF_z)$ とすると，流体の密度 ρ，単位質量当りの外力を $\boldsymbol{f} = (f_x, f_y, f_z)$ として

$$\begin{aligned} dF_x &= (\rho dxdydz)f_x, \\ dF_y &= (\rho dxdydz)f_y, \\ dF_z &= (\rho dxdydz)f_z \end{aligned} \tag{6.56}$$

となる。圧力により働く力と外力とが釣り合っているとすると次式が成り立つ。

$$\begin{aligned} dP_x + dF_x &= 0, \\ dP_y + dF_y &= 0, \\ dP_z + dF_z &= 0 \end{aligned} \tag{6.57}$$

式 (6.54)〜(6.56) を式 (6.57) に代入すると次式を得る。

$$\frac{\partial p}{\partial x} = \rho f_x, \quad \frac{\partial p}{\partial y} = \rho f_y, \quad \frac{\partial p}{\partial z} = \rho f_z \tag{6.58}$$

あるいは，式 (6.58) はつぎのようにも表せる。

$$\boldsymbol{f} = \frac{1}{\rho}\mathrm{grad}\, p \tag{6.59}$$

式 (6.58) あるいは式 (6.59) は流体静力学の基礎方程式と呼ばれる。

等圧面では $p =$ 一定であるから

$$dp = 0 \tag{6.60}$$

すなわち，式 (6.28) を用いると，次式を得る。

$$dp = \frac{\partial p}{\partial x}dx + \frac{\partial p}{\partial y}dy + \frac{\partial p}{\partial z}dz = 0 \tag{6.61}$$

あるいは

$$dp = \mathrm{grad}\, p \cdot d\boldsymbol{r} = 0 \tag{6.62}$$

を得る。また，式 (6.61) は式 (6.58)，(6.59) を用いて次式のようにも書ける。

$$f_x dx + f_y dy + f_z dz = 0 \tag{6.63}$$

すなわち

$$\boldsymbol{f} \cdot d\boldsymbol{r} = 0 \tag{6.64}$$

式 (6.64) は，式 (6.4)，(6.30) などと同じこと，すなわち外力ベクトルが等圧面に直交することを表している。いま，重力場内におかれた静止流体について考えると

$$f_x = f_y = 0, \quad f_z = -g \tag{6.65}$$

であるから

$$\frac{\partial p}{\partial x} = \frac{\partial p}{\partial y} = 0, \quad \frac{\partial p}{\partial z} = -\rho g \tag{6.66}$$

となり

$$p = p_0 - \rho g z \tag{6.67}$$

となる。自由表面をもつ液体の深さを $z = -h$，自由表面における圧力を p_0 と定義すると，液体の自由表面からの深さ h における圧力 p は

$$p = p_0 + \rho g h \tag{6.68}$$

となる。これは単純な例であるが，液体が加速度を受けて運動しているとき，あるいは回転している容器のなかの液体の自由表面などを式 (6.64) を用いて求めることができる。

章末問題

【1】 温度がつぎの関数で与えられているスカラー場がある。このスカラー場の等温線を描け。

$$T(x, y) = x^2 + y^2 - 4x$$

【2】 スカラー場 $\varphi = x^2 y + y^2 z$ について

(1) $\nabla\varphi$ を求めよ。

(2) 点 (1,2,1) における勾配を求めよ。

【3】 つぎのスカラー場の勾配を求めよ。ただし $r^2 = x^2 + y^2 + z^2$ とする。

(1) $\varphi = ax^2 + by^2 + cz^2$

(2) $\varphi = r^2 e^{-r}$

【4】 $\nabla|r|^5$ を求めよ。ただし，$r = \sqrt{x^2 + y^2 + z^2}$ とする。

【5】 $\phi(x, y, z) = x^3 y + y^3 z + z^3 x$ において，つぎを求めよ。

(1) $\nabla\phi = \mathrm{grad}\,\phi$

(2) 三次元直交座標系の点 (1,1,1) における勾配

7 線積分とベクトル場の積分，スカラーポテンシャル

微分の逆演算は積分である。スカラー場における微分は勾配をとることであり，微分演算はベクトル場（勾配ベクトル場という）を作ることを6章で示した。それでは勾配ベクトル場の逆演算としての積分は何であろうか？　これが本章の課題である。答えを先にいうと，スカラー場の微分の逆演算としてのベクトル場の積分は，ベクトル場の線積分という形で表される。

7.1　線積分とベクトル場の積分

7.1.1　スカラー場の線積分

線積分には，実数軸上の実関数の積分を，一般の曲線上の積分に拡張したスカラー場の線積分と，さらに，それをベクトル場にまで延長適用したベクトル場の線積分とがある。われわれが最終的に必要なものはベクトル場の線積分であるが，話の順序としてスカラー場の線積分から始めることにしよう。

通常の実関数（スカラー値関数）の積分

$$\int_a^b f(x)dx \tag{7.1}$$

は，実軸 x に沿って $x=a$ から $x=b$ まで $y=f(x)$ を積分したものである。スカラー値関数においては，変数は1個であるから，それが成り立つのであるが，三次元空間においては，変数は一般に3個必要となる。すなわち，スカラー場 $\varphi(x,y,z)$ の線積分は，空間曲線 C

$$C : \boldsymbol{r} = x\boldsymbol{i} + y\boldsymbol{j} + z\boldsymbol{k} \tag{7.2}$$

に沿って，スカラー場 $\varphi(x,y,z)$ を積分するものである。いま，点 P から点 Q までの空間（三次元）曲線に沿ってスカラー場 $\varphi(x,y,z)$ を積分するものとする。空間曲線を**図 7.1** のように n 個に分割する。

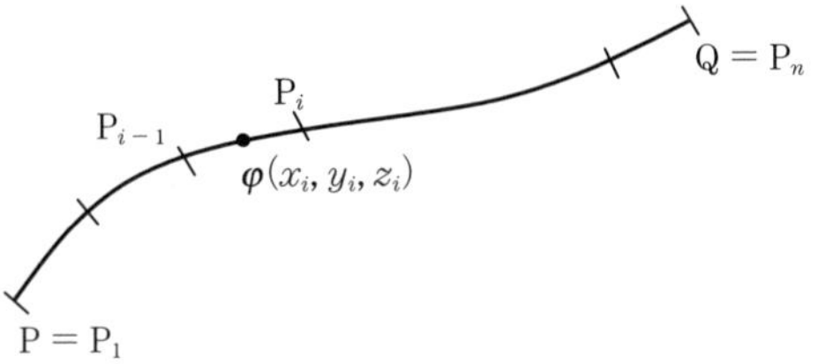

図 7.1　スカラー場の線積分

点 P_{i-1} と P_i との間の代表点におけるスカラー場を $\varphi(x_i,y_i,z_i)$ とし，つぎの和を作る。

$$S_n = \sum_{i=1}^{n} \varphi(x_i,y_i,z_i)\Delta s_i$$

ここで，$\Delta s_i = \overline{P_{i-1}P_i}$ である。$n \to \infty$ として

$$\lim_{n\to\infty} S_n = \lim_{n\to\infty} \sum_{i=1}^{n} \varphi(x_i,y_i,z_i)\Delta s_i = \int_{PQ} \varphi(x,y,z)ds = \int_C \varphi ds \tag{7.3}$$

と表して，これを**スカラー場 $\boldsymbol{\varphi(x,y,z)}$ の空間曲線 $\boldsymbol{C}$ に沿っての線積分**（line integral）といい，曲線 C を積分路と呼ぶ。線積分は $P \to Q$ の方向に行い，これを曲線 C の「向き」という。曲線 C が閉じた曲線（閉曲線）のときは**周回積分**といい

$$\oint_C \varphi ds$$

と表す。いま，曲線 C が助変数 u を用いて

$$\boldsymbol{r}(u) = x(u)\boldsymbol{i} + y(u)\boldsymbol{j} + z(u)\boldsymbol{k} \tag{7.4}$$

と表されるとき

$$\frac{ds}{du} = \left|\frac{d\boldsymbol{r}}{du}\right| = \sqrt{\left(\frac{dx}{du}\right)^2 + \left(\frac{dy}{du}\right)^2 + \left(\frac{dz}{du}\right)^2} \tag{7.5}$$

$$\varphi(x,y,z) = \varphi(x(u), y(u), z(u))$$

であるから

$$\int_C \varphi ds = \int_C \varphi(x,y,z)\frac{ds}{du}du = \int_C \varphi(x(u),y(u),z(u))\left|\frac{d\boldsymbol{r}}{du}\right| du \tag{7.6}$$

あるいは

$$\int_C \varphi ds = \int_C \varphi(x(u),y(u),z(u))\sqrt{\left(\frac{dx}{du}\right)^2 + \left(\frac{dy}{du}\right)^2 + \left(\frac{dz}{du}\right)^2}du \tag{7.7}$$

となる。

スカラー場の線積分にはつぎの性質がある。

(1) 曲線 C とは向きが反対の積分路を $-C$ とすると，次式を得る。

$$\int_C \varphi ds = -\int_{-C} \varphi ds \tag{7.8}$$

(2) 曲線 C を二つの線分 C_1，C_2 に分けたときは，次式となる。

$$\int_{C_1} \varphi ds + \int_{C_2} \varphi ds = \int_C \varphi ds \qquad C = C_1 + C_2 \tag{7.9}$$

(3) λ，μ を定数とすると，次式を得る。

$$\int_C (\lambda\varphi_1 + \mu\varphi_2)ds = \lambda\int_C \varphi_1 ds + \mu\int_C \varphi_2 ds \tag{7.10}$$

スカラー場の線積分を実行するには式 (7.6) あるいは式 (7.7) を用いればよい。いずれを用いる場合にも

① 積分がそれに沿って行われる曲線 C を助変数 u で表す（x，y，z を助変数で表す）

② u の変域（曲線 C の両端点の u の値）を定める

③ 被積分関数 $\varphi(x,y,z)$ を助変数で表す

という手順を踏んで，式 (7.6) あるいは式 (7.7) を用いればよい。実例について線積分の計算をしてみることにする。

例題 7.1　$\varphi(x,y)=2xy^2$ を，曲線 $\boldsymbol{r}(u)=\cos u\boldsymbol{i}+\sin u\boldsymbol{j}\quad\left(0\leqq u\leqq\dfrac{\pi}{2}\right)$ 上で積分せよ。

【解答】　曲線がパラメータで与えられているので前述の ① の手順は省略でき，$x=\cos u$，$y=\sin u$ となる。② の変域も与えられており，$0\leqq u\leqq\pi/2$ となる。③ は $\varphi=2xy^2=2\cos u\sin^2 u$ となる。式 (7.6) を用いると

$$\left|\frac{d\boldsymbol{r}}{du}\right|=\sqrt{\sin^2 u+\cos^2 u}=1$$

であるから，つぎのようになる。

$$\begin{aligned}\int_A^B\varphi(x,y)ds&=\int_0^{\pi/2}2\cos u\sin^2 u\sqrt{\sin^2 u+\cos^2 u}du\\&=2\int_0^{\pi/2}\cos u\sin^2 udu\end{aligned}$$

ここで，$\sin u=t$ とおくと，$du\cos u=dt$ であるから（変数の変域は $0\leqq t\leqq 1$ となる），つぎのようになる。

$$2\int_0^{\pi/2}\cos u\sin^2 udu=2\int_0^1 t^2dt=\frac{2}{3}$$

◇

例題 7.2　$\varphi(x,y)=xy^3$ を，曲線 $C:y=2x$，$z=0$ 上で点 A(−1,−2,0) から点 B(1,2,0) まで積分せよ。

【解答】　前述の ① は $x=u$ とおくと，曲線 C は $\boldsymbol{r}=u\boldsymbol{i}+2u\boldsymbol{j}\quad(-1\leqq u\leqq 1)$ となり，$x=u$，$y=2u$ を得る。② 変域は $-1\leqq u\leqq 1$ である。

$$\frac{d\boldsymbol{r}}{du}=\boldsymbol{i}+2\boldsymbol{j}$$

より

$$\frac{ds}{du}=\left|\frac{d\boldsymbol{r}}{du}\right|=\sqrt{\left(\frac{dx}{du}\right)^2+\left(\frac{dy}{du}\right)^2}=\sqrt{5}$$

であるから，③ $\varphi(x, y) = xy^3 = 8u^4$ を利用して，つぎのようになる。

$$\int_C \varphi(x, y) ds = \int_A^B xy^3 ds = \int_{-1}^1 8u^4 \sqrt{5} du = \frac{16}{\sqrt{5}}$$

◇

7.1.2　ベクトル場の線積分

ベクトル場における線積分は，スカラー場の積分の拡張と考えるとベクトル場の空間曲線に沿う成分の積分であって，例えばベクトル場から力を受けながら曲線に沿って物体を動かす場合の仕事量を求める場合に相当する。

ベクトル場のなかで質点を点 P から点 Q まで曲線 C に沿って動かすときの仕事を例にとって考えることにする。曲線 C はつぎのように表されるものとする。

$$C : \boldsymbol{r} = x\boldsymbol{i} + y\boldsymbol{j} + z\boldsymbol{k}$$

図 7.2 において $\boldsymbol{r}_i = \boldsymbol{r}_{i-1} + \Delta\boldsymbol{r}_i$，$|\Delta\boldsymbol{r}_i| = \Delta s_i$ とする。点 P_{i-1} と点 P_i の間の代表的な点にベクトル場から働く力を $\boldsymbol{F}_i$ とすると，P_{i-1} にある物体を P_i まで動かすときの仕事は，$\boldsymbol{F}_i \cdot \Delta\boldsymbol{r}_i$ であるから，P から Q まで物体を動かすのに必要な仕事量はつぎのようになる。

$$S_n = \sum_{i=1}^n \boldsymbol{F}_i \cdot \Delta\boldsymbol{r}_i \tag{7.11}$$

点 PQ 間の分割区間の大きさを 0 に近づけると $n \to \infty$ として

$$\lim_{n\to\infty} S_n = \lim_{n\to\infty} \sum_{i=1}^n \boldsymbol{F}_i \cdot \Delta\boldsymbol{r}_i \tag{7.12}$$

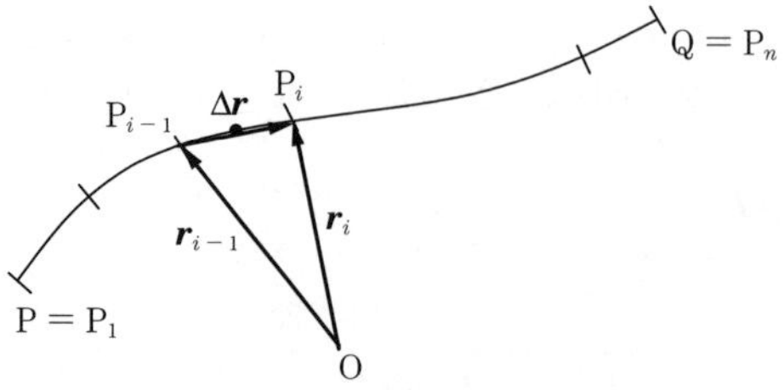

図 7.2　ベクトル場の線積分

となり，これを

$$\int_P^Q \boldsymbol{F}(x,y,z)\cdot d\boldsymbol{r} = \int_C \boldsymbol{F}(x,y,z)\cdot d\boldsymbol{r} \tag{7.13}$$

と書き，**ベクトル場 $\boldsymbol{F}$ の曲線 $\boldsymbol{C}$ に沿っての線積分**という。式 (7.13) は

$$\int_C \boldsymbol{F}(x,y,z)\cdot d\boldsymbol{r} = \int_C \boldsymbol{F}(x,y,z)\cdot \frac{d\boldsymbol{r}}{ds}ds = \int_C \boldsymbol{F}(x,y,z)\cdot \boldsymbol{t}ds \tag{7.14}$$

とも書ける。積分路が閉曲線の場合，周回積分となり

$$\oint_C \boldsymbol{F}\cdot d\boldsymbol{r}$$

と書く。ベクトル場の線積分の実行方法は，スカラー場の場合とほとんど同じであり，積分路が

$$\boldsymbol{r}(u) = x(u)\boldsymbol{i} + y(u)\boldsymbol{j} + z(u)\boldsymbol{k} \tag{7.15}$$

と助変数表示されるとき，被積分関数もつぎのように助変数表示する。

$$\begin{aligned}\boldsymbol{F}(x,y,z) = F_x(x(u),y(u),z(u))\boldsymbol{i} + F_y(x(u),y(u),z(u))\boldsymbol{j}\\ + F_z(x(u),y(u),z(u))\boldsymbol{k}\end{aligned} \tag{7.16}$$

そして

$$\begin{aligned}\int_C \boldsymbol{F}\cdot d\boldsymbol{r} &= \int_C (F_x dx + F_y dy + F_z dz)\\ &= \int_C (F_x\frac{dx}{du} + F_y\frac{dy}{du} + F_z\frac{dz}{du})du\end{aligned} \tag{7.17}$$

を計算する。

このとき，スカラー場の積分の場合と同じく

① 積分がそれに沿って行われる曲線 C を助変数 u で表す（x，y，z を助変数で表す）

② u の変域を定める

③ 被積分ベクトル場 $\boldsymbol{F}(x, y, z)$ の各成分を助変数で表示する

という手続きを踏み，式 (7.17) を用いて内積を作り積分を実行する。ベクトル場の線積分を実例により行ってみることにする。

例題 7.3　つぎのベクトル場 $\boldsymbol{F}$ における曲線 C に沿う線積分を求めよ。

$$\boldsymbol{F} = -y\boldsymbol{i} + x\boldsymbol{j} + z(x^2 + y^2)\boldsymbol{k}$$

$$C : \boldsymbol{r} = a\cos u\boldsymbol{i} + a\sin u\boldsymbol{j} + bu\boldsymbol{k} \quad (0 \leqq u \leqq 2\pi)$$

【解答】　前述の ① 曲線がすでに助変数表示されており，$x = a\cos u$，$y = a\sin u$，$z = bu$ である。② 変域も表示されていて $0 \leqq u \leqq 2\pi$。③ ベクトル場 $\boldsymbol{F}$ の成分 F_x，F_y，F_z はつぎのようになる。

$$F_x = -y = -a\sin u, \quad F_y = x = a\cos u, \quad F_z = bua^2 = a^2bu$$

ここで，$\dfrac{dx}{du} = -a\sin u$，$\dfrac{dy}{du} = a\cos u$，$\dfrac{dz}{du} = b$ であるから，つぎのようになる。

$$\int \boldsymbol{F}\cdot d\boldsymbol{r} = \int_0^{2\pi} \boldsymbol{F}\cdot\frac{d\boldsymbol{r}}{du}du = \int_0^{2\pi}(a^2\sin^2 u + a^2\cos^2 u + a^2b^2u)du$$

$$= \left[a^2u + \frac{a^2b^2}{2}u^2\right]_0^{2\pi} = 2\pi a^2 + 2\pi^2a^2b^2 = 2\pi a^2(1 + \pi b^2)$$

◇

7.1.3　勾配ベクトル場の積分

以上のことを前提に，勾配ベクトル場の積分を考える。スカラー場 $\varphi(x, y, z)$ に対し，勾配ベクトル場 $\mathrm{grad}\,\varphi = \left(\dfrac{\partial\varphi}{\partial x}, \dfrac{\partial\varphi}{\partial y}, \dfrac{\partial\varphi}{\partial z}\right)$ が作られたとき，逆演算としての積分は，ベクトル場の線積分を用いてつぎのように表される。

$$\int_C \mathrm{grad}\,\varphi\cdot d\boldsymbol{r}$$

ここで

$$\mathrm{grad}\,\varphi = \nabla\varphi = \frac{\partial\varphi}{\partial x}\boldsymbol{i} + \frac{\partial\varphi}{\partial y}\boldsymbol{j} + \frac{\partial\varphi}{\partial z}\boldsymbol{k}$$

であるから，積分路 C に沿っての点 P から点 Q までの積分は

$$\int_C \operatorname{grad}\varphi\cdot d\boldsymbol{r}=\int_P^Q\left(\frac{\partial\varphi}{\partial x}dx+\frac{\partial\varphi}{\partial y}dy+\frac{\partial\varphi}{\partial z}dz\right)=\int_P^Q d\varphi=\Big[\varphi\Big]_P^Q \tag{7.18}$$

となる。すなわち，スカラー場の全微分が勾配ベクトル場と線素ベクトルの内積である（式 (6.29)）という性質を利用して，実に巧妙に勾配ベクトル場の積分を行うことが可能となるのである。なぜ勾配ベクトル場の積分に線積分を用いるかがこれで理解できるであろう。

例題 7.4 つぎの勾配ベクトル場を積分路 C に沿って点 P から点 Q まで線積分せよ。

$$\operatorname{grad}\varphi=-\frac{\boldsymbol{r}}{r^3}=-\frac{x}{r^3}\boldsymbol{i}-\frac{y}{r^3}\boldsymbol{j}-\frac{z}{r^3}\boldsymbol{k} \tag{7.19}$$

【解答】 例題 6.8 より $\varphi=\dfrac{1}{r}$ のときには

$$\frac{\partial}{\partial x}\left(\frac{1}{r}\right)=-\frac{x}{r^3},\quad \frac{\partial}{\partial y}\left(\frac{1}{r}\right)=-\frac{y}{r^3},\quad \frac{\partial}{\partial z}\left(\frac{1}{r}\right)=-\frac{z}{r^3}$$

であったから，式 (7.18) の場合，$\varphi=\dfrac{1}{r}$ であって

$$\int_C \operatorname{grad}\varphi\cdot d\boldsymbol{r}=\int_P^Q d\varphi=\Big[\varphi\Big]_P^Q=\frac{1}{r_Q}-\frac{1}{r_P} \tag{7.20}$$

となる。ここで注意することは，問題に「積分路 C に沿って」と書いてあるが，次項に示すように，保存場の積分路では経路に依存しないので，積分路は積分に関係ない。 ◇

7.2 スカラーポテンシャル

式 (7.20) をじっと眺めていると，二つのことが頭に浮かんでくるであろう。

① 電磁場や重力場では電磁力あるいは重力は $-\boldsymbol{r}/r^3$ に比例していた。式 (7.20) はこれらの場における仕事の計算が簡単にできる方法があることを示唆している。

② 積分の値が，積分路の両端の値で決まっており，途中の経路によらない。

そして ① からスカラーポテンシャル，② から保存場という概念が生まれた。以下にその説明を行うことにする。

重力場ならびに電磁場内で行われる仕事について考える。重力場を例にとると，重力場内におかれた質点に働く力は，式 (6.7), (6.8) よりつぎのようになる。

$$\boldsymbol{F} = -m\mu\frac{\boldsymbol{r}}{r^3} \tag{7.21}$$

ベクトル場 $\boldsymbol{F}$ 内で，質点が $\boldsymbol{F}$ に沿って微小距離 $d\boldsymbol{r}$ を動くときになされる仕事は，$\boldsymbol{F}\cdot d\boldsymbol{r}$ である。例題 6.8 で勾配スカラー場 $\varphi = 1/r$ に対して

$$\mathrm{grad}\,\varphi = \nabla\varphi = -\frac{\boldsymbol{r}}{r^3} \tag{7.22}$$

となることが示された。重力場におかれた質量 m の質点に働く力は

$$\boldsymbol{F} = -\frac{m\mu}{r^3}\boldsymbol{r}$$

であるから，式 (7.22) を合わせると

$$\boldsymbol{F} = m\mu\left(-\frac{\boldsymbol{r}}{r^3}\right) = m\mu\,\mathrm{grad}\left(\frac{1}{r}\right) = m\,\mathrm{grad}\left(\frac{\mu}{r}\right)$$

となるが，式 (7.20) より

$$\int_C \boldsymbol{F}\cdot d\boldsymbol{r} = m\int_P^Q \mathrm{grad}\left(\frac{\mu}{r}\right)\cdot d\boldsymbol{r} = \left[m\frac{\mu}{r}\right]_P^Q = m\mu\left(\frac{1}{r_Q} - \frac{1}{r_P}\right) \tag{7.23}$$

を得る。すなわち，仕事は $\dfrac{m\mu}{r}$ という量の差として表せる。ここで単位質量当りの仕事量を

$$\frac{\mu}{r} = U \tag{7.24}$$

とおいて，U を**スカラーポテンシャル**と呼んでいる。ポテンシャル (potential) という言葉は，仕事をする能力という意味で用いられている。

一般に，勾配ベクトル場 $\boldsymbol{F}$ がポテンシャル φ によって

$$\boldsymbol{F} = \mathrm{grad}\,\varphi = \nabla\varphi \tag{7.25}$$

と表せるとき

$$\mathrm{grad}\,\varphi = \nabla\varphi = \frac{\partial\varphi}{\partial x}\boldsymbol{i} + \frac{\partial\varphi}{\partial y}\boldsymbol{j} + \frac{\partial\varphi}{\partial z}\boldsymbol{k} \tag{7.26}$$

であるから，点 A から点 B まで，この勾配ベクトル場のなかで質点が移動するときの仕事はつぎのように表せる。

$$\begin{aligned}\int_A^B \boldsymbol{F}\cdot d\boldsymbol{r} &= \int_A^B \nabla\varphi\cdot d\boldsymbol{r} = \int_A^B \left(\frac{\partial\varphi}{\partial x}dx + \frac{\partial\varphi}{\partial y}dy + \frac{\partial\varphi}{\partial z}dz\right)\\ &= \int_A^B d\varphi = \varphi(B) - \varphi(A)\end{aligned} \tag{7.27}$$

すなわち, 仕事は経路に依存しない。このような場を**保存場** (conservative field) といい，力 $\boldsymbol{F}$ を**保存力**という。

重力場は保存場である。重力場のポテンシャルは，$\varphi = m\mu/r$ であり，重力場での仕事は，ポテンシャルを用いて

$$W = m\mu\left(\frac{1}{r_Q} - \frac{1}{r_P}\right) \tag{7.28}$$

で表されたが，r_P に無限遠点をとると $W = m\mu/r_Q$ となる。$m\mu/r_Q$ は無限遠点を基準とする位置のエネルギーでもある。すなわち，重力場においては，単位質量当りの位置のエネルギーとスカラーポテンシャルとは等価である。また，静電場 $\boldsymbol{E}$ は，電位（ポテンシャル）V により

$$\boldsymbol{E} = -\mathrm{grad}\,V$$

と表される。電場のなかにおかれた点電荷 q によりなされる仕事もつぎのように経路に依存しないことがわかる。

$$\begin{aligned}-q\int_A^B \boldsymbol{E}\cdot d\boldsymbol{r} &= q\int \mathrm{grad}\,V\cdot d\boldsymbol{r} = q\int\left(\frac{\partial V}{\partial x}dx + \frac{\partial V}{\partial y}dy + \frac{\partial V}{\partial z}dz\right)\\ &= q\int_A^B dV = q(V(B) - V(A))\end{aligned} \tag{7.29}$$

静電場もまた保存場である。そして，電位は静電場のスカラーポテンシャルである。

例題 7.5　静電場のスカラーポテンシャルを求めよ。

【解答】　静電ベクトル場内の点電荷 q に働く力は，次式で表せる。

$$\boldsymbol{F} = \frac{Qq}{4\pi\varepsilon_0}\frac{\boldsymbol{r}}{r^3} = \frac{Qq}{4\pi\varepsilon_0}\left(\frac{x}{r^3}\boldsymbol{i} + \frac{y}{r^3}\boldsymbol{j} + \frac{z}{r^3}\boldsymbol{k}\right) \tag{7.30}$$

ところで，$f(x,y,z) = \dfrac{1}{r}$ のとき

$$\frac{\partial f}{\partial x} = -\frac{x}{r^3},\quad \frac{\partial f}{\partial y} = -\frac{y}{r^3},\quad \frac{\partial f}{\partial z} = -\frac{z}{r^3}$$

であったから

$$\begin{aligned}
-\boldsymbol{F} &= \frac{Qq}{4\pi\varepsilon_0}\left\{\left(-\frac{x}{r^3}\right)\boldsymbol{i} + \left(-\frac{y}{r^3}\right)\boldsymbol{j} + \left(-\frac{z}{r^3}\right)\boldsymbol{k}\right\} \\
&= \frac{Qq}{4\pi\varepsilon_0}\left\{\frac{\partial}{\partial x}\left(\frac{1}{r}\right)\boldsymbol{i} + \frac{\partial}{\partial y}\left(\frac{1}{r}\right)\boldsymbol{j} + \frac{\partial}{\partial z}\left(\frac{1}{r}\right)\boldsymbol{k}\right\} \\
&= \frac{Qq}{4\pi\varepsilon_0}\mathrm{grad}\left(\frac{1}{r}\right) = \mathrm{grad}\,\frac{Qq}{4\pi\varepsilon_0}\frac{1}{r}
\end{aligned}$$

となる。ここで

$$V = \frac{Q}{4\pi\varepsilon_0}\frac{1}{r} \tag{7.31}$$

とおくと，次式を得る。

$$\boldsymbol{F} = -q\,\mathrm{grad}\,\frac{Q}{4\pi\varepsilon_0}\frac{1}{r} = -q\,\mathrm{grad}\,V \tag{7.32}$$

すなわち，V は静電場のスカラーポテンシャルである。 ◇

章　末　問　題

【1】　質点が $\boldsymbol{F} = (2x_1 - x_2 + x_3)\boldsymbol{i}_1 + (x_1 + x_2 - x_3^2)\boldsymbol{i}_2 + (3x_1 - 2x_2 + 4x_3)\boldsymbol{i}_3$ の力を受けて，x_1x_2 平面上，半径が 2 で中心が原点にある円 C に沿って一周するとき，なされる仕事を求めよ[6)]。

【2】　ベクトル場 $\boldsymbol{F}(x_1, x_2, x_3)$ が $\boldsymbol{F} = (x_2 + x_3)\boldsymbol{i} + (x_3 + x_1)\boldsymbol{j} + (x_2 + x_1)\boldsymbol{k}$ で

与えられている。

(1) この力の場で，質点を，直線 $x_1 = 1 - x_2 = x_3$ に沿って点 (0,1,0) から点 (1,0,1) まで動かすときの仕事を求めよ。

(2) $\boldsymbol{F}$ に対するスカラーポテンシャルを求め，ベクトル場 $\boldsymbol{F}$ は保存力場であることを示せ。

【3】 ベクトル場 $\boldsymbol{A} = (x-y)\boldsymbol{i} + y^2\boldsymbol{j} + (x+z)\boldsymbol{k}$ とするとき，つぎの曲線に沿った点 A から点 B までの線積分

$$\int_C \boldsymbol{A} \cdot d\boldsymbol{r}$$

を計算せよ[9)]。

(1) $C_1 : x = 1 - y = z,\quad \mathrm{A}(0,1,0),\quad \mathrm{B}(1,0,1)$

(2) $C_2 : x = u,\quad y = 1-u,\quad z = u^2,\quad \mathrm{A}(0,1,0),\quad \mathrm{B}(1,0,1)$

【4】 $\boldsymbol{F}(\boldsymbol{r}) = z\boldsymbol{i} + x\boldsymbol{j} + y\boldsymbol{k}$, $C : \boldsymbol{r}(t) = \cos u\boldsymbol{i} + \sin u\boldsymbol{j} + 3u\boldsymbol{k}$ とするとき，線積分

$$\int_C \boldsymbol{F}(\boldsymbol{r}) \cdot d\boldsymbol{r} \quad (0 \leqq u \leqq 2\pi)$$

を行え（これはつる巻線に沿って 1 回転したときの仕事量に相当する）[7)]。

【5】 $\boldsymbol{F}(\boldsymbol{r}) = 5z\boldsymbol{i} + xy\boldsymbol{j} + x^2z\boldsymbol{k}$ という力を受けて，質点が点 A(0,0,0) から点 B(1,1,1) までつぎの二つの経路に沿って移動するときになす仕事をそれぞれ求めよ。

(1) $C_1 : \boldsymbol{r}(u) = u\boldsymbol{i} + u\boldsymbol{j} + u\boldsymbol{k}$

(2) $C_2 : \boldsymbol{r}(u) = u\boldsymbol{i} + u\boldsymbol{j} + u^2\boldsymbol{k}$

【6】 つぎのベクトル場のスカラーポテンシャルを求めよ。

$$\boldsymbol{v} = \left(\frac{y}{z}, \frac{x}{z}, -\frac{xy}{z^2}\right)$$

【7】 $\nabla U = 2r^4\boldsymbol{r}$ のとき U を求めよ。ただし，$\boldsymbol{r} = x\boldsymbol{i} + y\boldsymbol{j} + z\boldsymbol{k}$ とする。

【8】 $\nabla\phi = \dfrac{\boldsymbol{r}}{r^5}$ であって，かつ $\phi(1) = 0$ のとき，$\phi(r)$ を求めよ。ただし，$\boldsymbol{r} = x\boldsymbol{i} + y\boldsymbol{j} + z\boldsymbol{k}$ とする。

【9】 $\boldsymbol{F} = \dfrac{1}{r}\boldsymbol{r}$ は保存力場であることを示せ（スカラーポテンシャルが存在することがいえればよい）。

【10】 $\boldsymbol{F} = 4xy\boldsymbol{i} - 8y\boldsymbol{j} + 2\boldsymbol{k}$〔N〕の力が働いているとき，曲線 $x^2 + 4y^2 = 4$, $z = 0$ に沿って反時計まわりに (0, −1,0) から (0,1,0)（単位：m）まで動かすときになされる仕事を求めよ。ただし，距離の単位は m とし，必要に応じて公式 $\sin A \sin B = \dfrac{1}{2}\{\cos(A-B) - \cos(A+B)\}$，あるいは，$\cos 3A = 4\cos^3 A - 3\cos A$ を用いよ。

8 ベクトル場の発散と回転

6章ではスカラー場の微分，7章では逆演算としてのベクトル場の線積分について勉強した。本章では，ベクトル場の微分法について述べることとする。ベクトル場の微分法には，発散と回転とがある。おかしな名前だと思うかもしれないが，物理現象に対応させているためにこのような呼び方がされているのである。

8.1 ベクトル場の発散，ラプラスの方程式

8.1.1 ベクトル場の微分

まず，ベクトル場の微分を一般的に考察してみることにする。ベクトル場 $\boldsymbol{A}(A_x, A_y, A_z)$ があるとする。$A_x = A_x(x, y, z)$，$A_y = A_y(x, y, z)$，$A_z = A_z(x, y, z)$ とすると，それぞれつぎのように全微分展開できる（式 (6.28)）。

$$
\begin{aligned}
dA_x &= \frac{\partial A_x}{\partial x}dx + \frac{\partial A_x}{\partial y}dy + \frac{\partial A_x}{\partial z}dz \\
dA_y &= \frac{\partial A_y}{\partial x}dx + \frac{\partial A_y}{\partial y}dy + \frac{\partial A_y}{\partial z}dz \\
dA_z &= \frac{\partial A_z}{\partial x}dx + \frac{\partial A_z}{\partial y}dy + \frac{\partial A_z}{\partial z}dz
\end{aligned}
\tag{8.1}
$$

これを行列表示すると

$$\begin{pmatrix} dA_x \\ dA_y \\ dA_z \end{pmatrix} = \begin{pmatrix} \dfrac{\partial A_x}{\partial x} & \dfrac{\partial A_x}{\partial y} & \dfrac{\partial A_x}{\partial z} \\ \dfrac{\partial A_y}{\partial x} & \dfrac{\partial A_y}{\partial y} & \dfrac{\partial A_y}{\partial z} \\ \dfrac{\partial A_z}{\partial x} & \dfrac{\partial A_z}{\partial y} & \dfrac{\partial A_z}{\partial z} \end{pmatrix} \begin{pmatrix} dx \\ dy \\ dz \end{pmatrix}$$

となる。すなわち

$$d\boldsymbol{A} = \begin{pmatrix} \dfrac{\partial A_x}{\partial x} & \dfrac{\partial A_x}{\partial y} & \dfrac{\partial A_x}{\partial z} \\ \dfrac{\partial A_y}{\partial x} & \dfrac{\partial A_y}{\partial y} & \dfrac{\partial A_y}{\partial z} \\ \dfrac{\partial A_z}{\partial x} & \dfrac{\partial A_z}{\partial y} & \dfrac{\partial A_z}{\partial z} \end{pmatrix} d\boldsymbol{r}$$

となる。それでは

$$\frac{d\boldsymbol{A}}{d\boldsymbol{r}} = \begin{pmatrix} \dfrac{\partial A_x}{\partial x} & \dfrac{\partial A_x}{\partial y} & \dfrac{\partial A_x}{\partial z} \\ \dfrac{\partial A_y}{\partial x} & \dfrac{\partial A_y}{\partial y} & \dfrac{\partial A_y}{\partial z} \\ \dfrac{\partial A_z}{\partial x} & \dfrac{\partial A_z}{\partial y} & \dfrac{\partial A_z}{\partial z} \end{pmatrix}$$

でよいではないかというと，たしかにこのような表記法は存在し，多変数関数の変分問題などに用いられているが[12)]，それだけでは済まない。ベクトル解析においてはベクトル $\boldsymbol{A}$ の微分は，一般に $\dfrac{\partial A_x}{\partial x}, \cdots, \dfrac{\partial A_z}{\partial z}$ などの組合せで表示されるが，そのなかに特別に物理的な意味をもつ組合せがある。勾配はその一つであるが，他につぎの二つの組合せが特別な意味をもつことが認められている。

① $\dfrac{\partial A_x}{\partial x} + \dfrac{\partial A_y}{\partial y} + \dfrac{\partial A_z}{\partial z}$

② $\left(\dfrac{\partial A_z}{\partial y} - \dfrac{\partial A_y}{\partial z}\right)\boldsymbol{i} + \left(\dfrac{\partial A_x}{\partial z} - \dfrac{\partial A_z}{\partial x}\right)\boldsymbol{j} + \left(\dfrac{\partial A_y}{\partial x} - \dfrac{\partial A_x}{\partial y}\right)\boldsymbol{k}$

①を，**発散**（divergence：**ダイバージェンス**）といいつぎのように表す。

$$\mathrm{div}\boldsymbol{A} = \frac{\partial A_x}{\partial x} + \frac{\partial A_y}{\partial y} + \frac{\partial A_z}{\partial z}$$

また，②を**回転**（rotation：**ローテーション**あるいは curl：**カール**）といい，つぎのように表す。

$$
\begin{aligned}
\mathrm{rot}\boldsymbol{A} &= \mathrm{curl}\boldsymbol{A} \\
&= \left(\frac{\partial A_z}{\partial y} - \frac{\partial A_y}{\partial z}\right)\boldsymbol{i} + \left(\frac{\partial A_x}{\partial z} - \frac{\partial A_z}{\partial x}\right)\boldsymbol{j} + \left(\frac{\partial A_y}{\partial x} - \frac{\partial A_x}{\partial y}\right)\boldsymbol{k}
\end{aligned}
$$

発散および回転は物理現象と密接に結びついているので，以下の説明は，数学的というよりはむしろ物理現象的なものとなる。本節では，まず発散について学ぶことにする。

8.1.2　ベクトル場の発散[13)]

ベクトル場 $\boldsymbol{A}(x, y, z) = (A_x, A_y, A_z)$ に対して，その発散を次式で定義する。$\mathrm{div}\boldsymbol{A}$ は**スカラー量**である。

$$
\mathrm{div}\boldsymbol{A} = \frac{\partial A_x}{\partial x} + \frac{\partial A_y}{\partial y} + \frac{\partial A_z}{\partial z} \tag{8.2}
$$

発散は，ベクトル場の微分であるから，実数値関数からの類推でいくと何らかの傾斜を表しているはずである。何の傾斜であるかを見るために，流れ場を例にとって考えてみることにする。

いま，ある流れを考え，そこでの速度について考察してみることにする（図 **8.1**）。流れの速度を $\boldsymbol{V}$ とする。速度はベクトルであるから，この流れ場はベ

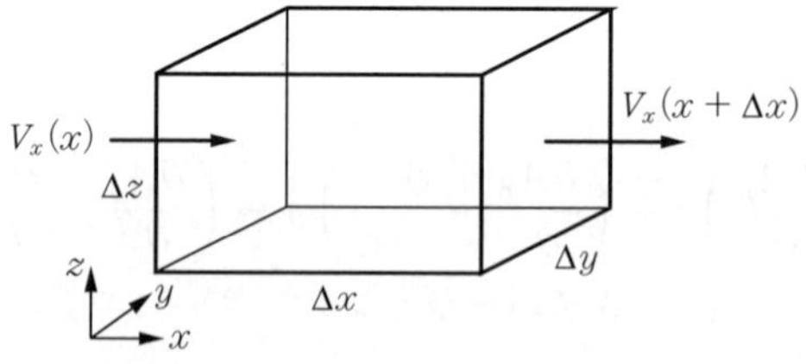

図 **8.1**　流れ場（ベクトル場）の発散

クトル場である。流れの速度 $\boldsymbol{V}$ は，成分 V_x，V_y，V_z を用いてつぎのように表されるものとする。

$$\boldsymbol{V} = V_x \boldsymbol{i} + V_y \boldsymbol{j} + V_z \boldsymbol{k}$$

流れは一様ではなく，流れのなかに，湧き出しあるいは吸込みがあって流量が変化しているものとする。この流れのなかに，図 8.1 のような微小直方体を考え，流量がどのように変化するかを考える。まず，$\Delta y \Delta z$ 面を x 方向に通り抜ける流量を考える。微小直方体の一端 $(x = x)$ における流速の x 成分 $V_x(x)$ と，他端 $(x = x + \Delta x)$ における流速の x 成分 $V_x(x + \Delta x)$ はそれぞれつぎのように表される。

$$V_x(x + \Delta x) = V_x \left(x + \Delta x, y + \frac{\Delta y}{2}, z + \frac{\Delta z}{2} \right)$$

$$V_x(x) = V_x \left(x, y + \frac{\Delta y}{2}, z + \frac{\Delta z}{2} \right)$$

ここで，単位体積を通り抜ける流れの y 方向，z 方向は，単位体積の y 方向，z 方向の幅 Δy，Δz の中央の値，すなわち $y + \dfrac{\Delta y}{2}$，$z + \dfrac{\Delta z}{2}$ での値で代表させた。

x 方向の流量の変化量はつぎのようになる。

$$\begin{aligned}&\{V_x(x + \Delta x) - V_x(x)\} \Delta y \Delta z \\ &= \left\{ V_x \left(x + \Delta x, y + \frac{\Delta y}{2}, z + \frac{\Delta z}{2} \right) - V_x \left(x, y + \frac{\Delta y}{2}, z + \frac{\Delta z}{2} \right) \right\} \Delta y \Delta z\end{aligned}$$

ここで

$$\begin{aligned}&\lim_{\Delta x \to 0} \frac{V_x \left(x + \Delta x, y + \frac{\Delta y}{2}, z + \frac{\Delta z}{2} \right) - V_x \left(x, y + \frac{\Delta y}{2}, z + \frac{\Delta z}{2} \right)}{\Delta x} \\ &= \frac{\partial V_x}{\partial x}\end{aligned}$$

であるから

$$V_x\left(x+\Delta x, y+\frac{\Delta y}{2}, z+\frac{\Delta z}{2}\right)-V_x\left(x, y+\frac{\Delta y}{2}, z+\frac{\Delta z}{2}\right)$$
$$\to \frac{\partial V_x}{\partial x}\Delta x$$

となり，x 方向の体積流量の変化量は

$$\left\{V_x\left(x+\Delta x, y+\frac{\Delta y}{2}, z+\frac{\Delta z}{2}\right)-V_x\left(x, y+\frac{\Delta y}{2}, z+\frac{\Delta z}{2}\right)\right\}\Delta y\Delta z$$
$$=\frac{\partial V_x}{\partial x}\Delta x\Delta y\Delta z \tag{8.3}$$

と表される。同様に，y 方向ならびに z 方向の流量の変化量はつぎのように表せる。

$$y\text{ 方向の流量変化量}=\frac{\partial V_y}{\partial y}\Delta x\Delta y\Delta z \tag{8.4}$$

$$z\text{ 方向の流量変化量}=\frac{\partial V_z}{\partial z}\Delta x\Delta y\Delta z \tag{8.5}$$

式 (8.3)～(8.5) を合わせると，微小直方体内部での流量の変化量はつぎのようになる。

$$\Delta\Phi=\left(\frac{\partial V_x}{\partial x}+\frac{\partial V_y}{\partial y}+\frac{\partial V_z}{\partial z}\right)\Delta x\Delta y\Delta z \tag{8.6}$$

式 (8.6) は体積流量変化であるが，当然，体積が大きいと変化量も大きくなるので比較のためには体積で割って，単位体積当りの変化とする必要がある。式 (8.6) を $\Delta x\Delta y\Delta z$ で割って，$\Delta x\to 0$，$\Delta y\to 0$，$\Delta z\to 0$ の極限を求めると，単位体積当りの流量変化率として，次式を得る。

$$\lim_{\substack{\Delta x\to 0\\ \Delta y\to 0\\ \Delta z\to 0}}\frac{\Delta\Phi}{\Delta x\Delta y\Delta z}=\frac{\partial V_x}{\partial x}+\frac{\partial V_y}{\partial y}+\frac{\partial V_z}{\partial z} \tag{8.7}$$

式 (8.7) は式 (8.2) で定義した発散そのものである。すなわち，この場合の発散

$$\mathrm{div}\boldsymbol{V}=\frac{\partial V_x}{\partial x}+\frac{\partial V_y}{\partial y}+\frac{\partial V_z}{\partial z}$$

は流れ場内の単位体積当りの流量変化率，すなわち流量変化の傾斜を意味して

いる。流量変化率が正の場合には，流れのなかに「湧き出し」(source：「吹き出し」ともいう）があるといい，流量変化率が負の場合には，流れのなかに「吸込み」(sink) があるという。

吸込みのある流れ場は，洗面台の流しに水を一杯に張って底の栓を抜いた状態を考えるとよい。水はドレイン孔に向けて傾斜して流れていくが，このときの流量の変化率が「発散」なのである。湧き出しのある流れ場は，温泉の湯口を想像するとよい。湯は，湯口から流れ出して四方八方に拡散していくがこの流れの流量変化率が「発散」なのである。発散という名称も，このように流れが湧き出し口から広がっていくところから名づけられた。

ところで

$$\begin{aligned}\nabla \cdot \boldsymbol{V} &= \left(\frac{\partial}{\partial x}\boldsymbol{i} + \frac{\partial}{\partial y}\boldsymbol{j} + \frac{\partial}{\partial z}\boldsymbol{k}\right) \cdot (V_x\boldsymbol{i} + V_y\boldsymbol{j} + V_z\boldsymbol{k}) \\ &= \frac{\partial V_x}{\partial x} + \frac{\partial V_y}{\partial y} + \frac{\partial V_z}{\partial z} \end{aligned} \tag{8.8}$$

であるから，発散は微分演算子を用いて

$$\mathrm{div}\boldsymbol{V} = \nabla \cdot \boldsymbol{V} \tag{8.9}$$

と書き表せる。すなわち，div は微分演算子 ∇ を用いて「$\nabla\cdot$」として書き表すこともできる。

発散は電磁場においても，流れ場に対してと同様に次式で定義される。

$$\mathrm{div}\boldsymbol{E} = \lim_{\substack{\Delta x \to 0 \\ \Delta y \to 0 \\ \Delta z \to 0}} \frac{\Delta\Phi}{\Delta x \Delta y \Delta z} = \frac{\partial E_x}{\partial x} + \frac{\partial E_y}{\partial y} + \frac{\partial E_z}{\partial z} \tag{8.10}$$

この場合，ベクトル場は電場であり，流量 Φ に相当するものは，例えば電気力線のような線束（フラックス）となる。

8.1.3 発散の演算公式

$\boldsymbol{A}$，$\boldsymbol{B}$ をベクトル，ϕ をスカラー値関数とする。

$$\mathrm{div}(\boldsymbol{A}+\boldsymbol{B}) = \mathrm{div}\boldsymbol{A} + \mathrm{div}\boldsymbol{B} \tag{8.11}$$

$$\mathrm{div}(\phi\boldsymbol{A}) = (\mathrm{grad}\,\phi)\cdot\boldsymbol{A} + \phi\,\mathrm{div}\,\boldsymbol{A} \tag{8.12}$$

式 (8.11) は自明であるが，式 (8.12) はつぎのようにして証明される。

$$\begin{aligned}\mathrm{div}(\phi\boldsymbol{A}) &= \frac{\partial(\phi A_x)}{\partial x} + \frac{\partial(\phi A_y)}{\partial y} + \frac{\partial(\phi A_z)}{\partial z}\\ &= \frac{\partial\phi}{\partial x}A_x + \frac{\partial\phi}{\partial y}A_y + \frac{\partial\phi}{\partial z}A_z + \phi\frac{\partial A_x}{\partial x} + \phi\frac{\partial A_y}{\partial y} + \phi\frac{\partial A_z}{\partial z}\\ &= \frac{\partial\phi}{\partial x}A_x + \frac{\partial\phi}{\partial y}A_y + \frac{\partial\phi}{\partial z}A_z + \phi\left(\frac{\partial A_x}{\partial x} + \frac{\partial A_y}{\partial y} + \frac{\partial A_z}{\partial z}\right)\\ &= (\mathrm{grad}\phi)\cdot\boldsymbol{A} + \phi\cdot\mathrm{div}\boldsymbol{A}\end{aligned}$$

例題 8.1　$\boldsymbol{A} = 2x^2y\boldsymbol{i} + 2y^2z\boldsymbol{j} + 2z^2x\boldsymbol{k}$ のとき，点 P$(-1,-1,1)$ における $\boldsymbol{A}$ の発散（$\mathrm{div}\boldsymbol{A} = \nabla\cdot\boldsymbol{A}$）を求めよ。

【解答】

$$\begin{aligned}\nabla\cdot\boldsymbol{A} &= \left(\frac{\partial}{\partial x}\boldsymbol{i} + \frac{\partial}{\partial y}\boldsymbol{j} + \frac{\partial}{\partial z}\boldsymbol{k}\right)\cdot(2x^2y\boldsymbol{i} + 2y^2z\boldsymbol{j} + 2z^2x\boldsymbol{k})\\ &= \frac{\partial}{\partial x}(2x^2y) + \frac{\partial}{\partial y}(2y^2z) + \frac{\partial}{\partial z}(2z^2x)\\ &= 4xy + 4yz + 4zx = 4(xy+yz+zx)\end{aligned}$$

より，つぎのようになる。

$$(\nabla\cdot\boldsymbol{A})_P = 4(1-1-1) = -4$$

◇

例題 8.2　スカラー場 φ，ベクトル場 $\boldsymbol{A}$ に対して，$(\boldsymbol{A}\cdot\nabla)\varphi = \boldsymbol{A}\cdot(\nabla\varphi)$ を証明せよ。

【解答】　$\boldsymbol{A} = A_x\boldsymbol{i} + A_y\boldsymbol{j} + A_z\boldsymbol{k}$ とする。

$$(\boldsymbol{A}\cdot\nabla)\varphi = A_x\frac{\partial\varphi}{\partial x} + A_y\frac{\partial\varphi}{\partial y} + A_z\frac{\partial\varphi}{\partial z}$$

$$
\begin{aligned}
\boldsymbol{A}\cdot(\nabla\varphi) &= (A_x\boldsymbol{i}+A_y\boldsymbol{j}+A_z\boldsymbol{k})\cdot\left(\frac{\partial\varphi}{\partial x}\boldsymbol{i}+\frac{\partial\varphi}{\partial y}\boldsymbol{j}+\frac{\partial\varphi}{\partial z}\boldsymbol{k}\right)\\
&= A_x\frac{\partial\varphi}{\partial x}+A_y\frac{\partial\varphi}{\partial y}+A_z\frac{\partial\varphi}{\partial z}
\end{aligned}
$$

【注意】

$(\boldsymbol{A}\cdot\nabla)\varphi \neq (\nabla\cdot\boldsymbol{A})\varphi$ である。∇ は微分演算子であるから，交換則は成立しない。$\boldsymbol{A}$，$\boldsymbol{B}$，$\boldsymbol{C}$ がベクトルのとき，スカラー三重積により

$$
\boldsymbol{C}\cdot(\boldsymbol{A}\times\boldsymbol{B}) = \boldsymbol{B}\cdot(\boldsymbol{C}\times\boldsymbol{A}) = \boldsymbol{A}\cdot(\boldsymbol{B}\times\boldsymbol{C})
$$

であるが，$\boldsymbol{C}$ のかわりに ∇ とおくと

$$
\nabla\cdot(\boldsymbol{A}\times\boldsymbol{B}) = \boldsymbol{B}\cdot(\nabla\times\boldsymbol{A}) - \boldsymbol{A}\cdot(\nabla\times\boldsymbol{B}) \neq \boldsymbol{B}\cdot(\nabla\times\boldsymbol{A})
$$

となって，スカラー三重積の交換則は成り立たない。 ◇

8.1.4　ラプラスの方程式と調和関数

ベクトル場 $\boldsymbol{A}$ がスカラーポテンシャル φ をもつ場合

$$
\boldsymbol{A} = \mathrm{grad}\,\varphi = \nabla\varphi
$$

と表せることは 7.1 節で学んだ。このベクトル場（勾配ベクトル場）の発散は

$$
\begin{aligned}
\mathrm{div}\boldsymbol{A} &= \nabla\cdot(\nabla\varphi) = (\nabla\cdot\nabla)\varphi = \nabla^2\varphi\\
&= \left(\frac{\partial}{\partial x}\boldsymbol{i}+\frac{\partial}{\partial y}\boldsymbol{j}+\frac{\partial}{\partial z}\boldsymbol{k}\right)\cdot\left(\frac{\partial}{\partial x}\boldsymbol{i}+\frac{\partial}{\partial y}\boldsymbol{j}+\frac{\partial}{\partial z}\boldsymbol{k}\right)\varphi \qquad (8.13)\\
&= \left(\frac{\partial^2}{\partial x^2}+\frac{\partial^2}{\partial y^2}+\frac{\partial^2}{\partial z^2}\right)\varphi = \frac{\partial^2\varphi}{\partial x^2}+\frac{\partial^2\varphi}{\partial y^2}+\frac{\partial^2\varphi}{\partial z^2}
\end{aligned}
$$

となる。ここで

$$
\nabla\cdot\nabla = \nabla^2 = \frac{\partial^2}{\partial x^2}+\frac{\partial^2}{\partial y^2}+\frac{\partial^2}{\partial z^2} \equiv \Delta \qquad (8.14)
$$

とおき，Δ は **Laplacian**（**ラプラス演算子**）と呼ばれている（ラプラシアンと読む）。

$$
\nabla^2\varphi = \frac{\partial^2\varphi}{\partial x^2}+\frac{\partial^2\varphi}{\partial y^2}+\frac{\partial^2\varphi}{\partial z^2} \qquad (8.15)
$$

はラプラス（Laplace）の微分方程式と呼ばれ，ラプラスの微分方程式 $\nabla^2\varphi = 0$ を満たす関数（この場合）のことを調和関数（harmonic function）と呼んでいる。

8.2 ベクトル場の回転[14)]

つぎに，ベクトル場のもう一つの微分である「回転」について述べる。ベクトル場 $\boldsymbol{A}(x,y,z) = (A_x, A_y, A_z)$ に対して，その**回転**（rotation：**ローテーション**）を次式で定義する（ローテーションはどちらかといえばヨーロッパ系の用語である。米国では curl：カールが用いられることが多い。本書ではローテーションを採用する）。

$$\begin{aligned}\mathrm{rot}\boldsymbol{A} &= \mathrm{curl}\boldsymbol{A} \\ &= \left(\frac{\partial A_z}{\partial y} - \frac{\partial A_y}{\partial z}\right)\boldsymbol{i} + \left(\frac{\partial A_x}{\partial z} - \frac{\partial A_z}{\partial x}\right)\boldsymbol{j} + \left(\frac{\partial A_y}{\partial x} - \frac{\partial A_x}{\partial y}\right)\boldsymbol{k}\end{aligned}$$

rot は微分演算子 $\nabla = \left(\dfrac{\partial}{\partial x}, \dfrac{\partial}{\partial y}, \dfrac{\partial}{\partial z}\right)$ を用いると，次式で計算できる。

$$\mathrm{rot}\boldsymbol{A} = \nabla \times \boldsymbol{A} = \begin{vmatrix} \boldsymbol{i} & \boldsymbol{j} & \boldsymbol{k} \\ \dfrac{\partial}{\partial x} & \dfrac{\partial}{\partial y} & \dfrac{\partial}{\partial z} \\ A_x & A_y & A_z \end{vmatrix} \tag{8.16}$$

「回転」も微分であるから，何かの変化率あるいは傾斜を表している。何の傾斜であるかを見るために再び流れ場で考えることにする。

いま，**図 8.2** のような流れ場があるとする。この流れは粘性があるとする。すなわち，流体間にせん断応力が働くとする。流れのなかに微小直方体をとって考えると，せん断応力があることによって，時刻 t において微小直方体であったものが，時刻 $t + \Delta t$ では図に示すように変形してしまう。この変形の変化率について考えてみることにする。

微小直方体の変形を考える際に，まず yz 面についてのみ考えることにする。

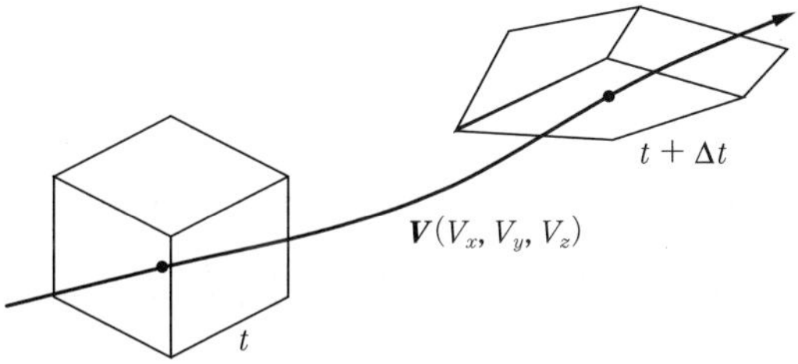

図 **8.2**　流れ場における変形

図 8.3 は，流線に沿っての面の変化を示したものであるが，時刻 t では左に示すような正方形であったものが，時刻 $t+\Delta t$ においては右に示すように変形をしたものとする。

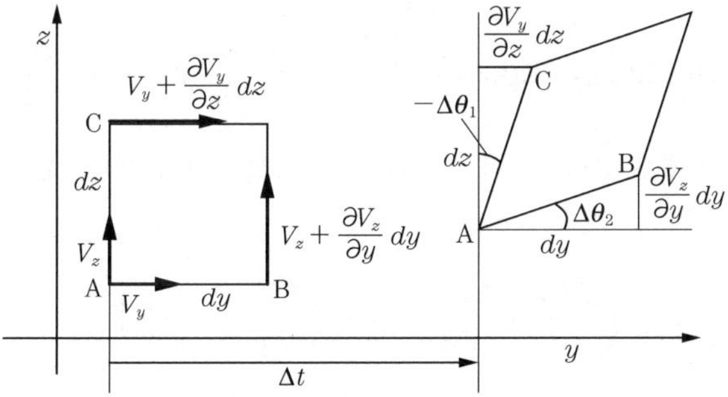

図 **8.3**　微小直方体の変形

この図の左の状態から右の状態に移行する間の変化を挙げると，つぎのようになる。

・　時間 Δt の間に点 A が y 方向に動く距離：$V_y\Delta t$

・　時間 Δt の間に点 C が y 方向に動く距離：$\left(V_y + \frac{\partial V_y}{\partial z}dz\right)\Delta t$

・　時間 Δt の間の y 方向の正味移動量：

$$\left(V_y + \frac{\partial V_y}{\partial z}dz\right)\Delta t - V_y\Delta t = \frac{\partial V_y}{\partial z}dz\Delta t$$

・　時間 Δt の間の点 C の点 A に対する相対角度変化：

$$\tan(-\Delta\theta_1) \fallingdotseq -\Delta\theta_1 = \frac{\dfrac{\partial V_y}{\partial z}dz\Delta t}{dz} = \frac{\partial V_y}{\partial z}\Delta t \quad \rightarrow \quad \frac{\Delta\theta_1}{\Delta t} = -\frac{\partial V_y}{\partial z}$$

・ 時間 Δt の間に点 A が z 方向に動く距離：$V_z\Delta t$

・ 時間 Δt の間に点 B が z 方向に動く距離：$\left(V_z + \dfrac{\partial V_z}{\partial y}dy\right)\Delta t$

・ 時間 Δt の間の z 方向の正味移動量：

$$\left(V_z + \frac{\partial V_z}{\partial y}dy\right)\Delta t - V_z\Delta t = \frac{\partial V_z}{\partial y}dy\Delta t$$

・ 時間 Δt の間の点 B の点 A に対する相対角度変化：

$$\tan(\Delta\theta_2) \fallingdotseq \Delta\theta_2 = \frac{\dfrac{\partial V_z}{\partial y}dy\Delta t}{dy} = \frac{\partial V_z}{\partial y}\Delta t \quad \rightarrow \quad \frac{\Delta\theta_2}{\Delta t} = \frac{\partial V_z}{\partial y}$$

x 軸まわりの角度変化率 Ω_x は，線分 AB と線分 AC の角度変化率の平均値であるから

$$\Omega_x = \lim_{\Delta t \to 0}\frac{1}{2}\left(\frac{\Delta\theta_2}{\Delta t} + \frac{\Delta\theta_1}{\Delta t}\right) = \frac{1}{2}\left(\frac{\partial V_z}{\partial y} - \frac{\partial V_y}{\partial z}\right) \tag{8.17}$$

となる。同様に

$$\Omega_y = \frac{1}{2}\left(\frac{\partial V_x}{\partial z} - \frac{\partial V_z}{\partial x}\right)$$
$$\Omega_z = \frac{1}{2}\left(\frac{\partial V_y}{\partial x} - \frac{\partial V_x}{\partial y}\right)$$

を得るので，微小直方体の各辺の角度変化率を表すベクトル $\boldsymbol{\Omega}$ はつぎのようになる。

$$\begin{aligned}\boldsymbol{\Omega} &= \Omega_x\boldsymbol{i} + \Omega_y\boldsymbol{j} + \Omega_z\boldsymbol{k}\\ &= \frac{1}{2}\left(\frac{\partial V_z}{\partial y} - \frac{\partial V_y}{\partial z}\right)\boldsymbol{i} + \frac{1}{2}\left(\frac{\partial V_x}{\partial z} - \frac{\partial V_z}{\partial x}\right)\boldsymbol{j} + \frac{1}{2}\left(\frac{\partial V_y}{\partial x} - \frac{\partial V_x}{\partial y}\right)\boldsymbol{k}\end{aligned} \tag{8.18}$$

すなわち,「回転」は,流れのなかの微小直方体の形の変化の傾斜（変化率）を示すものであることがわかった。回転という名前はここからつけられた。ここで,式 (8.16) の定義を用いるとつぎのようになる。

$$\boldsymbol{\Omega} = \frac{1}{2}\nabla \times \boldsymbol{V} = \frac{1}{2}\mathrm{rot}\boldsymbol{V} \tag{8.19}$$

先ほどの洗面台のなかの流れ場を考えてみよう。排水口に向けて,水は渦を巻いて流れ込んでいく。実はこの渦が,流れのなかの微小直方体の変形を引き起こす直接の犯人で,渦が強いほど変形が大きい。その意味から,流体力学では,rot$\boldsymbol{V}$ を流体の**渦場**（rotational field：うずば）と呼び,そして

$$\boldsymbol{\omega} = 2\boldsymbol{\Omega} \tag{8.20}$$

を**渦度** (vorticity：「かど」または「うずど」と読む) と呼ぶ。

流体力学ではまた,

$$\boldsymbol{\omega} = \nabla \times \boldsymbol{V} = \mathrm{rot}\boldsymbol{V} \neq 0 \tag{8.21}$$

の流れ場を渦場といい,流れを渦流れ（rotational flow：うずながれ）という。さらに

$$\boldsymbol{\omega} = \nabla \times \boldsymbol{V} = \mathrm{rot}\boldsymbol{V} = 0 \tag{8.22}$$

の流れを渦なしの流れ（irrotational flow）という。渦なしの流れは,**図 8.4** の図 (a) のように流体要素自身は回転しないが,渦流れは図 (b) のように回転する。

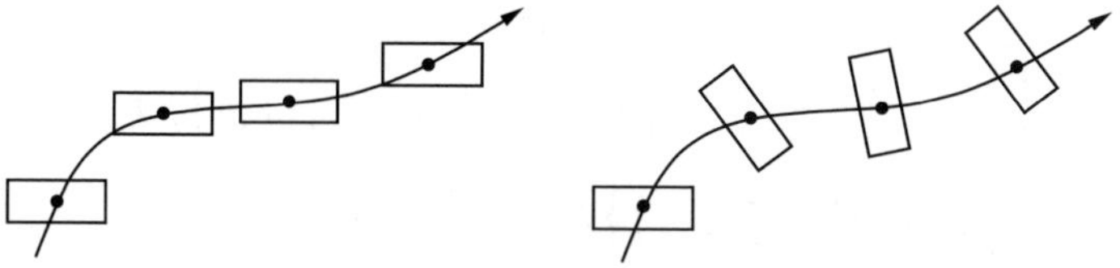

（a） 渦なし流れ　　（b） 渦流れ

図 8.4　渦なし流れと渦流れ

ベクトル場 $\boldsymbol{A}$ に対して

$$\boldsymbol{A} = \mathrm{rot}\boldsymbol{p}$$

を満足するベクトル場 $\boldsymbol{p}$ が存在するとき，$\boldsymbol{p}$ を $\boldsymbol{A}$ のベクトルポテンシャルという。渦流れの場合，流れの速度 $\boldsymbol{V}$ は渦度 $\boldsymbol{\omega}$ のベクトルポテンシャルとなっている。

例題 8.3　$\boldsymbol{A} = yz\boldsymbol{i} + xz\boldsymbol{j} + xy\boldsymbol{k}$ のとき，$\mathrm{rot}\boldsymbol{A}$ を求めよ。

【解答】

$$\begin{aligned}
\mathrm{rot}\boldsymbol{A} = \nabla \times \boldsymbol{A} &= \begin{vmatrix} \boldsymbol{i} & \boldsymbol{j} & \boldsymbol{k} \\ \dfrac{\partial}{\partial x} & \dfrac{\partial}{\partial y} & \dfrac{\partial}{\partial z} \\ yz & xz & xy \end{vmatrix} \\
&= \left\{ \frac{\partial}{\partial y}(xy) - \frac{\partial}{\partial z}(xz) \right\} \boldsymbol{i} + \left\{ \frac{\partial}{\partial z}(yz) - \frac{\partial}{\partial x}(xy) \right\} \boldsymbol{j} \\
&\quad + \left\{ \frac{\partial}{\partial x}(xz) - \frac{\partial}{\partial y}(yz) \right\} \boldsymbol{k} \\
&= \boldsymbol{0}
\end{aligned}$$

◇

例題 8.4　$\boldsymbol{A} = \dfrac{1}{r^3}\boldsymbol{r}$ の回転を求めよ（$r = \sqrt{x^2 + y^2 + z^2}$）。

【解答】

$$\mathrm{rot}\boldsymbol{A} = \nabla \times \boldsymbol{A} = \begin{vmatrix} \boldsymbol{i} & \boldsymbol{j} & \boldsymbol{k} \\ \dfrac{\partial}{\partial x} & \dfrac{\partial}{\partial y} & \dfrac{\partial}{\partial z} \\ \dfrac{x}{r^3} & \dfrac{y}{r^3} & \dfrac{z}{r^3} \end{vmatrix}$$

$$= \left\{ \frac{\partial}{\partial y}\left(\frac{z}{r^3}\right) - \frac{\partial}{\partial z}\left(\frac{y}{r^3}\right) \right\} \boldsymbol{i} + \left\{ \frac{\partial}{\partial z}\left(\frac{x}{r^3}\right) - \frac{\partial}{\partial x}\left(\frac{z}{r^3}\right) \right\} \boldsymbol{j}$$

$$+ \left\{ \frac{\partial}{\partial x}\left(\frac{y}{r^3}\right) - \frac{\partial}{\partial y}\left(\frac{x}{r^3}\right) \right\} \boldsymbol{k}$$

$$\frac{\partial}{\partial y}\left(\frac{z}{r^3}\right) = -3z\frac{1}{r^4}\frac{y}{r} = -3z\frac{y}{r^5}$$

$$\frac{\partial}{\partial z}\left(\frac{y}{r^3}\right) = -3y\frac{1}{r^4}\frac{z}{r} = -3y\frac{z}{r^5}$$

したがって

$$\frac{\partial}{\partial y}\left(\frac{z}{r^3}\right) - \frac{\partial}{\partial z}\left(\frac{y}{r^3}\right) = 0$$

となる。同様に

$$\frac{\partial}{\partial z}\left(\frac{x}{r^3}\right) - \frac{\partial}{\partial x}\left(\frac{z}{r^3}\right) = 0$$
$$\frac{\partial}{\partial x}\left(\frac{y}{r^3}\right) - \frac{\partial}{\partial y}\left(\frac{x}{r^3}\right) = 0$$

よって，$\mathrm{rot}\,\boldsymbol{A} = \boldsymbol{0}$ ◇

【注意】例題 6.8 より $\boldsymbol{A} = -\mathrm{grad}\left(\dfrac{1}{r}\right)$ と表される。一般に，$\mathrm{rot}(\mathrm{grad}\,\varphi) = 0$ である。

8.3 勾配・発散・回転に関する諸公式[9)]

原則として，つぎの 2 点がある。

① ∇ は，微分演算子であるから，∇ の後にくるものに均等に作用することに注意する。例えば，$\nabla(uv) = u\nabla v + v\nabla u$

② その上で，∇ をベクトルとして扱って演算する。

8.3.1 ハミルトン演算子 ∇ を 1 回だけ用いる公式

∇ を 1 回だけ用いる公式としてつぎのものが挙げられる。

$$\nabla(\varphi\psi) = \varphi\nabla\psi + \psi\nabla\varphi \tag{8.23}$$

$$\nabla\cdot(\varphi\boldsymbol{a}) = (\nabla\varphi)\cdot\boldsymbol{a} + \varphi(\nabla\cdot\boldsymbol{a}) \tag{8.24}$$

ベクトルとベクトルの内積であるからスカラーになることに注意。∇ の φ への作用はベクトルを作る作用。$\nabla\cdot$ の $\boldsymbol{a}$ への作用はスカラーを作る作用。

$$\nabla\times(\varphi\boldsymbol{a}) = \nabla\varphi\times\boldsymbol{a} + \varphi(\nabla\times\boldsymbol{a}) \tag{8.25}$$

∇ の φ への作用はベクトルを作る作用。$\nabla\times$ の $\boldsymbol{a}$ への作用もベクトルを作る作用。

$$\nabla\cdot(\boldsymbol{a}\times\boldsymbol{b})=\boldsymbol{b}\cdot(\nabla\times\boldsymbol{a})-\boldsymbol{a}\cdot(\nabla\times\boldsymbol{b}) \tag{8.26}$$

単純に考えればスカラー三重積であるから, $\nabla\cdot(\boldsymbol{a}\times\boldsymbol{b})=\boldsymbol{b}\cdot(\nabla\times\boldsymbol{a})=\boldsymbol{a}\cdot(\nabla\times\boldsymbol{b})$ であるが, ∇ が微分演算子であるから, そうはならない。均等に作用させるためには, $\nabla\Box\boldsymbol{a}$, $\nabla\Box\boldsymbol{b}$ という形が均等に存在しなければならないので式 (8.26) のようになる（証明は例題 8.6 参照）。一般に, ∇ の後に二つ以上のベクトルあるいは関数がくる場合は, 成分に直して計算したほうが間違いがない。

$$\nabla\times(\boldsymbol{a}\times\boldsymbol{b})=(\boldsymbol{b}\cdot\nabla)\boldsymbol{a}-(\boldsymbol{a}\cdot\nabla)\boldsymbol{b}+\boldsymbol{a}(\nabla\cdot\boldsymbol{b})-\boldsymbol{b}(\nabla\cdot\boldsymbol{a}) \tag{8.27}$$

$$\nabla(\boldsymbol{a}\cdot\boldsymbol{b})=(\boldsymbol{a}\cdot\nabla)\boldsymbol{b}+(\boldsymbol{b}\cdot\nabla)\boldsymbol{a}+\boldsymbol{a}\times(\nabla\times\boldsymbol{b})+\boldsymbol{b}\times(\nabla\times\boldsymbol{a}) \tag{8.28}$$

8.3.2 ハミルトン演算子 ∇ を 2 回用いる公式

∇ を 2 回用いる公式として, つぎのものが挙げられる。

$$\nabla\times(\nabla\varphi)=\boldsymbol{0} \tag{8.29}$$

∇ のかかる関数が一つであるから, $(\nabla\times\nabla)\varphi$ とみなしてよい。行列式に直すと, 同じ行が二つあるから, $(\nabla\times\nabla)\varphi=\boldsymbol{0}$ であるが, $\nabla\times(\nabla\varphi)$ を計算してみる。

$$\begin{aligned}\nabla\times(\nabla\varphi)&=\begin{vmatrix}\boldsymbol{i}&\boldsymbol{j}&\boldsymbol{k}\\ \dfrac{\partial}{\partial x}&\dfrac{\partial}{\partial y}&\dfrac{\partial}{\partial z}\\ \dfrac{\partial\varphi}{\partial x}&\dfrac{\partial\varphi}{\partial y}&\dfrac{\partial\varphi}{\partial z}\end{vmatrix}\\ &=\left(\frac{\partial^2\varphi}{\partial y\partial z}-\frac{\partial^2\varphi}{\partial z\partial y}\right)\boldsymbol{i}+\left(\frac{\partial^2\varphi}{\partial x\partial z}-\frac{\partial^2\varphi}{\partial z\partial x}\right)\boldsymbol{j}\\ &\quad+\left(\frac{\partial^2\varphi}{\partial x\partial y}-\frac{\partial^2\varphi}{\partial y\partial x}\right)\boldsymbol{k}=\boldsymbol{0}\end{aligned}$$

この関係式は，ポテンシャルがあるベクトル場（勾配ベクトル場）では回転が 0 になることを意味しており，勾配ベクトル場の判定に用いられている。

$$\nabla \cdot (\nabla \times \boldsymbol{a}) = 0 \tag{8.30}$$

∇ のかかる関数が一つであるから，スカラー三重積の公式が適用できる。これも行列式のなかに同じ行が二つでてくるので，つぎのようになる。

$$\nabla \cdot (\nabla \times \boldsymbol{a}) = \begin{vmatrix} \dfrac{\partial}{\partial x} & \dfrac{\partial}{\partial y} & \dfrac{\partial}{\partial z} \\ \dfrac{\partial}{\partial x} & \dfrac{\partial}{\partial y} & \dfrac{\partial}{\partial z} \\ a_x & a_y & a_z \end{vmatrix} = 0$$

念のため，$\nabla \cdot (\nabla \times \boldsymbol{a})$ をつぎのように計算してみる。

$$\begin{aligned} \nabla \cdot (\nabla \times \boldsymbol{a}) &= \nabla \cdot \begin{vmatrix} \boldsymbol{i} & \boldsymbol{j} & \boldsymbol{k} \\ \dfrac{\partial}{\partial x} & \dfrac{\partial}{\partial y} & \dfrac{\partial}{\partial z} \\ a_x & a_y & a_z \end{vmatrix} \\ &= \nabla \cdot \left\{ \left(\frac{\partial a_z}{\partial y} - \frac{\partial a_y}{\partial z} \right) \boldsymbol{i} + \left(\frac{\partial a_x}{\partial z} - \frac{\partial a_z}{\partial x} \right) \boldsymbol{j} + \left(\frac{\partial a_y}{\partial x} - \frac{\partial a_x}{\partial y} \right) \boldsymbol{k} \right\} \\ &= \frac{\partial^2 a_z}{\partial x \partial y} - \frac{\partial^2 a_y}{\partial x \partial z} + \frac{\partial^2 a_x}{\partial y \partial z} - \frac{\partial^2 a_z}{\partial y \partial x} + \frac{\partial^2 a_y}{\partial z \partial x} - \frac{\partial^2 a_x}{\partial z \partial y} = 0 \end{aligned}$$

$$\nabla \times (\nabla \times \boldsymbol{a}) = \nabla(\nabla \cdot \boldsymbol{a}) - \nabla^2 \boldsymbol{a} \tag{8.31}$$

∇ の作用する関数あるいはベクトルが一つのときには，ベクトルの演算の公式を用いてよいから，次式を得る。

$$\nabla \times (\nabla \times \boldsymbol{a}) = \nabla(\nabla \cdot \boldsymbol{a}) - (\nabla \cdot \nabla)\boldsymbol{a} = \nabla(\nabla \cdot \boldsymbol{a}) - \nabla^2 \boldsymbol{a}$$

例題 8.5 $\mathrm{rot}(\varphi \boldsymbol{A}) = \nabla \times (\varphi \boldsymbol{A}) = \nabla \varphi \times \boldsymbol{A} + \varphi(\nabla \times \boldsymbol{A})$ を証明せよ。ただし，φ はスカラー場，$\boldsymbol{A} = A_x \boldsymbol{i} + A_y \boldsymbol{j} + A_z \boldsymbol{k}$ はベクトル場とする。

【解答】 この問題は式 (8.25) の証明問題である。証明問題は敬遠される傾向があるが，証明問題を解くことは知識を確実にするよい訓練となる。

$$
\begin{aligned}
\nabla \times (\varphi \boldsymbol{A}) &= \begin{vmatrix} \boldsymbol{i} & \boldsymbol{j} & \boldsymbol{k} \\ \dfrac{\partial}{\partial x} & \dfrac{\partial}{\partial y} & \dfrac{\partial}{\partial z} \\ \varphi A_x & \varphi A_y & \varphi A_z \end{vmatrix} \\
&= \left\{ \frac{\partial(\varphi A_z)}{\partial y} - \frac{\partial(\varphi A_y)}{\partial z} \right\} \boldsymbol{i} + \left\{ \frac{\partial(\varphi A_x)}{\partial z} - \frac{\partial(\varphi A_z)}{\partial x} \right\} \boldsymbol{j} \\
&\quad + \left\{ \frac{\partial(\varphi A_y)}{\partial x} - \frac{\partial(\varphi A_x)}{\partial y} \right\} \boldsymbol{k} \\
&= \left\{ \left(\frac{\partial \varphi}{\partial y} A_z - \frac{\partial \varphi}{\partial z} A_y \right) + \varphi \left(\frac{\partial A_z}{\partial y} - \frac{\partial A_y}{\partial z} \right) \right\} \boldsymbol{i} \\
&\quad + \left\{ \left(\frac{\partial \varphi}{\partial z} A_x - \frac{\partial \varphi}{\partial x} A_z \right) + \varphi \left(\frac{\partial A_x}{\partial y} - \frac{\partial A_z}{\partial z} \right) \right\} \boldsymbol{j} \\
&\quad + \left\{ \left(\frac{\partial \varphi}{\partial x} A_y - \frac{\partial \varphi}{\partial y} A_x \right) + \varphi \left(\frac{\partial A_y}{\partial y} - \frac{\partial A_x}{\partial z} \right) \right\} \boldsymbol{k} \\
&= \begin{vmatrix} \boldsymbol{i} & \boldsymbol{j} & \boldsymbol{k} \\ \dfrac{\partial \varphi}{\partial x} & \dfrac{\partial \varphi}{\partial y} & \dfrac{\partial \varphi}{\partial z} \\ A_x & A_y & A_z \end{vmatrix} + \varphi \begin{vmatrix} \boldsymbol{i} & \boldsymbol{j} & \boldsymbol{k} \\ \dfrac{\partial}{\partial x} & \dfrac{\partial}{\partial y} & \dfrac{\partial}{\partial z} \\ A_x & A_y & A_z \end{vmatrix} \\
&= \nabla \varphi \times \boldsymbol{A} + \varphi(\nabla \times \boldsymbol{A})
\end{aligned}
$$

◇

例題 8.6　$\boldsymbol{a}$，$\boldsymbol{b}$ をベクトル場とするとき，つぎを証明せよ。

$$\nabla \cdot (\boldsymbol{a} \times \boldsymbol{b}) = \boldsymbol{b} \cdot (\nabla \times \boldsymbol{a}) - \boldsymbol{a} \cdot (\nabla \times \boldsymbol{b})$$

【解答】 式 (8.26) の証明問題である。∇ の後に二つのベクトル場があるので最初から成分に分ける。$\boldsymbol{a} = a_x \boldsymbol{i} + a_y \boldsymbol{j} + a_z \boldsymbol{k}$，$\boldsymbol{b} = b_x \boldsymbol{i} + b_y \boldsymbol{j} + b_z \boldsymbol{k}$ とおく。すると

$$\boldsymbol{a} \times \boldsymbol{b} = (a_y b_z - a_z b_y)\boldsymbol{i} + (a_z b_x - a_x b_z)\boldsymbol{j} + (a_x b_y - a_y b_x)\boldsymbol{k}$$

であるから

$$\nabla \cdot (\boldsymbol{a} \times \boldsymbol{b}) = \frac{\partial}{\partial x}(a_y b_z - a_z b_y) + \frac{\partial}{\partial y}(a_z b_x - a_x b_z) + \frac{\partial}{\partial z}(a_x b_y - a_y b_x)$$

$$
\begin{aligned}
&= a_y \frac{\partial b_z}{\partial x} + b_z \frac{\partial a_y}{\partial x} - b_y \frac{\partial a_z}{\partial x} - a_z \frac{\partial b_y}{\partial x} \\
&\quad + a_z \frac{\partial b_x}{\partial y} + b_x \frac{\partial a_z}{\partial y} - a_x \frac{\partial b_z}{\partial y} - b_z \frac{\partial a_x}{\partial y} \\
&\quad + a_x \frac{\partial b_y}{\partial z} + b_y \frac{\partial a_x}{\partial z} - a_y \frac{\partial b_x}{\partial z} - b_x \frac{\partial a_y}{\partial z} \\
&= b_x \left(\frac{\partial a_z}{\partial y} - \frac{\partial a_y}{\partial z} \right) + b_y \left(\frac{\partial a_x}{\partial z} - \frac{\partial a_z}{\partial x} \right) + b_z \left(\frac{\partial a_y}{\partial x} - \frac{\partial a_x}{\partial y} \right) \\
&\quad - a_x \left(\frac{\partial b_z}{\partial y} - \frac{\partial b_y}{\partial z} \right) - a_y \left(\frac{\partial b_x}{\partial z} - \frac{\partial b_z}{\partial x} \right) - a_z \left(\frac{\partial b_y}{\partial x} - \frac{\partial b_x}{\partial y} \right) \\
&= \boldsymbol{b} \cdot (\nabla \times \boldsymbol{a}) - \boldsymbol{a} \cdot (\nabla \times \boldsymbol{b})
\end{aligned}
$$

となる。　◇

章　末　問　題

【1】 つぎのベクトル場の発散を求めよ。ただし m は定数とする[9)]。

(1) $\boldsymbol{A} = yz\boldsymbol{i} + zx\boldsymbol{j} + xy\boldsymbol{k}$

(2) $\boldsymbol{A} = r^m \boldsymbol{r}$　　ただし，$\boldsymbol{r} = x\boldsymbol{i} + y\boldsymbol{j} + z\boldsymbol{k}$，$r = |\boldsymbol{r}|$

【2】 つぎのベクトル場の発散を求めよ。

(1) $\boldsymbol{V} = (-x, y)$

(2) $\boldsymbol{V} = \left(\frac{x}{r}, \frac{y}{r}, \frac{z}{r} \right)$，$r = \sqrt{x^2 + y^2 + z^2}$

【3】 $\boldsymbol{V} = 3x^3yz\boldsymbol{i} + 3xy^3z\boldsymbol{j} + 3xyz^3\boldsymbol{k}$ のとき点 (1,1,1) における $\boldsymbol{V}$ の発散 $\mathrm{div}\boldsymbol{V} = \nabla \cdot \boldsymbol{V}$ を求めよ。

【4】 ベクトル場 $\boldsymbol{A}$ のスカラーポテンシャルを $\phi = \frac{1}{r}$ とする。このとき

$$\mathrm{div}\boldsymbol{A} = -\nabla^2 \phi = 0$$

となることを証明せよ。ただし $r = \sqrt{x^2 + y^2 + z^2}$ とする。

【5】 つぎのベクトル場の回転を求めよ。ただし $\boldsymbol{r} = x\boldsymbol{i} + y\boldsymbol{j} + z\boldsymbol{k}$ とし，m は定数とする[9)]。

(1) $\boldsymbol{A} = z\boldsymbol{i}$

(2) $\boldsymbol{A} = r^m \boldsymbol{r}$

【6】 $\boldsymbol{A} = x^2yz\boldsymbol{i} + xy^2z\boldsymbol{j} + xyz^2\boldsymbol{k}$，$\phi = xyz$ のとき，つぎを求めよ。

(1) $(\boldsymbol{A} \cdot \nabla)\phi$

(2) $\boldsymbol{A} \cdot \nabla\phi$

(3) $(\boldsymbol{A} \times \nabla)\phi$

(4) $\boldsymbol{A} \times \nabla\phi$

【7】 $\boldsymbol{A} \times \nabla = \boldsymbol{0}$ のとき，$\nabla \cdot (\boldsymbol{A} \times \boldsymbol{r})$ を求めよ。ただし $\boldsymbol{r} = x\boldsymbol{i} + y\boldsymbol{j} + z\boldsymbol{k}$, $\boldsymbol{A} = A_x\boldsymbol{i} + A_y\boldsymbol{j} + A_z\boldsymbol{k}$ とする。

【8】 つぎの公式を証明せよ。

$$\nabla \times (\boldsymbol{a} \times \boldsymbol{b}) = (\boldsymbol{b} \cdot \nabla)\boldsymbol{a} - (\boldsymbol{a} \cdot \nabla)\boldsymbol{b} + \boldsymbol{a}(\nabla \cdot \boldsymbol{b}) - \boldsymbol{b}(\nabla \cdot \boldsymbol{a})$$

【9】 つぎの公式を証明せよ。

$$\nabla(\boldsymbol{a} \cdot \boldsymbol{b}) = (\boldsymbol{a} \cdot \nabla)\boldsymbol{b} + (\boldsymbol{b} \cdot \nabla)\boldsymbol{a} + \boldsymbol{a} \times (\nabla \times \boldsymbol{b}) + \boldsymbol{b} \times (\nabla \times \boldsymbol{a})$$

【10】 ϕ, ψ を連続かつ微分可能なスカラー値関数とするとき，次式を証明せよ。

$$\mathrm{div}(\mathrm{grad}\,\phi \times \mathrm{grad}\,\psi) = 0$$

【11】 次式を証明せよ。

$$\mathrm{rot}(\phi\boldsymbol{A}) = (\mathrm{grad}\,\phi) \times \boldsymbol{A} + \phi\mathrm{rot}\,\boldsymbol{A}$$

【12】 $\boldsymbol{A} = A_x\boldsymbol{i}+A_y\boldsymbol{j}+A_z\boldsymbol{k}$, A_x, A_y, A_z が連続でかつ微分可能のとき $\mathrm{div}\,\mathrm{rot}\,\boldsymbol{A} = 0$ であることを示せ。

【13】 $\mathrm{rot}\,\boldsymbol{A} = \boldsymbol{0}$ のとき，$\mathrm{div}(\boldsymbol{A} \times \boldsymbol{r})$ を求めよ。ただし $\boldsymbol{r} = x\boldsymbol{i} + y\boldsymbol{j} + z\boldsymbol{k}$，$\boldsymbol{A} = A_x\boldsymbol{i} + A_y\boldsymbol{j} + A_z\boldsymbol{k}$ とする。

【14】 $\nabla \times \dfrac{\boldsymbol{r}}{r^3}$ を求めよ。ただし $\boldsymbol{r} = x\boldsymbol{i} + y\boldsymbol{j} + z\boldsymbol{k}$ とする。

【15】 $\boldsymbol{A} = \dfrac{\boldsymbol{r}}{r}$ であるとき，$\mathrm{grad}\,\mathrm{div}\,\boldsymbol{A}$ を求めよ。ただし $\boldsymbol{r} = x\boldsymbol{i} + y\boldsymbol{j} + z\boldsymbol{k}$ とする。

【16】 つぎの流れ場は渦場か渦なしの場かを判定せよ。

$$\boldsymbol{v} = y\boldsymbol{i} - x\boldsymbol{j}$$

9 曲面と面積分

発散と回転はベクトル場の微分の一形式であった。微分には逆演算としての積分が存在しなければならない。発散の逆演算としての積分には面積分と呼ばれる積分が必要となるので，本章では，10 章で発散と回転の積分表示を学ぶのに先だって曲面と面積分についての学習を行う。

線積分は，空間曲線に沿ってのある関数の積分であったが，面積分は空間曲面の上での積分となる。線積分の場合と同じく，スカラー場の面積分とベクトル場の面積分があるが，ベクトル解析では，どちらかといえばベクトル場の面積分のほうが重要である。本章では，まずスカラー場の面積分について学習し，その後でベクトル場の面積分に進むことにする。

9.1 空間における曲面

9.1.1 曲　　面

本節では面積分の理解に先だって，空間における曲面について考察する。曲面は一般に $f(x, y, z) = 0$ あるいは $z = g(x, y)$ と表すことができる。例えば半径 a の球面は

$$x^2 + y^2 + z^2 = a^2$$

あるいは

$$z = \pm\sqrt{a^2 - (x^2 + y^2)}$$

と表すことができる。

曲線の場合に，助変数（パラメータ）を用いると便利なことがいろいろあったが，曲面においても同様に助変数を用いると便利なことが多い。曲線は，一つの助変数で表されたが，曲面は二つの助変数を用いないと表すことはできない。すなわち，曲面 S は，助変数 u，v を用いて二変数のベクトル場 $\boldsymbol{r}(u,v)$ として表すのである。原点を O とし，座標系 $\Sigma(\mathrm{O};\boldsymbol{i},\boldsymbol{j},\boldsymbol{k})$ に関して，$x=x(u,v)$，$y=y(u,v)$，$z=z(u,v)$ という成分をもつ点 P は (u,v) が変化すると空間のなかに一つの曲面を描く。u，v を曲面の助変数あるいはパラメータという。方程式 $f(x(u,v),y(u,v),z(u,v))=0$ で表される曲面 S を助変数 u，v を用いて表示するとつぎのようになる。

$$\begin{aligned}&\boldsymbol{r}(u,v)=x(u,v)\boldsymbol{i}+y(u,v)\boldsymbol{j}+z(y,v)\boldsymbol{k}\\&f(x(u,v),y(u,v),z(u,v))=0\end{aligned}\qquad(9.1)$$

式 (9.1) の $x(u,v)$，$y(u,v)$，$z(u,v)$ は独立した存在ではなく，$f(x,y,z)=0$ という関数関係で結ばれていることを示している。具体的にはつぎの例題を見てほしい。

例題 9.1　球面を助変数表示せよ。

【解答】　球面の方程式は

$$x^2+y^2+z^2=a^2$$

である。助変数 u，v を用いて $x=a\cos v\cos u$，$y=a\cos v\sin u$，$z=a\sin v$ とおくと，(x,y,z) は球面上の全点を表示する。すなわち，球面の助変数表示は次式となる。

$$\boldsymbol{r}(u,v)=a\cos v\cos u\boldsymbol{i}+a\cos v\sin u\boldsymbol{j}+a\sin v\boldsymbol{k}$$

球を地球であるとすると u，v は経度・緯度に相当する　◇

9.1.2　曲面の法線と接平面

曲面 S が与えられているとき，助変数 u，v のうち一方を一定に保って，他方

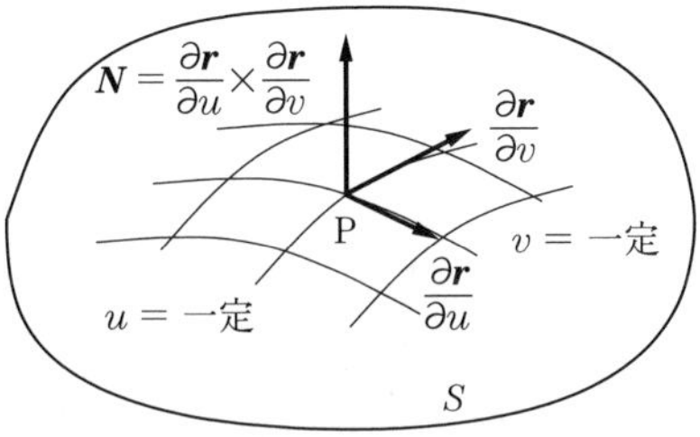

図 9.1　曲　　面

を変化させると曲面 S 上に $u =$ 一定，$v =$ 一定の曲線群ができる（**図 9.1**）。いま，$v =$ 一定としたときにできる曲線の曲面上の点 P における接線ベクトルは

$$\frac{\partial \boldsymbol{r}(u, v)}{\partial u}$$

であり，同様に $u =$ 一定としたときにできる曲線の曲面上の点 P における接線ベクトルは

$$\frac{\partial \boldsymbol{r}(u, v)}{\partial v}$$

である。点 P において，二つの接線ベクトル $\dfrac{\partial \boldsymbol{r}(u, v)}{\partial u}$ と $\dfrac{\partial \boldsymbol{r}(u, v)}{\partial v}$ とが張る平面が曲面 S の点 P における接平面となることは理解できるであろう。接平面の法線ベクトルは，二つの接線ベクトルで作られる平面に垂直なベクトルであるから，つぎのように表すことができる。

$$\boldsymbol{N} = \frac{\partial \boldsymbol{r}}{\partial u} \times \frac{\partial \boldsymbol{r}}{\partial v} \tag{9.2}$$

$\boldsymbol{N}$ は擬ベクトル（軸ベクトル）で，$\boldsymbol{N}$ の向きを曲面 S の向きという。$\boldsymbol{N}$ は単位ベクトルではない。$\boldsymbol{N}$ から単位法線ベクトル $\boldsymbol{n}$ を作るには，つぎのようにする必要がある。

$$\boldsymbol{n} = \frac{\boldsymbol{N}}{|\boldsymbol{N}|} = \frac{\dfrac{\partial \boldsymbol{r}}{\partial u} \times \dfrac{\partial \boldsymbol{r}}{\partial v}}{\left| \dfrac{\partial \boldsymbol{r}}{\partial u} \times \dfrac{\partial \boldsymbol{r}}{\partial v} \right|} \tag{9.3}$$

$\boldsymbol{N}$ の成分は，$\boldsymbol{r}$ の成分を (x, y, z) として

$$\boldsymbol{N} = \begin{vmatrix} \boldsymbol{i} & \boldsymbol{j} & \boldsymbol{k} \\ \dfrac{\partial x}{\partial u} & \dfrac{\partial y}{\partial u} & \dfrac{\partial z}{\partial u} \\ \dfrac{\partial x}{\partial v} & \dfrac{\partial y}{\partial v} & \dfrac{\partial z}{\partial v} \end{vmatrix}$$

$$= \left(\frac{\partial y}{\partial u}\frac{\partial z}{\partial v} - \frac{\partial y}{\partial v}\frac{\partial z}{\partial u}\right)\boldsymbol{i} + \left(\frac{\partial z}{\partial u}\frac{\partial x}{\partial v} - \frac{\partial z}{\partial v}\frac{\partial x}{\partial u}\right)\boldsymbol{j} + \left(\frac{\partial x}{\partial u}\frac{\partial y}{\partial v} - \frac{\partial x}{\partial v}\frac{\partial y}{\partial u}\right)\boldsymbol{k}$$

であるが，これを

$$\boldsymbol{N} = \frac{\partial \boldsymbol{r}}{\partial u} \times \frac{\partial \boldsymbol{r}}{\partial v} = \left(\frac{\partial(y,z)}{\partial(u,v)}, \frac{\partial(z,x)}{\partial(u,v)}, \frac{\partial(x,y)}{\partial(u,v)}\right) \tag{9.4}$$

と表記する。ここで

$$\begin{aligned} \frac{\partial(y,z)}{\partial(u,v)} &= \frac{\partial y}{\partial u}\frac{\partial z}{\partial v} - \frac{\partial y}{\partial v}\frac{\partial z}{\partial u} \\ \frac{\partial(z,x)}{\partial(u,v)} &= \frac{\partial z}{\partial u}\frac{\partial x}{\partial v} - \frac{\partial z}{\partial v}\frac{\partial x}{\partial u} \\ \frac{\partial(x,y)}{\partial(u,v)} &= \frac{\partial x}{\partial u}\frac{\partial y}{\partial v} - \frac{\partial x}{\partial v}\frac{\partial y}{\partial u} \end{aligned} \tag{9.5}$$

と書いて

$$\frac{\partial(y,z)}{\partial(u,v)}, \quad \frac{\partial(z,x)}{\partial(u,v)}, \quad \frac{\partial(x,y)}{\partial(u,v)}$$

をヤコビ（Jacobi）の関数行列式，あるいは**ヤコビアン**（Jacobian）と呼ぶ。式 (9.4) より

$$\left|\frac{\partial \boldsymbol{r}}{\partial u} \times \frac{\partial \boldsymbol{r}}{\partial v}\right| = \sqrt{\left(\frac{\partial(y,z)}{\partial(u,v)}\right)^2 + \left(\frac{\partial(z,x)}{\partial(u,v)}\right)^2 + \left(\frac{\partial(x,y)}{\partial(u,v)}\right)^2} \tag{9.6}$$

となる。式 (9.6) は面積分の際に利用する。

曲面 S 上の点 P（位置ベクトル $\boldsymbol{r}_0$）における接平面 π の上の点の位置ベクトルを $\boldsymbol{r}$ とすると（図 **9.2**），$\boldsymbol{r} - \boldsymbol{r}_0$ は π の上にあり，$\boldsymbol{N}$ と直交するから

$$\left(\frac{\partial \boldsymbol{r}}{\partial u} \times \frac{\partial \boldsymbol{r}}{\partial v}\right)_{\boldsymbol{r}=\boldsymbol{r}_0} \cdot (\boldsymbol{r} - \boldsymbol{r}_0) = 0 \tag{9.7}$$

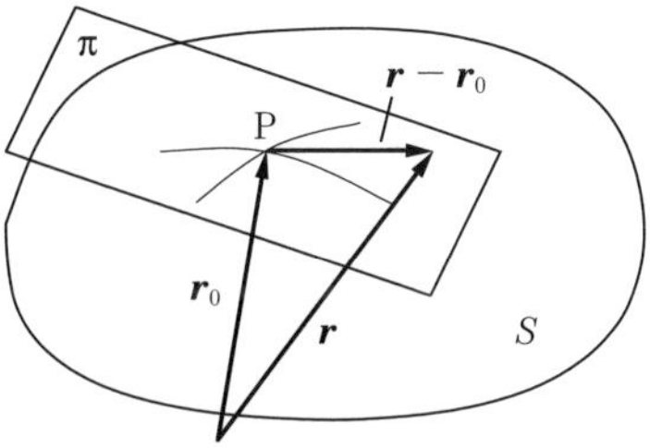

図 9.2 接 平 面

は接平面 π の方程式を与える。式 (9.7) は，直交するベクトルどうしの内積は 0 であるという性質を用いており，このようなテクニックを 6.3.3 項において，$\operatorname{grad}\varphi\cdot d\boldsymbol{r}=0$ となるとき $\operatorname{grad}\varphi$ と $d\boldsymbol{r}$ は直交すると示したときにも用いた。

一見，取りつきようのない接平面の方程式がこのように簡単に求められるところがベクトル解析の醍醐味である。式 (9.7) はスカラー三重積であって

$$\left(\frac{\partial \boldsymbol{r}}{\partial u},\frac{\partial \boldsymbol{r}}{\partial v},\boldsymbol{r}-\boldsymbol{r}_0\right)=0 \tag{9.8}$$

となる。すなわち

$$\begin{vmatrix} \dfrac{\partial x}{\partial u} & \dfrac{\partial y}{\partial u} & \dfrac{\partial z}{\partial u} \\ \dfrac{\partial x}{\partial v} & \dfrac{\partial y}{\partial v} & \dfrac{\partial z}{\partial v} \\ x-x_0 & y-y_0 & z-z_0 \end{vmatrix}=0 \tag{9.9}$$

あるいは

$$\frac{\partial(y,z)}{\partial(u,v)}(x-x_0)+\frac{\partial(z,x)}{\partial(u,v)}(y-y_0)+\frac{\partial(x,y)}{\partial(u,v)}(z-z_0)=0 \tag{9.10}$$

となり，接平面の方程式が，より使いやすい形で得られる。ここで，式 (9.10) のヤコビアンは $x=x_0$，$y=y_0$，$z=z_0$ のときの値であることに注意する。

例題 9.2　平面 $\boldsymbol{r}=(u+v)\boldsymbol{i}+(u-v)\boldsymbol{j}+2(u^2+v^2)\boldsymbol{k}$ の単位法線ベクトルおよび接平面の方程式を求めよ。

【解答】

$$x = u + v,\ \ y = u - v,\ \ z = 2(u^2 + v^2)$$

より

$$x^2 + y^2 = z$$

となるので，この平面の方程式は

$$f(x, y, z) = x^2 + y^2 - z = 0$$

となり，曲面は原点を頂点とする円錐面を表す。単位法線ベクトルを，定義式 (9.3) から求める方法とヤコビアンを用いる方法の両方で求めてみる。式 (9.3) を用いるとつぎのようになる。

$$\frac{\partial \boldsymbol{r}}{\partial u} = \boldsymbol{i} + \boldsymbol{j} + 4u\boldsymbol{k}, \qquad \frac{\partial \boldsymbol{r}}{\partial v} = \boldsymbol{i} - \boldsymbol{j} + 4v\boldsymbol{k}$$

$$\frac{\partial \boldsymbol{r}}{\partial u} \times \frac{\partial \boldsymbol{r}}{\partial v} = \begin{vmatrix} \boldsymbol{i} & \boldsymbol{j} & \boldsymbol{k} \\ 1 & 1 & 4u \\ 1 & -1 & 4v \end{vmatrix} = (4v + 4u)\boldsymbol{i} + (4u - 4v)\boldsymbol{j} + (-1 - 1)\boldsymbol{k}$$

$$= 4(v + u)\boldsymbol{i} + 4(u - v)\boldsymbol{j} - 2\boldsymbol{k} = 4x\boldsymbol{i} + 4y\boldsymbol{j} - 2\boldsymbol{k}$$

$$\left| \frac{\partial \boldsymbol{r}}{\partial u} \times \frac{\partial \boldsymbol{r}}{\partial v} \right| = \sqrt{16x^2 + 16y^2 + 4} = 2\sqrt{4(x^2 + y^2) + 1}$$

$$\boldsymbol{n} = \frac{1}{\sqrt{4(x^2 + y^2) + 1}}(2x\boldsymbol{i} + 2y\boldsymbol{j} - \boldsymbol{k})$$

ヤコビアンを用いて単位法線ベクトルを求めるとつぎのようになる。

$$\frac{\partial x}{\partial u} = 1, \quad \frac{\partial y}{\partial u} = 1, \quad \frac{\partial z}{\partial u} = 4u$$

$$\frac{\partial x}{\partial v} = 1, \quad \frac{\partial y}{\partial v} = -1, \quad \frac{\partial z}{\partial v} = 4v$$

$$\frac{\partial(y, z)}{\partial(u, v)} = \frac{\partial y}{\partial u}\frac{\partial z}{\partial v} - \frac{\partial y}{\partial v}\frac{\partial z}{\partial u} = 4v + 4u = 4(u + v)$$

$$\frac{\partial(z, x)}{\partial(u, v)} = \frac{\partial z}{\partial u}\frac{\partial x}{\partial v} - \frac{\partial z}{\partial v}\frac{\partial x}{\partial u} = 4u - 4v = 4(u - v)$$

$$\frac{\partial(x, y)}{\partial(u, v)} = \frac{\partial x}{\partial u}\frac{\partial y}{\partial v} - \frac{\partial x}{\partial v}\frac{\partial y}{\partial u} = -1 - 1 = -2$$

$$\boldsymbol{N} = (4(u + v), 4(u - v), -2) = 2(2(u + v), 2(u - v), -1)$$

$$= 2(2x, 2y, -1)$$

これより

$$\boldsymbol{n} = \frac{1}{\sqrt{4(x^2+y^2)+1}}(2x\boldsymbol{i} + 2y\boldsymbol{j} - \boldsymbol{k})$$

が得られ，当然のことながら，両方の方法で求めた結果は一致する。点 (x_0, y_0, z_0) における法線ベクトルは，つぎのようになる。

$$\boldsymbol{n}_{(x_0,y_0,z_0)} = \frac{1}{\sqrt{4(x_0^2+y_0^2)+1}}(2x_0\boldsymbol{i} + 2y_0\boldsymbol{j} - \boldsymbol{k})$$

また，接平面の方程式は，式 (9.10) より

$$4(u+v)(x-x_0) + 4(u-v)(y-y_0) - 2(z-z_0) = 0$$

となるが

$$u+v = x,\ \ u-v = u$$

であって，かつヤコビアンは $x = x_0$，$y = y_0$ における値であるから接平面の方程式は，結局つぎのようになる。

$$2x_0(x-x_0) + 2y_0(y-y_0) - (z-z_0) = 0$$

この式が，原点を頂点とする円錐面の接平面を表すことは，$x=0$，$y=0$，$z=0$ などとおいてみてそれぞれ yz 平面，xy 平面上の接平面の軌跡を見ることによって確かめることができる。 ◇

9.2　スカラー場とベクトル場の面積分

9.2.1　スカラー場の面積分

曲線に沿って，曲線上の点に割り当てられている量を積算して行くことを「**スカラー場の線積分**」と呼ぶことを 7 章で学んだ。同様に，面 S に沿って，面上に割り当てられている量を積算していくことを「**スカラー場の面積分**」という。

スカラー場 $f = f(x, y, z)$ が定義されているとして，スカラー場 f を上記の曲面 S に沿って積分することを考える（**図 9.3**）。面に沿って積分するとは，曲面を細かい面に分けて，その上にあるスカラー場の値（スカラー量）を集計す

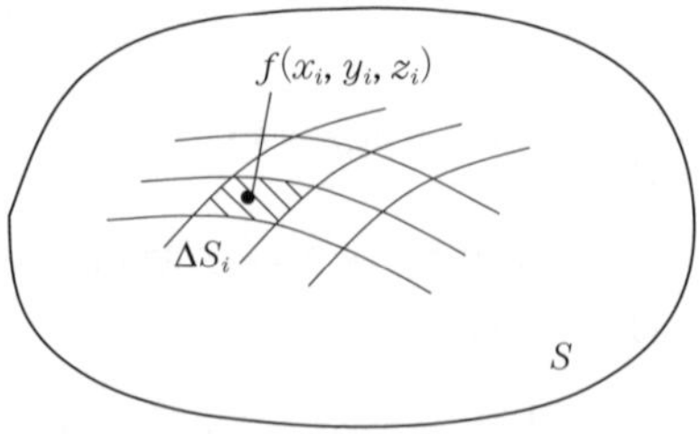

図 **9.3**　スカラー場の面積分

ることであると考えればよい。図 9.3 に示すように，曲面上に微小面積 ΔS_i をとり，その ΔS_i 内の代表点における f の値を $f(x, y, z)$ とする。

$$\sum_{i=1}^{n} f(x_i, y_i, z_i)\Delta S_i$$

を作り

$$\lim_{n\to\infty}\sum_{i=1}^{n} f(x_i, y_i, z_i)\Delta S_i = \iint_S f(x, y, z)dS \tag{9.11}$$

を**曲面 $\boldsymbol{S}$ 上のスカラー場 $\boldsymbol{f(x, y, z)}$ の面積分**という。曲面 S が助変数 u，v を用いて $\boldsymbol{r}(u, v) = x(u, v)\boldsymbol{i} + y(u, v)\boldsymbol{j} + z(u, v)\boldsymbol{k}$ で表されるとき，微小面積（面素ともいう）ΔS_i を助変数表示することを考える（以下，添え字 i は省く。助変数表示すれば任意の点における ΔS が u，v の関数として表されるからである）。

つぎに ΔS を助変数表示することを考える。**図 9.4** において

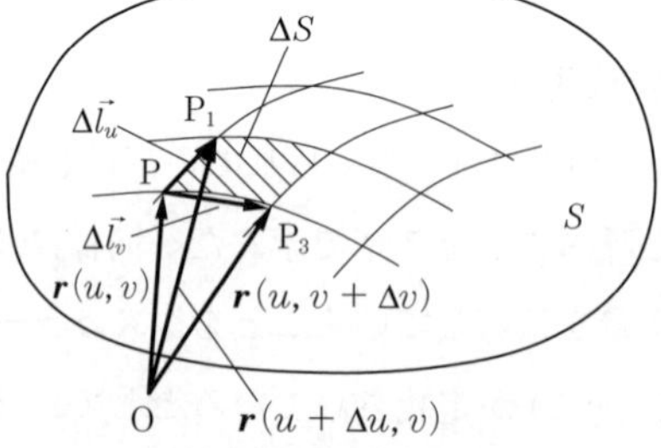

図 **9.4**　面積分（助変数表示）

$$\overrightarrow{\mathrm{PP}_1} = \boldsymbol{r}(u+\Delta u, v) - \boldsymbol{r}(u,v) = \frac{\partial \boldsymbol{r}}{\partial u}\Delta u = \Delta\overrightarrow{l_u} \tag{9.12}$$

$$\overrightarrow{\mathrm{PP}_3} = \boldsymbol{r}(u, v+\Delta v) - \boldsymbol{r}(u,v) = \frac{\partial \boldsymbol{r}}{\partial v}\Delta v = \Delta\overrightarrow{l_v} \tag{9.13}$$

とおくと，面積要素ベクトル $\Delta\boldsymbol{S}$ とその大きさ $|\Delta\boldsymbol{S}|$ はつぎのようになる。

$$\begin{aligned} \Delta\boldsymbol{S} &= \Delta\overrightarrow{l_u} \times \Delta\overrightarrow{l_v} = \frac{\partial \boldsymbol{r}}{\partial u} \times \frac{\partial \boldsymbol{r}}{\partial v}\Delta u\Delta v \\ |\Delta\boldsymbol{S}| &= \left|\frac{\partial \boldsymbol{r}}{\partial u} \times \frac{\partial \boldsymbol{r}}{\partial v}\right| \Delta u\Delta v \end{aligned} \tag{9.14}$$

式 (9.14) より，式 (9.15) を得る。

$$dS = \left|\frac{\partial \boldsymbol{r}}{\partial u} \times \frac{\partial \boldsymbol{r}}{\partial v}\right| dudv \tag{9.15}$$

式 (9.15) は dS の助変数表示となる。式 (9.6)，(9.15) を用いると式 (9.11) はつぎのようになる。

$$\begin{aligned} &\iint_S f(x,y,z)dS = \iint_S f(x(u,v), y(u,v), z(u,v)) \left|\frac{\partial \boldsymbol{r}}{\partial u} \times \frac{\partial \boldsymbol{r}}{\partial v}\right| dudv \\ &= \iint_S f(x(u,v), y(u,v), z(u,v)) \\ &\quad \cdot \sqrt{\left(\frac{\partial(y,z)}{\partial(u,v)}\right)^2 + \left(\frac{\partial(z,x)}{\partial(u,v)}\right)^2 + \left(\frac{\partial(x,y)}{\partial(u,v)}\right)^2} dudv \end{aligned} \tag{9.16}$$

式 (9.16) がスカラー場の面積分を求める式である。

もし，曲面 S が

$$z = z(x,y)$$

で表されるときは

$$dS = \sqrt{1 + \left(\frac{\partial z}{\partial x}\right)^2 + \left(\frac{\partial z}{\partial y}\right)^2} dxdy$$

より，スカラー場の場合の面積分は次式で求められる。

$$\iint_S f(x,y,z)dS = \iint_S f(x,y,z)\sqrt{1 + \left(\frac{\partial z}{\partial x}\right)^2 + \left(\frac{\partial z}{\partial y}\right)^2} dxdy \tag{9.17}$$

スカラー場の面積分を実行する手順はつぎのようになる。

① 曲面を助変数表示する。

② 助変数の変域を定める。

③ $\dfrac{\partial \boldsymbol{r}}{\partial u}$, $\dfrac{\partial \boldsymbol{r}}{\partial v}$ を求めた上で $\left|\dfrac{\partial \boldsymbol{r}}{\partial u} \times \dfrac{\partial \boldsymbol{r}}{\partial v}\right|$ を計算するか，あるいはヤコビアン $\dfrac{\partial(y,z)}{\partial(u,v)}, \dfrac{\partial(z,x)}{\partial(u,v)}, \dfrac{\partial(x,y)}{\partial(u,v)}$ を作り

$$\sqrt{\left(\frac{\partial(y,z)}{\partial(u,v)}\right)^2 + \left(\frac{\partial(z,x)}{\partial(u,v)}\right)^2 + \left(\frac{\partial(x,y)}{\partial(u,v)}\right)^2}$$

を計算する。

④ $f(x,y,z)$ を助変数表示する。

⑤ 以上の結果を用いて式 (9.16) により，$\displaystyle\iint_S f(x,y,z)dS$ を計算する。

スカラー場の一般的な面積分は，例えば，慣性モーメントを求める目的などに用いられる。つぎの例は慣性モーメントを式 (9.16) でヤコビアンを用いて計算したものである。

例題 9.3　質量 M，半径 a の薄い球殻がある。この球殻の z 軸まわりの慣性モーメントを求めよ[7]。

【解答】　球面 S をつぎのようにおく。

$$S: x^2 + y^2 + z^2 = a^2$$

面積密度 μ と慣性モーメント I はつぎのようになる。

$$\mu = \frac{M}{4\pi a^2}, \qquad I = \iint_S (x^2 + y^2)\mu dS$$

① (u,v) を用いて，球面 S をつぎのようにパラメータ表示する。

$$\boldsymbol{r}(u,v) = a\cos v\cos u\boldsymbol{i} + a\cos v\sin u\boldsymbol{j} + a\sin v\boldsymbol{k}$$

$$x = a\cos v\cos u,\ y = a\cos v\sin u,\ z = a\sin v$$

② $0 \leqq u \leqq 2\pi,\ -\pi/2 \leqq v \leqq \pi/2$

③

$$\frac{\partial x}{\partial u} = -a\cos v\sin u, \quad \frac{\partial y}{\partial u} = a\cos v\cos u, \quad \frac{\partial z}{\partial u} = 0$$
$$\frac{\partial x}{\partial v} = -a\sin v\cos u, \quad \frac{\partial y}{\partial v} = -a\sin v\sin u, \quad \frac{\partial z}{\partial v} = a\cos v$$
$$\frac{\partial(y,z)}{\partial(u,v)} = a^2\cos^2 v\cos u, \quad \frac{\partial(z,x)}{\partial(u,v)} = a^2\cos^2 v\sin u$$
$$\frac{\partial(x,y)}{\partial(u,v)} = a^2\cos v\sin v\sin^2 u + a^2\cos v\sin v\cos^2 u = a^2\cos v\sin v$$

④ $f(x,y) = \mu(x^2+y^2) = \mu a^2\cos^2 v$

⑤

$$\begin{aligned}
I &= \int_0^{2\pi}\int_{-\pi/2}^{\pi/2}\mu a^2\cos^2 v \\
&\quad \cdot\sqrt{a^4\cos^4 v(\cos^2 u+\sin^2 u)+a^4\cos^2 v\sin^2 v}dudv \\
&= \int_0^{2\pi}\mu a^4 du\int_{-\pi/2}^{\pi/2}\cos^3 v dv = 2\pi\mu a^4\left[\frac{3\sin v}{4}+\frac{\sin 3v}{12}\right]_{-\pi/2}^{\pi/2} \\
&\quad \left(\because \cos^3 v = \frac{3\cos v+\cos 3v}{4}\right) \\
&= 2\pi\mu a^4\left(\frac{3}{4}-\frac{1}{12}\right)\times 2 = \frac{32\pi\mu a^4}{12} = \frac{8}{3}\pi\mu a^4 = \frac{2}{3}\times(4\pi a^2)\mu = \frac{2}{3}Ma^2
\end{aligned}$$

◇

9.2.2 曲面の面積

スカラー場の面積分は曲面の面積を求める目的にも応用される。

$$dS = \lim_{\substack{\Delta u\to 0\\ \Delta v\to 0}}|\Delta \boldsymbol{S}| = \lim_{\substack{\Delta u\to 0\\ \Delta v\to 0}}\left|\frac{\partial \boldsymbol{r}}{\partial u}\times\frac{\partial \boldsymbol{r}}{\partial v}\right|\Delta u\Delta v = \left|\frac{\partial \boldsymbol{r}}{\partial u}\times\frac{\partial \boldsymbol{r}}{\partial v}\right|dudv \tag{9.18}$$

であるから，曲面の面積 S は，式 (9.6) を用いてつぎのようになる。

$$\begin{aligned}
S &= \iint_S |d\boldsymbol{S}| = \iint_S \left|\frac{\partial \boldsymbol{r}}{\partial u}\times\frac{\partial \boldsymbol{r}}{\partial v}\right|dudv \\
&= \iint_S \left|\left(\frac{\partial(y,z)}{\partial(u,v)}, \frac{\partial(z,x)}{\partial(u,v)}, \frac{\partial(x,y)}{\partial(u,v)}\right)\right|dudv \\
&= \iint_S \sqrt{\left(\frac{\partial(y,z)}{\partial(u,v)}\right)^2+\left(\frac{\partial(z,x)}{\partial(u,v)}\right)^2+\left(\frac{\partial(x,y)}{\partial(u,v)}\right)^2}dudv
\end{aligned} \tag{9.19}$$

式 (9.19) が面積を求める公式である。式 (9.19) は，式 (9.16) で $f(x,y,z)=1$ とおいた場合に相当する。

つぎに，曲面が $z=z(x,y)$ と表されるときの面積を求めることを考える。つぎの公式を利用する。

$$(\boldsymbol{A}\times\boldsymbol{B})\cdot(\boldsymbol{C}\times\boldsymbol{D})=(\boldsymbol{A}\cdot\boldsymbol{C})(\boldsymbol{B}\cdot\boldsymbol{D})-(\boldsymbol{A}\cdot\boldsymbol{D})(\boldsymbol{B}\cdot\boldsymbol{C})$$

この公式を次式に適用する。

$$\left|\frac{\partial\boldsymbol{r}}{\partial u}\times\frac{\partial\boldsymbol{r}}{\partial v}\right|^2=\left(\frac{\partial\boldsymbol{r}}{\partial u}\times\frac{\partial\boldsymbol{r}}{\partial v}\right)\cdot\left(\frac{\partial\boldsymbol{r}}{\partial u}\times\frac{\partial\boldsymbol{r}}{\partial v}\right)$$

$\boldsymbol{A}=\boldsymbol{C}=\dfrac{\partial\boldsymbol{r}}{\partial u}$，$\boldsymbol{B}=\boldsymbol{D}=\dfrac{\partial\boldsymbol{r}}{\partial v}$ とおくと

$$\left(\frac{\partial\boldsymbol{r}}{\partial u}\times\frac{\partial\boldsymbol{r}}{\partial v}\right)\cdot\left(\frac{\partial\boldsymbol{r}}{\partial u}\times\frac{\partial\boldsymbol{r}}{\partial v}\right)=\left(\frac{\partial\boldsymbol{r}}{\partial u}\right)^2\left(\frac{\partial\boldsymbol{r}}{\partial v}\right)^2-\left(\frac{\partial\boldsymbol{r}}{\partial u}\cdot\frac{\partial\boldsymbol{r}}{\partial v}\right)^2 \tag{9.20}$$

$z=z(x,y)$ において $x=u$，$y=v$ とおくと，$z=z(u,v)$ となり，曲面は

$$\boldsymbol{r}(u,v)=u\boldsymbol{i}+v\boldsymbol{j}+z(u,v)\boldsymbol{k}$$

と表される。すると

$$\frac{\partial\boldsymbol{r}}{\partial u}=\boldsymbol{i}+\frac{\partial z}{\partial u}\boldsymbol{k},\quad \frac{\partial\boldsymbol{r}}{\partial v}=\boldsymbol{j}+\frac{\partial z}{\partial v}\boldsymbol{k}$$
$$\left(\frac{\partial\boldsymbol{r}}{\partial u}\right)^2=1+\left(\frac{\partial z}{\partial u}\right)^2,\quad \left(\frac{\partial\boldsymbol{r}}{\partial v}\right)^2=1+\left(\frac{\partial z}{\partial v}\right)^2$$
$$\frac{\partial\boldsymbol{r}}{\partial u}\cdot\frac{\partial\boldsymbol{r}}{\partial v}=\frac{\partial z}{\partial u}\cdot\frac{\partial z}{\partial v}$$

であるから，曲面の面積は

$$\begin{aligned}S&=\iint_S\left|\frac{\partial\boldsymbol{r}}{\partial u}\times\frac{\partial\boldsymbol{r}}{\partial v}\right|dudv\\&=\iint_S\sqrt{\left(\frac{\partial\boldsymbol{r}}{\partial u}\times\frac{\partial\boldsymbol{r}}{\partial v}\right)\cdot\left(\frac{\partial\boldsymbol{r}}{\partial u}\times\frac{\partial\boldsymbol{r}}{\partial v}\right)}dudv\end{aligned}$$

$$= \iint_S \sqrt{\left(\frac{\partial \boldsymbol{r}}{\partial u}\right)^2 \left(\frac{\partial \boldsymbol{r}}{\partial v}\right)^2 - \left(\frac{\partial \boldsymbol{r}}{\partial u} \cdot \frac{\partial \boldsymbol{r}}{\partial v}\right)^2} dudv$$

$$= \iint_S \sqrt{\left\{1 + \left(\frac{\partial z}{\partial u}\right)^2\right\} \left\{1 + \left(\frac{\partial z}{\partial v}\right)^2\right\} - \left(\frac{\partial z}{\partial u}\right)^2 \left(\frac{\partial z}{\partial v}\right)^2} dudv$$

$$= \iint_S \sqrt{1 + \left(\frac{\partial z}{\partial u}\right)^2 + \left(\frac{\partial z}{\partial v}\right)^2} dudv$$

(9.21)

ここで $x = u,\ y = v$ より

$$dx = du, \quad dy = dv$$

$$\frac{\partial x}{\partial u} = \frac{dx}{du} = 1, \quad \frac{\partial y}{\partial v} = \frac{dy}{dv} = 1$$

であるから

$$\frac{\partial z}{\partial u} = \frac{\partial z}{\partial x}\frac{\partial x}{\partial u} = \frac{\partial z}{\partial x}\frac{dx}{du} = \frac{\partial z}{\partial x}$$

$$\frac{\partial z}{\partial v} = \frac{\partial z}{\partial y}\frac{\partial y}{\partial v} = \frac{\partial z}{\partial y}\frac{dy}{dv} = \frac{\partial z}{\partial y}$$

となって次式を得る。

$$S = \iint_S \sqrt{1 + \left(\frac{\partial z}{\partial x}\right)^2 + \left(\frac{\partial z}{\partial y}\right)^2} dxdy \tag{9.22}$$

例題 9.4 と 9.5 は，式 (9.16) で $\left|\frac{\partial \boldsymbol{r}}{\partial u} \times \frac{\partial \boldsymbol{r}}{\partial v}\right|$ を直接計算している例である。

例題 9.4　つぎのスカラー場 φ を曲面 S 上で面積分せよ。

$$\varphi : f(x, y, z) = \frac{1}{\sqrt{x^2 + y^2 + 1}}$$

$$S : \boldsymbol{r} = (u + v)\boldsymbol{i} + (u - v)\boldsymbol{j} + (u^2 + v^2)\boldsymbol{k} \qquad u^2 + v^2 \leqq \frac{1}{2}$$

【解答】

$$\frac{\partial \boldsymbol{r}}{\partial u} = \boldsymbol{i} + \boldsymbol{j} + 2u\boldsymbol{k}, \quad \frac{\partial \boldsymbol{r}}{\partial v} = \boldsymbol{i} - \boldsymbol{j} + 2v\boldsymbol{k}$$

$$\frac{\partial \boldsymbol{r}}{\partial u} \times \frac{\partial \boldsymbol{r}}{\partial v} = \begin{vmatrix} \boldsymbol{i} & \boldsymbol{j} & \boldsymbol{k} \\ 1 & 1 & 2u \\ 1 & -1 & 2v \end{vmatrix} = (2v + 2u)\boldsymbol{i} + (2u - 2v)\boldsymbol{j} + (-1 - 1)\boldsymbol{k}$$

$$= 2(v + u)\boldsymbol{i} + 2(u - v)\boldsymbol{j} - 2\boldsymbol{k}$$

$$\left|\frac{\partial \boldsymbol{r}}{\partial u} \times \frac{\partial \boldsymbol{r}}{\partial v}\right| = \sqrt{4(v + u)^2 + 4(u - v)^2 + 4} = 2\sqrt{x^2 + y^2 + 1}$$

したがって

$$S = \iint_S f(x, y, z) \left|\frac{\partial \boldsymbol{r}}{\partial u} \times \frac{\partial \boldsymbol{r}}{\partial v}\right| dudv$$

$$= 2\iint_S \frac{1}{\sqrt{x^2 + y^2 + 1}} \sqrt{x^2 + y^2 + 1} dudv$$

$$= 2\iint_{u^2+v^2 \leqq 1/2} dudv = 2\pi \left(\frac{1}{\sqrt{2}}\right)^2 = \pi$$

ここで，$\displaystyle\iint_{u^2+v^2 \leqq 1/2} dudv$ は半径 $\dfrac{1}{\sqrt{2}}$ の円の面積であることを用いた。 ◇

例題 9.5　つぎの曲面 S 上におけるスカラー場 f の面積分を行え。

$$S : 2x + 2y + z - 2 = 0 \quad (x \geqq 0,\ y \geqq 0,\ z \geqq 0)$$

$$f = x^2 + 2y + z - 1$$

【解答】　この曲面（実際は平面であるが，平面も曲面の一つである）は図 **9.5** のような形状をしている。この例題では，助変数の変域すなわち積分の範囲に注

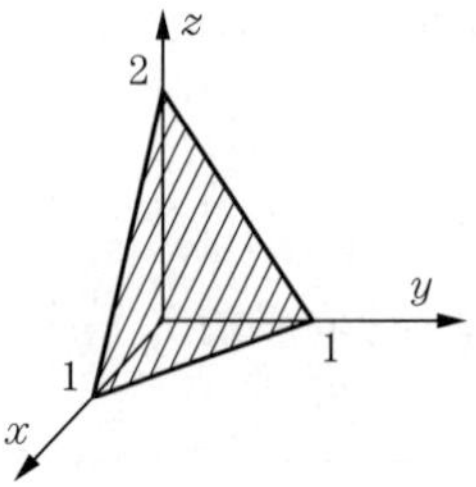

図 **9.5**　曲　面　S

意が必要である（曲面が $f(x,y,z)=0$ で与えられたときは，$x=u$，$y=v$，$z=g(x,y)=g(u,v)$ のようにおく）。

① $x=u$，$y=v$，$z=2-2x-2y=2-2u-2v$

② $x \geqq 0$，$y \geqq 0$，$z \geqq 0 \to 1 \geqq u \geqq 0$，$1-u \geqq v \geqq 0$　（$z=2-2u-2v>0$ より $1-u>v$）

③

$$S:\boldsymbol{r}=u\boldsymbol{i}+v\boldsymbol{j}+(2-2u-2v)\boldsymbol{k}$$

$$\frac{\partial \boldsymbol{r}}{\partial u}=\boldsymbol{i}-2\boldsymbol{k},\quad \frac{\partial \boldsymbol{r}}{\partial v}=\boldsymbol{j}-2\boldsymbol{k}$$

$$\frac{\partial \boldsymbol{r}}{\partial u}\times\frac{\partial \boldsymbol{r}}{\partial v}=\begin{vmatrix}\boldsymbol{i} & \boldsymbol{j} & \boldsymbol{k}\\ 1 & 0 & -2\\ 0 & 1 & -2\end{vmatrix}=2\boldsymbol{i}+2\boldsymbol{j}+\boldsymbol{k}$$

$$\left|\frac{\partial \boldsymbol{r}}{\partial u}\times\frac{\partial \boldsymbol{r}}{\partial v}\right|=\sqrt{4+4+1}=3$$

④ $f(u,v)=u^2+2v+2-2u-2v-1=u^2-2u+1=(u-1)^2$

⑤

$$\begin{aligned}\iint_S f dS &= \iint_S 3(u-1)^2 dudv = 3\int_0^1 (u-1)^2 du \int_0^{1-u} dv\\ &= 3\int_0^1 (u-1)^2(1-u)du = -3\int_0^1 (u-1)^3 du\\ &= -3\left[\frac{1}{4}(u-1)^4\right]_0^1 = \frac{3}{4}\end{aligned}$$

◇

式 (9.19) を用いると，よく知られた球面の面積の公式をつぎの例題のように求めることができる。

例題 9.6　半径 a の球面の表面積を求める公式を導け。

【解答】　半径 a の球面の助変数表示は

$$\left.\begin{aligned}x&=a\cos v\cos u\\ y&=a\cos v\sin u\\ z&=a\sin v\end{aligned}\right\}\quad 0\leqq u\leqq 2\pi,\quad -\frac{\pi}{2}\leqq v\leqq\frac{\pi}{2}$$

であるから

$$\frac{\partial x}{\partial u} = -a\cos v\sin u, \qquad \frac{\partial x}{\partial v} = -a\sin v\cos u$$
$$\frac{\partial y}{\partial u} = a\cos v\cos u, \qquad \frac{\partial y}{\partial v} = -a\sin v\sin u$$
$$\frac{\partial z}{\partial u} = 0, \qquad \frac{\partial z}{\partial v} = a\cos v$$

となり

$$\frac{\partial(y,z)}{\partial(u,v)} = a^2\cos^2 v\cos u, \quad \frac{\partial(z,x)}{\partial(u,v)} = a^2\cos^2 v\sin u$$
$$\frac{\partial(x,y)}{\partial(u,v)} = a^2\sin v\cos v$$

を得る。式 (9.19) より

$$\begin{aligned} S &= \iint_S \sqrt{\left(\frac{\partial(y,z)}{\partial(u,v)}\right)^2 + \left(\frac{\partial(z,x)}{\partial(u,v)}\right)^2 + \left(\frac{\partial(x,y)}{\partial(u,v)}\right)^2} dudv \\ &= \iint_S a^2\cos v dudv = \int_0^{2\pi} du \int_{-\pi/2}^{\pi/2} a^2\cos v dv = 4\pi a^2 \end{aligned}$$

◇

9.2.3 スカラー場の面積分の助変数の変換

面積分の (u,v) 座標から (ξ,η) 座標への変換を考える（助変数を u, v から ξ, η に変換する）。

$$\begin{aligned} \frac{\partial \boldsymbol{r}}{\partial u} &= \frac{\partial \boldsymbol{r}}{\partial \xi}\frac{\partial \xi}{\partial u} + \frac{\partial \boldsymbol{r}}{\partial \eta}\frac{\partial \eta}{\partial u} \\ \frac{\partial \boldsymbol{r}}{\partial v} &= \frac{\partial \boldsymbol{r}}{\partial \xi}\frac{\partial \xi}{\partial v} + \frac{\partial \boldsymbol{r}}{\partial \eta}\frac{\partial \eta}{\partial v} \end{aligned} \tag{9.23}$$

であるから

$$\begin{aligned} \frac{\partial \boldsymbol{r}}{\partial u} \times \frac{\partial \boldsymbol{r}}{\partial v} &= \left(\frac{\partial \boldsymbol{r}}{\partial \xi}\frac{\partial \xi}{\partial u} + \frac{\partial \boldsymbol{r}}{\partial \eta}\frac{\partial \eta}{\partial u}\right) \times \left(\frac{\partial \boldsymbol{r}}{\partial \xi}\frac{\partial \xi}{\partial v} + \frac{\partial \boldsymbol{r}}{\partial \eta}\frac{\partial \eta}{\partial v}\right) \\ &= \frac{\partial \boldsymbol{r}}{\partial \xi}\frac{\partial \xi}{\partial u} \times \frac{\partial \boldsymbol{r}}{\partial \eta}\frac{\partial \eta}{\partial v} + \frac{\partial \boldsymbol{r}}{\partial \eta}\frac{\partial \eta}{\partial u} \times \frac{\partial \boldsymbol{r}}{\partial \xi}\frac{\partial \xi}{\partial v} \\ &= \left(\frac{\partial \boldsymbol{r}}{\partial \xi} \times \frac{\partial \boldsymbol{r}}{\partial \eta}\right)\left(\frac{\partial \xi}{\partial u}\frac{\partial \eta}{\partial v} - \frac{\partial \xi}{\partial v}\frac{\partial \eta}{\partial u}\right) \\ &= \left(\frac{\partial \boldsymbol{r}}{\partial \xi} \times \frac{\partial \boldsymbol{r}}{\partial \eta}\right)\frac{\partial(\xi,\eta)}{\partial(u,v)} \end{aligned} \tag{9.24}$$

となる。ただし，$\dfrac{\partial \boldsymbol{r}}{\partial \xi} \times \dfrac{\partial \boldsymbol{r}}{\partial \xi} = \boldsymbol{0}$，$\dfrac{\partial \boldsymbol{r}}{\partial \eta} \times \dfrac{\partial \boldsymbol{r}}{\partial \eta} = \boldsymbol{0}$ を利用した。

すなわち

$$dS = \left| \frac{\partial \boldsymbol{r}}{\partial u} \times \frac{\partial \boldsymbol{r}}{\partial v} \right| dudv = \left| \frac{\partial \boldsymbol{r}}{\partial \xi} \times \frac{\partial \boldsymbol{r}}{\partial \eta} \right| \frac{\partial(\xi, \eta)}{\partial(u, v)} d\xi d\eta \tag{9.25}$$

となり，助変数を (u, v) から (ξ, η) に変換した場合のスカラー場の面積分公式 (9.16) はつぎのようになる。

$$\begin{aligned} &\iint_S f(x(u,v), y(u,v), z(u,v)) \left| \frac{\partial \boldsymbol{r}}{\partial u} \times \frac{\partial \boldsymbol{r}}{\partial v} \right| dudv \\ &= \iint_S f(x(\xi,\eta), y(\xi,\eta), z(\xi,\eta)) \left| \frac{\partial \boldsymbol{r}}{\partial \xi} \times \frac{\partial \boldsymbol{r}}{\partial \eta} \right| \frac{\partial(\xi, \eta)}{\partial(u, v)} d\xi d\eta \end{aligned} \tag{9.26}$$

9.2.4 ベクトル場の面積分

曲面 S 上に存在するのは，スカラー場ばかりではなく，ベクトル場もあるので，当然ベクトル場の面積分も考えられる。ベクトル場の面積分は，例えば電場のなかの電気力束を求めるときなどに用いられる。

いま，**図 9.6** のような電場のなかにある曲面を貫く電気力線の数を求める問題を考える。

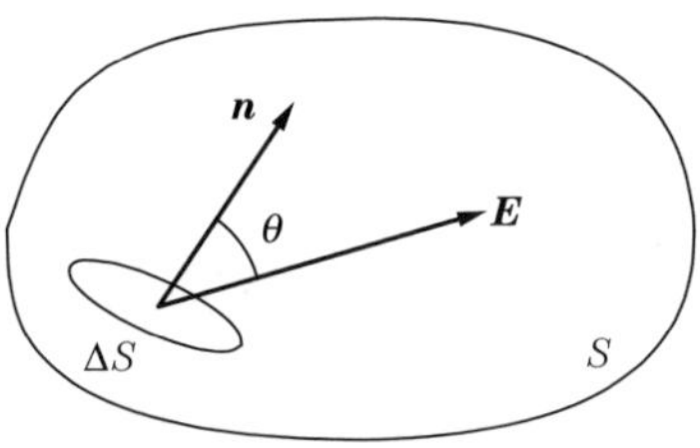

図 9.6 ベクトル場の面積分

単位面積当りの電気力線の数は，電場の強さ $|\boldsymbol{E}|$ に等しいと定める。$\boldsymbol{E}$ と ΔS の法線ベクトル $\boldsymbol{n}$ の間の角度を θ とすると，電気力線 $\boldsymbol{E}$ に垂直な面積は $\Delta S \cos\theta$ であるから ΔS を貫く電気力線の数 $\Delta\Phi$ は

$$\Delta\Phi = |\boldsymbol{E}| \cdot \Delta S \cos\theta = \boldsymbol{E} \cdot \Delta \boldsymbol{S} \tag{9.27}$$

となる。$\Delta\Phi$ を電気力束という。

全曲面を貫く電気力線の数は，つぎのようになる。

$$\Phi = \lim_{n\to\infty} \sum_{i=1}^{n} \Delta\Phi_i = \lim_{n\to\infty} \sum_{i=1}^{n} \boldsymbol{E}_i \cdot \Delta \boldsymbol{S}_i = \iint_S \boldsymbol{E} \cdot d\boldsymbol{S} = \oint_S \boldsymbol{E} \cdot d\boldsymbol{S} \tag{9.28}$$

式 (9.28) のように，曲面 S 全体について積分する場合

$$\oint_S \boldsymbol{E} \cdot d\boldsymbol{S}$$

と表記することがある。本書でも今後この表記を用いることがある。この例からベクトル場の面積分の一般的な公式をつぎのようにして導くことができる。**図 9.7** のように曲面 S 上の微小要素 $\Delta \boldsymbol{S}_i$ をとる。$\boldsymbol{S}_i$ 上の任意の点におけるベクトル場 $\boldsymbol{A}$ の代表値を $\boldsymbol{A}(x_i, y_i, z_i)$ とおく。

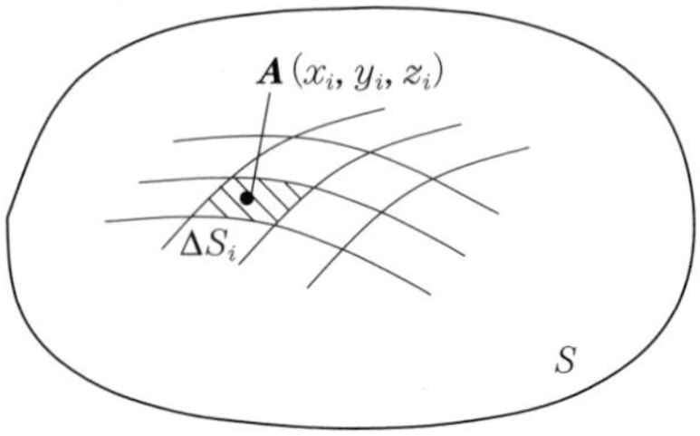

図 9.7　微小要素におけるベクトル値

$$\sum_{i=1}^{n} \boldsymbol{A}(x_i, y_i, z_i) \cdot \Delta \boldsymbol{S}_i$$

を考え，$n \to \infty$ とした極限値

$$\lim_{n\to\infty} \sum_{i=1}^{n} \boldsymbol{A}(x_i, y_i, z_i) \cdot \Delta \boldsymbol{S}_i$$

を**ベクトル場 $\boldsymbol{A}$ の曲面 S における面積分**といい，つぎのように表す。

$$\iint_S \boldsymbol{A} \cdot d\boldsymbol{S} \tag{9.29}$$

S を図 **9.8** のように S_1 と S_2 に分割すると

$$\iint_S \boldsymbol{A} \cdot d\boldsymbol{S} = \iint_{S_1} \boldsymbol{A} \cdot d\boldsymbol{S} + \iint_{S_2} \boldsymbol{A} \cdot d\boldsymbol{S} \tag{9.30}$$

となる。S が閉曲面の場合

$$\iint_S \boldsymbol{A} \cdot d\boldsymbol{S} = \oint_S \boldsymbol{A} \cdot d\boldsymbol{S}$$

と表す。曲面 S が，$\boldsymbol{r} = \boldsymbol{r}(u, v)$ で表される場合

$$d\boldsymbol{S} = \frac{\partial \boldsymbol{r}}{\partial u} \times \frac{\partial \boldsymbol{r}}{\partial v} dudv$$
$$\therefore \iint_S \boldsymbol{A} \cdot d\boldsymbol{S} = \iint_S \boldsymbol{A} \cdot \left(\frac{\partial \boldsymbol{r}}{\partial u} \times \frac{\partial \boldsymbol{r}}{\partial v} \right) dudv$$

となる。

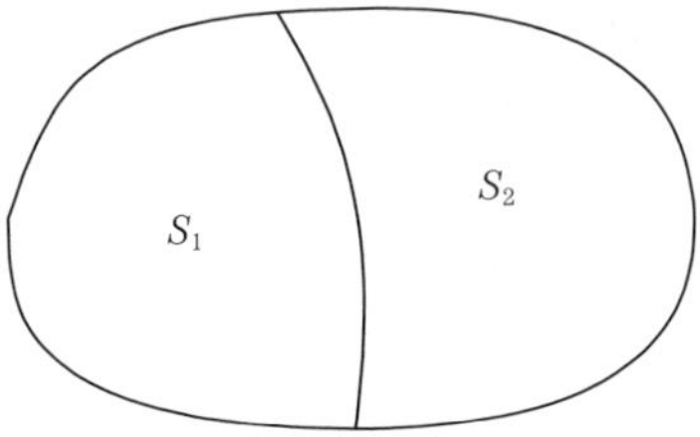

図 9.8　曲面の分割

ところで

$$\boldsymbol{n} = \frac{\dfrac{\partial \boldsymbol{r}}{\partial u} \times \dfrac{\partial \boldsymbol{r}}{\partial v}}{\left| \dfrac{\partial \boldsymbol{r}}{\partial u} \times \dfrac{\partial \boldsymbol{r}}{\partial v} \right|}, \quad dS = |d\boldsymbol{S}| = \left| \frac{\partial \boldsymbol{r}}{\partial u} \times \frac{\partial \boldsymbol{r}}{\partial v} \right| dudv$$

を用いると

$$d\boldsymbol{S} = \frac{\partial \boldsymbol{r}}{\partial u} \times \frac{\partial \boldsymbol{r}}{\partial v} dudv = \frac{\dfrac{\partial \boldsymbol{r}}{\partial u} \times \dfrac{\partial \boldsymbol{r}}{\partial v}}{\left| \dfrac{\partial \boldsymbol{r}}{\partial u} \times \dfrac{\partial \boldsymbol{r}}{\partial v} \right|} \left| \frac{\partial \boldsymbol{r}}{\partial u} \times \frac{\partial \boldsymbol{r}}{\partial v} \right| dudv$$

$$= \boldsymbol{n}\left|\frac{\partial \boldsymbol{r}}{\partial u} \times \frac{\partial \boldsymbol{r}}{\partial v}\right| dudv$$

であるから

$$d\boldsymbol{S} = \boldsymbol{n}dS$$

となる。したがって

$$\iint_S \boldsymbol{A} \cdot d\boldsymbol{S} = \iint_S \boldsymbol{A} \cdot \boldsymbol{n}\left|\frac{\partial \boldsymbol{r}}{\partial u} \times \frac{\partial \boldsymbol{r}}{\partial v}\right| dudv = \iint_S \boldsymbol{A} \cdot \boldsymbol{n}dS \qquad (9.31)$$

となる。ここで

$$\boldsymbol{r} = x\boldsymbol{i} + y\boldsymbol{j} + z\boldsymbol{k}, \quad \boldsymbol{A} = A_x\boldsymbol{i} + A_y\boldsymbol{j} + A_z\boldsymbol{k}$$

とすると

$$\begin{aligned}
\boldsymbol{A} \cdot d\boldsymbol{S} &= \boldsymbol{A} \cdot \left(\frac{\partial \boldsymbol{r}}{\partial u} \times \frac{\partial \boldsymbol{r}}{\partial v}\right) dudv \\
&= \left\{A_x\left(\frac{\partial \boldsymbol{r}}{\partial u} \times \frac{\partial \boldsymbol{r}}{\partial v}\right)_x + A_y\left(\frac{\partial \boldsymbol{r}}{\partial u} \times \frac{\partial \boldsymbol{r}}{\partial v}\right)_y + A_z\left(\frac{\partial \boldsymbol{r}}{\partial u} \times \frac{\partial \boldsymbol{r}}{\partial v}\right)_z\right\} dudv \\
&= \left\{A_x\frac{\partial(y,z)}{\partial(u,v)} + A_y\frac{\partial(z,x)}{\partial(u,v)} + A_z\frac{\partial(x,y)}{\partial(u,v)}\right\} dudv
\end{aligned}$$

であるから，次式を得る。

$$\iint_S \boldsymbol{A} \cdot d\boldsymbol{S} = \iint_S \left\{A_x\frac{\partial(y,z)}{\partial(u,v)} + A_y\frac{\partial(z,x)}{\partial(u,v)} + A_z\frac{\partial(x,y)}{\partial(u,v)}\right\} dudv \qquad (9.32)$$

式 (9.32) がベクトル場の面積分の計算公式である。なお，式 (9.31) を直接用いることも可能である。ベクトル場の面積分を実行する際の手順はつぎのとおりである。

① 曲面を助変数表示し，助変数の変域を定める。
② $\dfrac{\partial \boldsymbol{r}}{\partial u}$, $\dfrac{\partial \boldsymbol{r}}{\partial v}$ を求め，$\dfrac{\partial \boldsymbol{r}}{\partial u} \times \dfrac{\partial \boldsymbol{r}}{\partial v}$ を計算するか，あるいはヤコビアンを求める。
③ $\boldsymbol{A}$ を助変数 u，v で表す。
④ 式 (9.31) あるいは式 (9.32) を用いて，$\displaystyle\iint_S \boldsymbol{A} \cdot d\boldsymbol{S}$ を計算する。

例題 9.7 z 軸の正の方向に向いた一様なベクトル場 $\boldsymbol{E}_0 = E_0\boldsymbol{k}$ がある。このとき，曲面 $S : x^2 + y^2 + z^2 = a^2 \quad (z \geqq 0)$ について，ベクトル場 $\boldsymbol{E}_0$ を面積分せよ。

【解答】 前述の積分手順に従う。下の計算では式 (9.31) を直接用いた。

①

$$\boldsymbol{r} = x\boldsymbol{i} + y\boldsymbol{j} + z\boldsymbol{k}$$

$$x = a\cos v\cos u, \quad y = a\cos v\sin u, \quad z = a\sin v$$

$$2\pi \geqq u \geqq 0, \quad \frac{\pi}{2} \geqq v \geqq 0 \quad (z \geqq 0)$$

②

$$\frac{\partial \boldsymbol{r}}{\partial u} = -a\cos v\sin u\boldsymbol{i} + a\cos v\cos u\boldsymbol{j}$$

$$\frac{\partial \boldsymbol{r}}{\partial v} = -a\sin v\cos u\boldsymbol{i} - a\sin v\sin u\boldsymbol{j} + a\cos v\boldsymbol{k}$$

$$\frac{\partial \boldsymbol{r}}{\partial u} \times \frac{\partial \boldsymbol{r}}{\partial v} = \begin{vmatrix} \boldsymbol{i} & \boldsymbol{j} & \boldsymbol{k} \\ -a\cos v\sin u & a\cos v\cos u & 0 \\ -a\sin v\cos u & -a\sin v\sin u & a\cos v \end{vmatrix}$$

$$= a^2\cos^2 v\cos u\boldsymbol{i} + a^2\cos^2 v\sin u\boldsymbol{j} + a^2\sin v\cos v\boldsymbol{k}$$

③ $\boldsymbol{E}_0 = E_0\boldsymbol{k}$ はそのままである。

④

$$\iint_S \boldsymbol{E}_0 \cdot d\boldsymbol{S} = \int_0^{2\pi}\int_0^{\pi/2} a^2E_0\cos v\sin v\,du\,dv$$

$$= a^2E_0\int_0^{2\pi}du\int_0^{\pi/2}\frac{\sin 2v}{2}dv = a^2E_0 2\pi\left[-\frac{\cos 2v}{4}\right]_0^{\pi/2} = \pi a^2E_0$$

◇

例題 9.8 ベクトル場 $\boldsymbol{A} = y\boldsymbol{i} + z\boldsymbol{j}$ を曲面 $S : 2x + 2y + z = 2$ $(x \geqq 0,\ y \geqq 0,\ z \geqq 0)$ について面積分せよ（この曲面は例題 9.5 と同一である）。

【解答】 例題 9.7 と同じく，式 (9.31) を用いているが，積分の変域に注意する。$z = 2 - 2u - 2v \geqq 0$ から，u，v はまったく独立ではなくなってくる。

①
$$x = u, \quad y = v, \quad z = 2 - 2x - 2y = 2 - 2u - 2v$$
$$x \geqq 0, \quad y \geqq 0, \quad z \geqq 0$$
$$\to 1 \geqq u \geqq 0, \quad 1 \geqq v \geqq 0, \quad 2 - 2u - 2v \geqq 0 \to 1 - u \geqq v \geqq 0$$

②
$$\boldsymbol{r} = u\boldsymbol{i} + v\boldsymbol{j} + (2 - 2u - 2v)\boldsymbol{k}$$
$$\frac{\partial \boldsymbol{r}}{\partial u} \times \frac{\partial \boldsymbol{r}}{\partial v} = 2\boldsymbol{i} + 2\boldsymbol{j} + \boldsymbol{k}, \quad \left| \frac{\partial \boldsymbol{r}}{\partial u} \times \frac{\partial \boldsymbol{r}}{\partial v} \right| = 3$$
$$\boldsymbol{n} = \frac{1}{3}(2\boldsymbol{i} + 2\boldsymbol{j} + \boldsymbol{k}) = \frac{2}{3}\boldsymbol{i} + \frac{2}{3}\boldsymbol{j} + \frac{1}{3}\boldsymbol{k}$$

③ $\boldsymbol{A} = v\boldsymbol{i} + (2 - 2u - 2v)\boldsymbol{j}$

④
$$\boldsymbol{A} \cdot \boldsymbol{n} = \frac{2}{3}v + \frac{2}{3}(2 - 2u - 2v) = \frac{2}{3}(2 - 2u - v)$$
$$\begin{aligned} \iint_S \boldsymbol{A} \cdot \boldsymbol{n} dS &= \int_0^1 du \int_0^{1-u} \frac{2}{3}(2 - 2u - v)3dv \\ &= 2\int_0^1 du \int_0^{1-u} (2 - 2u - v)dv \\ &= 2\int_0^1 \left[2v - 2uv - \frac{1}{2}v^2 \right]_0^{1-u} du \\ &= 2\int_0^1 \frac{3}{2}(1-u)^2 du = \left[(1-u)^3 \right]_0^1 = 1 \end{aligned}$$

◇

9.2.5　ベクトル場の面積分の助変数の変換

助変数の変換について考える。u，v とは別の助変数 (ξ, η) によって，同じ面積要素を表してみると

$$\Delta \boldsymbol{S} = \frac{\partial \boldsymbol{r}}{\partial \xi} \times \frac{\partial \boldsymbol{r}}{\partial \eta} d\xi d\eta$$

となるが，式 (9.24) を利用して，次式となる。

$$d\boldsymbol{S} = \left(\frac{\partial \boldsymbol{r}}{\partial \xi} \times \frac{\partial \boldsymbol{r}}{\partial \eta} \right) d\xi d\eta = \left(\frac{\partial \boldsymbol{r}}{\partial u} \times \frac{\partial \boldsymbol{r}}{\partial v} \right) \frac{\partial(u, v)}{\partial(\xi, \eta)} dudv \tag{9.33}$$

したがって，助変数を (u, v) から (ξ, η) に変換した場合のベクトル場の面積分の公式はつぎのようになる。

$$\begin{aligned}\iint_S \boldsymbol{A}\cdot d\boldsymbol{S} &= \iint_S \boldsymbol{A}\cdot\left(\frac{\partial \boldsymbol{r}}{\partial u}\times\frac{\partial \boldsymbol{r}}{\partial v}\right)dudv\\ &= \iint_S \boldsymbol{A}\cdot\left(\frac{\partial \boldsymbol{r}}{\partial \xi}\times\frac{\partial \boldsymbol{r}}{\partial \eta}\right)\frac{\partial(\xi,\eta)}{\partial(u,v)}d\xi d\eta \qquad (9.34)\end{aligned}$$

章　末　問　題

【１】 回転楕円体 $\dfrac{x^2}{a^2}+\dfrac{y^2}{b^2}+\dfrac{z^2}{c^2}=1$ をパラメータ表示せよ。

【２】 曲面 $z=x^2+y^2$ についてつぎを行え。

(1) パラメータ表示せよ。

(2) 単位法線ベクトルを求めよ。

(3) 点 (1,1,2) における接平面の方程式を求めよ。

【３】 点 (2,4,8) における曲面 $z=xy$ の接平面の方程式を求めよ。

【４】 球面 $x^2+y^2+z^2=1$ 上の $x \geqq 0$，$y \geqq 0$，$z \geqq 0$ の部分を曲面 S としてベクトル場 (x^3, x^2y, x^2z) の曲面 S 上での面積分を求めよ[9)]。

【５】 $x^2+y^2=z^2$ は原点を頂点とする直円錐である。

(1) この直円錐表面の作る曲面をパラメータを表示せよ（底面は除く）。

(2) この直円錐が面積密度 μ の薄い材料でできているとして $0 \leqq z \leqq h$ の部分の断面二次モーメントを求めよ。ただし底面は考慮しなくてよい。

(3) この曲面（底面を除く）の単位法線ベクトルを求めよ。

(4) この曲面（底面を除く）の接平面の方程式を求めよ。

【６】 平面 $2x+3y+z=1$ が座標軸と交わる点を A，B，C とする。点を結んでできる平面 S の上でベクトル $\boldsymbol{A}=c\boldsymbol{i}+c\boldsymbol{k}$ の面積分を求めよ。ただし，c は定数である[9)]。

【7】 図 **9.9** のようなドーナツ型の立体をトーラスといい，つぎのようにパラメータ表示される。この立体の表面積を求めよ[7]。

$$\boldsymbol{r}(u,v) = (a + b\cos v)\cos u\boldsymbol{i} + (a + b\cos v)\sin u\boldsymbol{j} + b\sin v\boldsymbol{k}$$

ただし，$0 \leqq u \leqq 2\pi$，$0 \leqq v \leqq 2\pi$ とする。

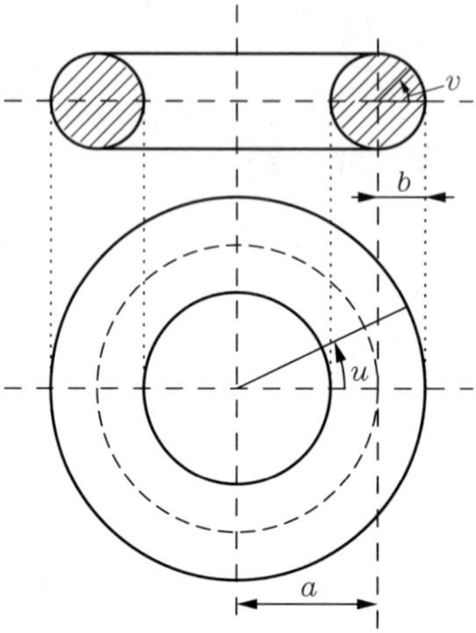

図 **9.9**　トーラス

10 発散と回転の逆演算としての積分形式

10.1　体積積分と発散の積分形式

発散と回転がベクトル場の微分であるとすれば，逆演算としての積分が存在するはずである。実際に，この積分は存在するのであるが，発散・回転における微分と積分の関係は，実関数における微分と積分の関係とはいささか異なっている。本章では，発散と回転の積分形式について考察することにするが，発散の積分形式の前提として，体積積分の理解が必要である。

10.1.1 体　積　積　分

一般にある物体の体積を求めるときに，この物体を微小な体積要素 ΔV_i（$=\Delta x_i \Delta y_i \Delta z_i$）に分割し，これを加え合わせることが行われる（図 **10.1**）。

すなわち，この物体の体積は次式で表される。

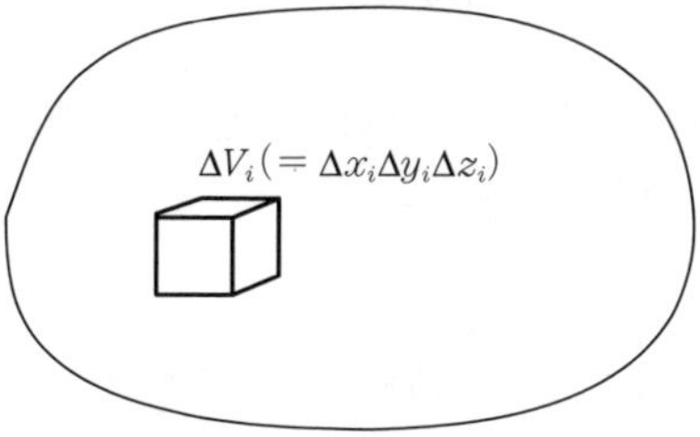

図 **10.1**　体 積 要 素

$$V = \lim_{n \to \infty} \sum_{i=1}^{n} \Delta V_i = \iiint_V dV = \iiint_V dxdydz$$

この物体の質量を求めることを考える。密度が場所によって異なっているとすると，各微小要素の質量は

$$\rho_i(x_i, y_i, z_i)\Delta V_i$$

となり，全体の質量はつぎのようになる。

$$M = \lim_{n \to \infty} \sum_{i=1}^{n} \rho_i(x_i, y_i, z_i)\Delta V_i = \iiint_V \rho(x, y, z)dxdydz$$

一般に，三次元空間内のある領域 D に，その領域内で定義された関数 $f(x, y, z)$ があるとき，点 (x_k, y_k, z_k) を囲む微小体積 ΔV_k と点 (x_k, y_k, z_k) における関数 $f(x_k, y_k, z_k)$ の積の合計の極限を $f(x, y, z)$ の空間内の領域 D における**体積積分**（volume integral）あるいは，**三重積分**（triple integral）と呼び，つぎのように表す。

$$\begin{aligned} &\iiint_V f(x, y, z)dV \\ &= \lim_{n \to \infty} \sum_{k=1}^{n} f(x_k, y_k, z_k)\Delta V_k = \iiint_V f(x, y, z)dxdydz \end{aligned} \tag{10.1}$$

ただし

$$dV = \lim_{\Delta V_k \to 0} \Delta x \Delta y \Delta z = dxdydz$$

である。式 (10.1) は，点 (x_k, y_k, z_k) に割り当てられた量（この場合 $f(x_k, y_k, z_k)$）を全体積にわたって合計したものと考えることも可能である。

10.1.2　発散の逆演算としての積分形式（ガウスの発散定理）

$\boldsymbol{A}$ を任意のベクトル場とする。いま，このベクトル場のなかに，ある閉曲面 S を考え，その面を通って出ていく線束を考える。この線束は，流れ場では流

線，電場ならば電気力線となる。線束中の線の本数 Φ は，式 (9.28) より，つぎのようになる。

$$\Phi = \oint_S \boldsymbol{A} \cdot d\boldsymbol{S} \tag{10.2}$$

発散の逆演算としての積分は式 (10.2) を用いて，つぎのように表せる。

$$\iiint_V \mathrm{div}\,\boldsymbol{A} dV = \oint_S \boldsymbol{A} \cdot d\boldsymbol{S} \tag{10.3}$$

式 (10.3) の導出はつぎのようにして行う。

閉曲面で囲まれた部分の体積を V とする。この部分を，図 **10.2** のように体積 V_1 の部分と体積 V_2 の部分に分ける。体積 V_1 の部分と体積 V_2 の部分を囲む曲面を S_1 と S_2 とする。

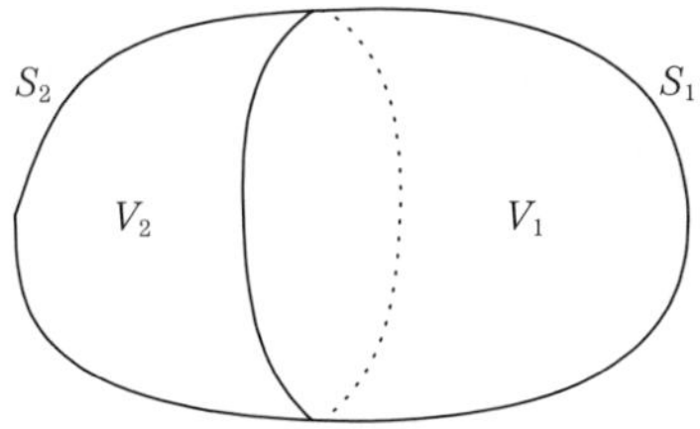

図 **10.2**　体積要素の分割

すると，閉曲面 S_1 と S_2 を通って出ていく線束中の線の本数は，閉曲面 S を通って出ていく線の本数と等しくなり，式 (10.4) で表される（S_1 と S_2 の間の面を通る線束は，相殺されて外へは出ていかないので，外へ出ていく線の本数は閉曲面 S の表面を通って出ていく線の本数と等しくなる）。

$$\Phi = \oint_{S_1} \boldsymbol{A} \cdot d\boldsymbol{S} + \oint_{S_2} \boldsymbol{A} \cdot d\boldsymbol{S} = \oint_S \boldsymbol{A} \cdot d\boldsymbol{S} \tag{10.4}$$

この分割を繰り返して，閉曲面 S で囲まれた領域 V を微小な領域 ΔV_i（$i = 1, \cdots, n$）に分け，これらの領域の，外表面に接する微小面積を ΔS_i とすると，表面から出ていく線の本数はつぎのようになる（式 (10.2)）。

$$\Phi = \lim_{n\to\infty}\sum_{i=1}^{n}\oint_{\Delta S_i}\boldsymbol{A}\cdot d\boldsymbol{S} = \oint_S \boldsymbol{A}\cdot d\boldsymbol{S} \tag{10.5}$$

一方，これらの微小体積内の流量の変化量（湧き出しあるいは吸込み）は式 (8.6) より（$\boldsymbol{V}\to\boldsymbol{A}$ とおいて）つぎのようになる。

$$\Delta\Phi = \left(\frac{\partial A_x}{\partial x}+\frac{\partial A_y}{\partial y}+\frac{\partial A_z}{\partial z}\right)\Delta x\Delta y\Delta z \tag{10.6}$$

したがって，体積 V から出てくる線の本数は

$$\begin{aligned}\Phi &= \lim_{\substack{\Delta x\to 0\\ \Delta y\to 0\\ \Delta z\to 0}}\sum\Delta\Phi = \iiint_V\left(\frac{\partial A_x}{\partial x}+\frac{\partial A_y}{\partial y}+\frac{\partial A_z}{\partial z}\right)dxdydz\\ &= \iiint_V \mathrm{div}\boldsymbol{A}dxdydz\end{aligned} \tag{10.7}$$

となる。ここで，体積積分の式 (10.1) を用いた。式 (10.5) と式 (10.7) の線の本数は等しくなければならないので

$$\Phi = \iiint_V \mathrm{div}\boldsymbol{A}dxdydz = \iiint_V \mathrm{div}\boldsymbol{A}dV = \oint_S \boldsymbol{A}\cdot d\boldsymbol{S} \tag{10.8}$$

となる。式 (10.8) を**ガウス**[†]**の発散定理**という。

ガウスの発散定理は，ベクトル $\boldsymbol{A}$ の発散 $\mathrm{div}\boldsymbol{A}$ の積分の形になっているが，通常の微分の逆演算のように，単純に

$$\int \mathrm{div}\boldsymbol{A} = \boldsymbol{A}$$

とはならないところに注意を要する。$\mathrm{div}\boldsymbol{A}$ の積分は体積積分を積分して面積分を得る形になっており，これは $\mathrm{div}\boldsymbol{A}$ のもつ物理的意味に深く関係している。なお，面素 $d\boldsymbol{S}$ の単位法線ベクトルを $\boldsymbol{n}$ とすると $|d\boldsymbol{S}| = dS$ として $d\boldsymbol{S} = \boldsymbol{n}dS$ と表せる。したがって式 (10.8) はつぎのようにも書ける。

---

† Carl Friedrich Gauss (1777-1855)：ドイツの数学者兼天文学者である。数学では，代数学，数論，解析学，幾何学に貢献した。

$$\iiint_V \operatorname{div}\boldsymbol{A}dV = \oint_S \boldsymbol{A}\cdot d\boldsymbol{S} = \oint_S \boldsymbol{A}\cdot\boldsymbol{n}dS \tag{10.9}$$

例題 10.1　$S: x^2+y^2+z^2=4$ 上のベクトル場 $\boldsymbol{A}=5x\boldsymbol{i}-2z\boldsymbol{k}$ の面積分をつぎの二つの方法で求めよ。

(1)　ガウスの発散定理を用いる方法

(2)　通常の面積分の方法

【解答】

(1)　ガウスの発散定理を用いる方法

$$\oint_S \boldsymbol{A}\cdot d\boldsymbol{S} = \oint_S \boldsymbol{A}\cdot\boldsymbol{n}dS = \iiint_V \operatorname{div}\boldsymbol{A}dV$$

において，V は与えられた閉曲面 S が半径 2 の球であることから，$\iiint_V dV = \frac{4}{3}\pi\times 2^3$ となる。これを式 (10.8) に用いると，面積分をガウスの発散定理から簡単に計算することができる。

$$\operatorname{div}\boldsymbol{A} = \frac{\partial}{\partial x}A_x + \frac{\partial}{\partial y}A_y + \frac{\partial}{\partial z}A_z = 5-2=3$$

$$\iiint_V \operatorname{div}\boldsymbol{A}dV = 3\iiint_V dV = 3\times\frac{4}{3}\pi\times 2^3 = 32\pi$$

したがって，つぎのようになる。

$$\oint_S \boldsymbol{A}\cdot d\boldsymbol{S} = 32\pi$$

(2)　通常の面積分による方法

この積分を，正攻法すなわち，9.2 節で説明した面積分の方法で求めてみる。

$$x = 2\cos v\cos u,\quad y = 2\cos v\sin u,\quad z = 2\sin v$$

$$\boldsymbol{r} = 2\cos v\cos u\boldsymbol{i} + 2\cos v\sin u\boldsymbol{j} + 2\sin v\boldsymbol{k}$$

$$\frac{\partial\boldsymbol{r}}{\partial u} = -2\cos v\sin u\boldsymbol{i} + 2\cos v\cos u\boldsymbol{j}$$

$$\frac{\partial\boldsymbol{r}}{\partial v} = -2\sin v\cos u\boldsymbol{i} - 2\sin v\sin u\boldsymbol{j} + 2\cos v\boldsymbol{k}$$

$$\frac{\partial\boldsymbol{r}}{\partial u}\times\frac{\partial\boldsymbol{r}}{\partial v} = 4\cos^2 v\cos u\boldsymbol{i} + 4\cos^2 v\sin u\boldsymbol{j} + 4\cos v\sin v\boldsymbol{k}$$

$$\left|\frac{\partial \boldsymbol{r}}{\partial u} \times \frac{\partial \boldsymbol{r}}{\partial v}\right| = 4\cos v$$

$$\boldsymbol{n} = \cos v \cos u \boldsymbol{i} + \cos v \sin u \boldsymbol{j} + \sin v \boldsymbol{k}$$

$$\boldsymbol{A} = 5x\boldsymbol{i} - 2z\boldsymbol{k} = 10\cos v \cos u \boldsymbol{i} - 4\sin v \boldsymbol{k}$$

$$\begin{aligned}
&\iint_S \boldsymbol{A}\cdot\boldsymbol{n}\left|\frac{\partial \boldsymbol{r}}{\partial u} \times \frac{\partial \boldsymbol{r}}{\partial v}\right| dudv \\
&= \int_0^{2\pi} du \int_{-\pi/2}^{\pi/2} (10\cos^2 v \cos^2 u - 4\sin^2 v) 4\cos v dv \\
&= 5\int_0^{2\pi} du \int_{-\pi/2}^{\pi/2} (3\cos v + \cos 3v)(1 + \cos 2u) dv \\
&\quad - \frac{16}{3}\int_0^{2\pi} [\sin^3 v]_{-\pi/2}^{\pi/2} du \\
&= 5\int_0^{2\pi} (1 + \cos 2u)\left[3\sin v + \frac{1}{3}\sin 3v\right]_{-\pi/2}^{\pi/2} du - \frac{16}{3} \times 2\pi \times 2 \\
&= 32\pi
\end{aligned}$$

(1)，(2) を比較すると，ガウスの発散定理を用いたほうがはるかに簡単であることがわかるであろう。　◇

10.1.3　ガウスの法則

静電場 $\boldsymbol{E}$ のなかにある閉曲面 S を考える。面 S を貫いて外へ出る電気力線の数は，式 (10.8) において $\boldsymbol{A} \to \boldsymbol{E}$ とすればよいから

$$\Phi = \oint_S \boldsymbol{E} \cdot d\boldsymbol{S} \tag{10.10}$$

である。一方，電気力線の総量は，この閉曲線 S に囲まれる領域 V のなかに含まれる湧き出し（あるいは吸込み）を合計したものに等しく，つぎのようになる。

$$\Phi = \oint_S \boldsymbol{E} \cdot d\boldsymbol{S} = \iiint_V \mathrm{div}\boldsymbol{E} dV \tag{10.11}$$

これはガウスの発散定理そのもので，電場 $\boldsymbol{E}$ のなかにある曲面 S を貫いて外へ出る電気力線の本数を示している。

ところで，電場における湧き出しのもとは点電荷以外にはない。すなわち，電

気力線は点電荷から生じていると考えることができる。いま，閉曲面 S のなかに点電荷 q があるとする。閉曲面上の点 P にある微小面積 ΔS を通って外へ出ていく電気力線の本数 $\Delta\Phi$ は，図 **10.3** より

$$\Delta\Phi = |\boldsymbol{E}|\Delta S\cos\theta = \boldsymbol{E}\cdot\Delta\boldsymbol{S} \tag{10.12}$$

である。$\overrightarrow{\mathrm{OP}} = \boldsymbol{r}$，$|\boldsymbol{r}| = r$ とすると，電場 $\boldsymbol{E}$ は

$$\boldsymbol{E} = \frac{q}{4\pi\varepsilon_0}\frac{\boldsymbol{r}}{r^3} \tag{10.13}$$

であったから，次式のようになる。

$$\Delta\Phi = \boldsymbol{E}\cdot\Delta\boldsymbol{S} = \frac{q}{4\pi\varepsilon_0}\frac{\boldsymbol{r}\cdot\Delta\boldsymbol{S}}{r^3} \tag{10.14}$$

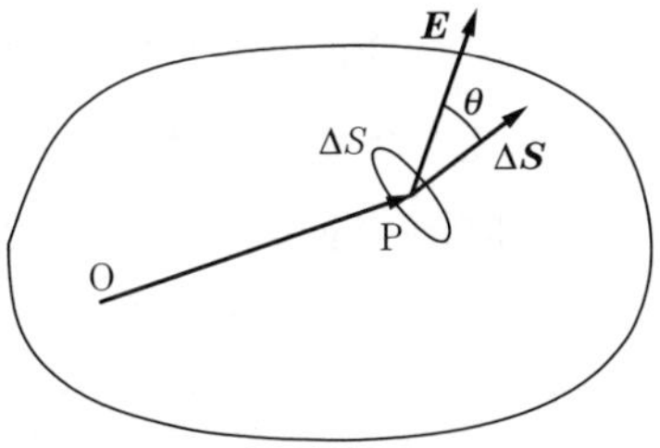

図 **10.3**　ガウスの法則

ここで，立体角を導入する。立体角は図 **10.4** のように三次元空間内の角度で，通常，角度を測る点を頂点とする錐体の立体的な頂角で表される。

実際には，半径 1 の球面上の，この錐体により切り取られる面積の大きさが

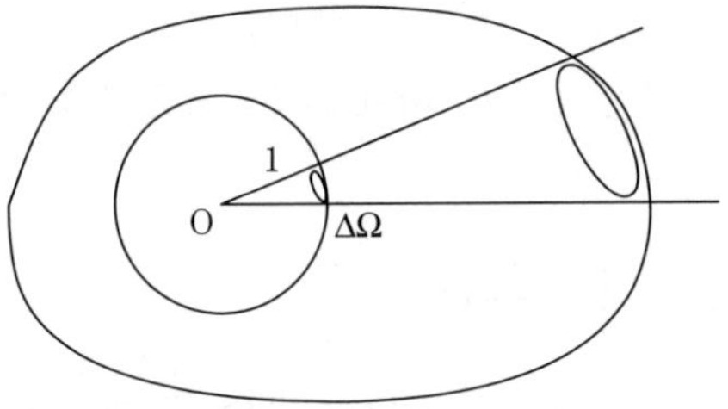

図 **10.4**　立　体　角

ちょうど1の場合の立体角を，1ステラジアン（sterad）と名づけて立体角の単位としている。

したがって，ある点から，まわり全体を見渡す立体角は半径1の球面の全表面積に等しく 4π〔sterad〕となる。

立体角を表記する場合には，記号 Ω（オメガ）を用いる。ある錐体が，半径 r の球面上で面積 S を占めるとすると，この錐体の立体角は

$$\Omega = \frac{S}{r^2} \tag{10.15}$$

となり，S が全球面を占めるとすると

$$\Omega = \int_S \frac{dS}{r^2} = \frac{4\pi r^2}{r^2} = 4\pi \tag{10.16}$$

となる。立体角は，点を囲む曲面が球面の場合だけではなく，任意の閉曲面に対して存在し，閉曲面が凸の場合（実際のところ，凸でなくとも曲面が閉じていればよいのであるが，凸に限定したほうがわかりやすい），図10.4の点Oが，閉曲面内のどこにあっても立体角が定義でき，全球面を見た場合には，全立体角は 4π となる。

さて，この立体角を式(10.14)に導入することを考える。閉曲面上の微小面積 ΔS に対する立体角を $\Delta\Omega$ とすると，

$$\Delta\Omega = \frac{\Delta S\cos\theta}{r^2} = \frac{\Delta S r\cos\theta}{r^3} = \frac{\boldsymbol{\Delta S}\cdot\boldsymbol{r}}{r^3} \tag{10.17}$$

となり，式(10.17)を，式(10.14)に代入すると，つぎのようになる。

$$\Delta\Phi = \boldsymbol{E}\cdot\boldsymbol{\Delta S} = \frac{q}{4\pi\varepsilon_0}\frac{\boldsymbol{r}\cdot\boldsymbol{\Delta S}}{r^3} = \frac{q}{4\pi\varepsilon_0}\Delta\Omega \tag{10.18}$$

したがって，閉曲面 S を通って外へ出ていく電気力線の総数 Φ はつぎのようになる。

$$\Phi = \oint_S \boldsymbol{E}\cdot d\boldsymbol{S} = \oint_\Omega \frac{q}{4\pi\varepsilon_0}d\Omega = \frac{q}{\varepsilon_0} \tag{10.19}$$

すなわち，閉曲面のなかに点電荷 q がある場合，閉曲面 S を通って外へ出ていく電気力線の総数は q/ε_0 となる。

閉曲面のなかに点電荷 q_1，q_2，$\cdots$，q_n が存在している場合，重ね合わせの原理により，閉曲面 S を通って外へ出ていく電気力線の合計はつぎのようになる。

$$\Phi = \oint_S \boldsymbol{E} \cdot d\boldsymbol{S} = \frac{1}{\varepsilon_0} \sum_{i=1}^{n} q_i \tag{10.20}$$

式 (10.20) を**ガウスの法則**と呼んでいる。もしも，電荷が密度 $\rho(\boldsymbol{r})$ で閉曲面内に連続に分布しているとすると，式 (10.20) は

$$\Phi = \oint_S \boldsymbol{E} \cdot d\boldsymbol{S} = \iiint_V \frac{\rho}{\varepsilon_0} dV \tag{10.21}$$

となる。式 (10.10) より

$$\Phi = \oint_S \boldsymbol{E} \cdot d\boldsymbol{S} = \iiint_V \mathrm{div}\boldsymbol{E} dV \tag{10.22}$$

式 (10.21) と式 (10.22) とを比較すると次式を得る。

$$\mathrm{div}\boldsymbol{E} = \frac{\rho}{\varepsilon_0} \tag{10.23}$$

式 (10.23) はガウスの法則の微分形式である。

10.2　平面におけるグリーンの定理とその応用

10.2.1　平面におけるグリーンの定理

回転（ローテーション）はベクトル場の微分の一形式であることを前節で学んだが，つぎに回転の積分形式について学ぶことにする。回転の積分形式はストークス[†1]（Stokes）の定理と呼ばれているが，本節では，ストークスの定理の前に，その証明に用いられる平面におけるグリーン[†2]の定理と呼ばれる定理について学ぶことにする。

グリーンの定理は重積分と線積分の変換公式とも呼ばれているが，実は ストークスの定理を二次元で書き表したものであり，つぎのように表される。

[†1] George Gabriel Stokes (1819-1903)：英国の科学者，数学や物理学の分野で業績を残した。特に粘性流体の基本方程式であるナビエ・ストークスの方程式で有名。

[†2] George Green (1793-1841)：英国の数学者。

定理 10.1　(平面におけるグリーンの定理)

D を x，y 平面上，曲線 C で囲まれた領域であるとし，$f(x,y)$，$g(x,y)$ を領域 D 内で連続微分可能な関数であるとする。すると次式が成り立つ。

$$\iint_D \left(\frac{\partial g}{\partial x} - \frac{\partial f}{\partial y}\right) dxdy = \oint_C (fdx + gdy) \tag{10.24}$$

証明　x，y 平面上で，自分と交わることのない単純な曲線 C で囲まれた領域を D とする（図 **10.5**）。$f(x,y)$，$g(x,y)$ を D において導関数をもつ x，y の関数とし，式 (10.24) を証明する。

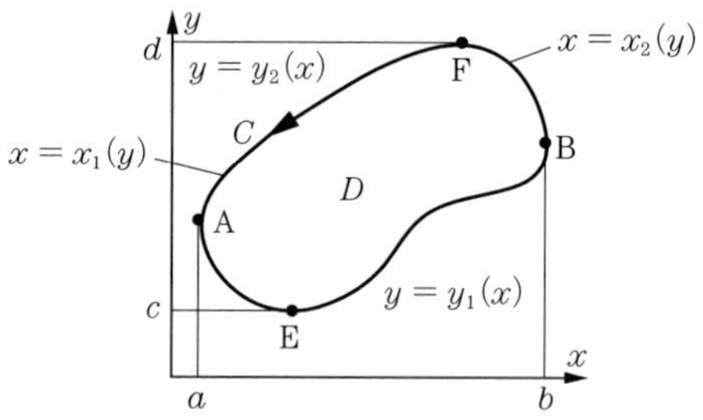

図 10.5　平面における
グリーンの定理

xy 平面内に閉曲線 C をとり，C に囲まれた領域を D とする。曲線 AFB と AEB の方程式を

$$y = y_2(x), \quad y = y_1(x)$$

とおく。すると，つぎのようになる。

$$\iint_D \frac{\partial f(x,y)}{\partial y} dxdy = \int_a^b \left[\int_{y_1(x)}^{y_2(x)} \frac{\partial f(x,y)}{\partial y} dy\right] dx$$

$$= \int_a^b [f(x,y_2(x)) - f(x,y_1(x))]\, dx$$

$$= \int_a^b f(x,y_2(x))dx + \int_b^a f(x,y_1(x))dx = -\oint_C f(x,y)dx$$

また，曲線 FAE と FBE の方程式を $x = x_2(y)$，$x = x_1(y)$ とおく。すると

$$\iint_D \frac{\partial g(x,y)}{\partial x} dxdy = \int_c^d \left[\int_{x_1(y)}^{x_2(y)} \frac{\partial g(x,y)}{\partial x} dx \right] dy$$

$$= \int_c^d [g(x_2(y),y) - g(x_1(y),y)]\, dy$$

$$= \int_c^d g(x_2(y),y)dy + \int_d^c g(x_1(y),y)dy = \oint_C g(x,y)dy$$

となる。よって，つぎのようになり，定理は証明された。

$$\oint_C \{f(x,y)dx + g(x,y)dy\} = \iint_D \left\{ \frac{\partial g(x,y)}{\partial x} - \frac{\partial f(x,y)}{\partial y} \right\} dxdy$$

♠

10.2.2 平面におけるグリーンの定理の応用

平面におけるグリーンの定理は任意の平面図形の面積計算に用いられる。式 (10.24) において $f=0$，$g=x$ とおくと

$$\iint \frac{\partial g}{\partial x} dxdy = \iint dxdy = \oint_C xdy$$

となる。また，式 (10.24) において $f=-y$，$g=0$ とおくと

$$-\iint \frac{\partial f}{\partial x} dxdy = -\iint dxdy = \oint_C ydx$$

となるが，C に囲まれた部分の面積 $S = \iint dxdy$ であるから

$$S = \frac{1}{2} \oint_C (xdy - ydx) \tag{10.25}$$

となる。

平面におけるグリーンの定理を用いると，対象となる領域が，極座標 r，θ で表される場合の面積を求める一般的な式を導くことができる。

平面（二次元）における直交座標と極座標の変換式は

$$x = r\cos\theta, \quad y = r\sin\theta$$

である。したがって

$$dx = dr\cos\theta - rd\theta\sin\theta, \quad dy = dr\sin\theta + rd\theta\cos\theta$$

となり，これを式 (10.25) に代入すると，平面図形の面積 S の一般的な表示式がつぎのように得られる。

$$\begin{aligned} S &= \frac{1}{2}\oint_C (xdy - ydx) \\ &= \frac{1}{2}\oint_C \{r\cos\theta(dr\sin\theta + rd\theta\cos\theta) - r\sin\theta(dr\cos\theta - rd\theta\sin\theta)\} \\ &= \frac{1}{2}\oint_C r^2 d\theta \end{aligned} \tag{10.26}$$

例題 10.2　次式で表示される楕円の面積を求めよ。

$$\frac{x^2}{a^2} + \frac{y^2}{b^2} = 1$$

【解答】　楕円をパラメータ表示して，式 (10.25) を適用する。

$$x = a\cos u, \quad y = b\sin u$$

$$dx = -a\sin u du, \quad dy = b\cos u du$$

$$\begin{aligned} S &= \frac{1}{2}\oint_C (xdy - ydx) = \frac{1}{2}\int_0^{2\pi} (ab\cos^2 u du + ab\sin^2 u du) \\ &= \frac{1}{2}\int_0^{2\pi} ab du = \pi ab \end{aligned}$$

◇

例題 10.3　次式で表される図形（カーディオイド）の面積を求めよ。

$$r = a(1 - \cos\theta), \quad 0 \leqq \theta \leqq 2\pi$$

【解答】 式 (10.26) にカーディオイドの式を代入すると面積がつぎのようにして得られる。

$$S = \frac{1}{2}\int_0^{2\pi} a^2(1-\cos\theta)^2 d\theta = \frac{a^2}{2}\int_0^{2\pi}(1-2\cos\theta+\cos^2\theta)d\theta$$
$$= \frac{a^2}{2}\int_0^{2\pi}\left(\frac{3}{2}-2\cos\theta+\frac{1}{2}\cos 2\theta\right)d\theta = \frac{3}{2}\pi a^2$$

◇

10.3　回転の逆演算としての積分形式（ストークスの定理）

10.3.1　ストークスの定理

回転（rotation）がベクトル場の微分であるとすると，対応する積分があるはずである。これまでに，スカラー場，ベクトル場の微分である勾配，発散の逆演算としての積分形式を見てきたが，いずれも実関数の微分と積分の対応とはだいぶ様相が異なっていた。実関数では

$$\frac{dy}{dx}$$

を積分すると

$$\int \frac{dy}{dx}dx = y + C$$

という形になるが（C は定数)，ベクトル場の場合には必ずしもそうはならず (勾配の場合はややこれに近いが)，積分は線積分・面積分の形で現れた。回転の場合にも同様であって，回転の積分形式はストークスの定理で表される。

定理 10.2　(ストークスの定理)

ベクトル場 $\boldsymbol{A} = \boldsymbol{A}(x, y, z)$ 内の閉曲線を C，その曲線 C を縁とする任意の曲面を S とすると

$$\iint_S \mathrm{rot}\boldsymbol{A}\cdot d\boldsymbol{S} = \iint_S \mathrm{rot}\boldsymbol{A}\cdot \boldsymbol{n}dS$$
$$= \oint_C \boldsymbol{A}\cdot \boldsymbol{t}ds = \oint_C \boldsymbol{A}\cdot d\boldsymbol{r} \tag{10.27}$$

証明 ベクトル場を

$$\boldsymbol{A} = A_x\boldsymbol{i} + A_y\boldsymbol{j} + A_z\boldsymbol{k} \tag{10.28}$$

とする。また，曲面 S の法線ベクトルを

$$\boldsymbol{N} = N_x\boldsymbol{i} + N_y\boldsymbol{j} + N_z\boldsymbol{k}$$

とする。単位法線ベクトルは

$$\boldsymbol{n} = n_x\boldsymbol{i} + n_y\boldsymbol{j} + n_z\boldsymbol{k} = \frac{1}{|\boldsymbol{N}|}(N_x\boldsymbol{i} + N_y\boldsymbol{j} + N_z\boldsymbol{k}) \tag{10.29}$$

と表せる。ここで

$$\boldsymbol{r}(u,v) = x\boldsymbol{i} + y\boldsymbol{j} + z\boldsymbol{k}$$

とおく。すると，式 (10.27) の右辺と左辺とはそれぞれ式 (10.30)，(10.31) のようになる。

$$\oint_C \boldsymbol{A}\cdot d\boldsymbol{r} = \oint_C (A_x\boldsymbol{i} + A_y\boldsymbol{j} + A_z\boldsymbol{k})\cdot d\boldsymbol{r} \tag{10.30}$$

$$\iint_S \mathrm{rot}\boldsymbol{A}\cdot \boldsymbol{n}dS = \iint_S \mathrm{rot}\boldsymbol{A}\cdot \frac{1}{|\boldsymbol{N}|}\boldsymbol{N}|\boldsymbol{N}|dudv$$
$$= \iint_S \mathrm{rot}\boldsymbol{A}\cdot \boldsymbol{N}dudv \tag{10.31}$$

ここで

$$\mathrm{rot}\boldsymbol{A} = \begin{vmatrix} \boldsymbol{i} & \boldsymbol{j} & \boldsymbol{k} \\ \dfrac{\partial}{\partial x} & \dfrac{\partial}{\partial y} & \dfrac{\partial}{\partial z} \\ A_x & A_y & A_z \end{vmatrix}$$
$$= \left(\frac{\partial A_z}{\partial y} - \frac{\partial A_y}{\partial z}\right)\boldsymbol{i} + \left(\frac{\partial A_x}{\partial z} - \frac{\partial A_z}{\partial x}\right)\boldsymbol{j} + \left(\frac{\partial A_y}{\partial x} - \frac{\partial A_x}{\partial y}\right)\boldsymbol{k}$$

であるから

$$
\begin{aligned}
&\iint_S \mathrm{rot}\boldsymbol{A}\cdot\boldsymbol{N}dudv \\
&= \iint_S \left\{\left(\frac{\partial A_z}{\partial y} - \frac{\partial A_y}{\partial z}\right)N_x + \left(\frac{\partial A_x}{\partial z} - \frac{\partial A_z}{\partial x}\right)N_y \right.\\
&\qquad \left. + \left(\frac{\partial A_y}{\partial x} - \frac{\partial A_x}{\partial y}\right)N_z\right\}dudv \\
&= \iint_S \left\{\left(\frac{\partial A_x}{\partial z}N_y - \frac{\partial A_x}{\partial y}N_z\right) + \left(-\frac{\partial A_y}{\partial z}N_x + \frac{\partial A_y}{\partial x}N_z\right)\right.\\
&\qquad \left. + \left(\frac{\partial A_z}{\partial y}N_x - \frac{\partial A_z}{\partial x}N_y\right)\right\}dudv
\end{aligned}
\tag{10.32}
$$

式 (10.27) の左辺と右辺は，それぞれ式 (10.30) と (10.32) になるが，ここで式 (10.30)，(10.32) を分解して

$$\iint_S \left(\frac{\partial A_x}{\partial z}N_y - \frac{\partial A_x}{\partial y}N_z\right)dudv = \oint_C A_x dx \tag{10.33}$$

$$\iint_S \left(-\frac{\partial A_y}{\partial z}N_x + \frac{\partial A_y}{\partial x}N_z\right)dudv = \oint_C A_y dy \tag{10.34}$$

$$\iint_S \left(\frac{\partial A_z}{\partial y}N_x - \frac{\partial A_z}{\partial x}N_y\right)dudv = \oint_C A_z dz \tag{10.35}$$

を証明する。これらのうちの一つの式を証明すればよいことは自明であるから，式 (10.33) を証明することにする。

平面 S が，$z = f(x, y)$ で表されるとする。すると

$$\boldsymbol{r} = x\boldsymbol{i} + y\boldsymbol{j} + f(x, y)\boldsymbol{k} \tag{10.36}$$

となって

$$\boldsymbol{N} = \frac{\partial \boldsymbol{r}}{\partial u}\times\frac{\partial \boldsymbol{r}}{\partial v} = \frac{\partial \boldsymbol{r}}{\partial x}\times\frac{\partial \boldsymbol{r}}{\partial y} = \begin{vmatrix} \boldsymbol{i} & \boldsymbol{j} & \boldsymbol{k} \\ 1 & 0 & \dfrac{\partial f}{\partial x} \\ 0 & 1 & \dfrac{\partial f}{\partial y} \end{vmatrix} = -\frac{\partial f}{\partial x}\boldsymbol{i} - \frac{\partial f}{\partial y}\boldsymbol{j} + \boldsymbol{k} \tag{10.37}$$

となる。式 (10.33) の左辺はつぎのように書ける。

$$
\begin{aligned}
&\iint_S \left(\frac{\partial A_x}{\partial z}N_y - \frac{\partial A_x}{\partial y}N_z\right)dudv \\
&= \iint_S \left(-\frac{\partial A_x}{\partial z}\frac{\partial f}{\partial y} - \frac{\partial A_x}{\partial y}\right)dudv
\end{aligned}
\tag{10.38}
$$

式 (10.33) の右辺に，平面におけるグリーンの定理を適用する。

$$\iint_S \left(\frac{\partial g}{\partial x} - \frac{\partial f}{\partial y}\right) dxdy = \oint_C (fdx + gdy) \tag{10.39}$$

において $g = 0$ とおくと

$$\oint_C fdx = \iint_S \left(-\frac{\partial f}{\partial y}\right) dxdy \tag{10.40}$$

となる。よって $f = A_x$ と置き換えると

$$\begin{aligned}\oint_C A_x dx &= \iint_S \left(-\frac{\partial A_x}{\partial y}\right) dxdy = -\iint_S \frac{\partial A_x(x, y, f(x, y))}{\partial y} dxdy \\ &= -\iint_S \left(\frac{\partial A_x}{\partial y} + \frac{\partial A_x}{\partial f}\frac{\partial f}{\partial y}\right) dxdy \\ &= \iint_S \left(-\frac{\partial A_x}{\partial z}\frac{\partial f}{\partial y} - \frac{\partial A_x}{\partial y}\right) dxdy \end{aligned} \tag{10.41}$$

これは，式 (10.33) の右辺を変形して得られた式 (10.38) と同一である。すなわち，左辺=右辺となり，式 (10.33) は証明された。 ♠

いま，$\boldsymbol{r} = x\boldsymbol{i} + y\boldsymbol{j} + z\boldsymbol{k}$,　$\boldsymbol{A} = A_x\boldsymbol{i} + A_y\boldsymbol{j} + A_z\boldsymbol{k}$ とすると

$$\boldsymbol{A} \cdot d\boldsymbol{r} = A_x dx + A_y dy + A_z dz \tag{10.42}$$

となる。つぎに, 曲面 S の単位法線ベクトル $\boldsymbol{n}$ の方向余弦を $(\cos\alpha, \cos\beta, \cos\gamma)$ とする。

$$\boldsymbol{n} \cdot \boldsymbol{i} = \cos\alpha, \quad \boldsymbol{n} \cdot \boldsymbol{j} = \cos\beta, \quad \boldsymbol{n} \cdot \boldsymbol{k} = \cos\gamma$$

一方

$$\begin{aligned}\mathrm{rot}\boldsymbol{A} &= \begin{vmatrix} \boldsymbol{i} & \boldsymbol{j} & \boldsymbol{k} \\ \dfrac{\partial}{\partial x} & \dfrac{\partial}{\partial y} & \dfrac{\partial}{\partial z} \\ A_x & A_y & A_z \end{vmatrix} \\ &= \left(\frac{\partial A_z}{\partial y} - \frac{\partial A_y}{\partial z}\right)\boldsymbol{i} + \left(\frac{\partial A_x}{\partial z} - \frac{\partial A_z}{\partial x}\right)\boldsymbol{j} + \left(\frac{\partial A_y}{\partial x} - \frac{\partial A_x}{\partial y}\right)\boldsymbol{k}\end{aligned}$$

であるから

$$\mathrm{rot}\boldsymbol{A}\cdot\boldsymbol{n}dS=\left\{\left(\frac{\partial A_z}{\partial y}-\frac{\partial A_y}{\partial z}\right)\cos\alpha+\left(\frac{\partial A_x}{\partial z}-\frac{\partial A_z}{\partial x}\right)\cos\beta\right.$$
$$\left.+\left(\frac{\partial A_y}{\partial x}-\frac{\partial A_x}{\partial y}\right)\cos\gamma\right\}dS \tag{10.43}$$

よってストークスの定理はつぎのように書ける。

$$\iint_S\left\{\left(\frac{\partial A_z}{\partial y}-\frac{\partial A_y}{\partial z}\right)\cos\alpha+\left(\frac{\partial A_x}{\partial z}-\frac{\partial A_z}{\partial x}\right)\cos\beta\right.$$
$$\left.+\left(\frac{\partial A_y}{\partial x}-\frac{\partial A_x}{\partial y}\right)\cos\gamma\right\}dS$$
$$=\oint_C(A_xdx+A_ydy+A_zdz) \tag{10.44}$$

ここで，閉曲面 C，曲面 S と，ベクトル $\boldsymbol{A}$ がすべて xy 平面上にあるとすると，$\alpha=\beta=\pi/2$，$\gamma=0$，$A_z=0$ であるから，つぎのようになる。

$$\iint_S\left(\frac{\partial A_y}{\partial x}-\frac{\partial A_x}{\partial y}\right)dS=\oint_C(A_xdx+A_ydy) \tag{10.45}$$

これは，$A_x=f(x,y)$，$A_y=g(x,y)$ としてみると

$$\iint_S\left(\frac{\partial g}{\partial x}-\frac{\partial f}{\partial y}\right)dS=\oint_C(fdx+gdy) \tag{10.46}$$

となり，平面におけるグリーンの定理となる。

また，グリーンの定理は，ベクトル $\boldsymbol{A}$ を

$$\boldsymbol{A}=f(x,y)\boldsymbol{i}+g(x,y)\boldsymbol{j}$$

とするとき

$$\iint(\mathrm{rot}\boldsymbol{A})\cdot\boldsymbol{k}dxdy=\oint_C\boldsymbol{A}\cdot d\boldsymbol{r} \tag{10.47}$$

と書くこともできる。以上のことは，いずれもストークスの定理は平面におけるグリーンの定理を三次元空間に拡張したものであることを示している。

10.3.2 循環と渦なしの場

ストークスの定理は流体力学に大きな貢献をした。20 世紀初頭，ライト兄弟

がフライヤー号による飛行に成功して，流体力学，特に非圧縮性気体力学が急速に発展したが，ランチェスター（Frederick Lanchester, 1868-1946），クッタ（Wilhelm Kutta, 1867-1944），ジューコフスキー（Nikorai Joukowski, 1847-1921）というイギリス，ドイツ，ロシアの3人の学者が，それぞれ独立に航空機の翼の揚力理論に新展開をもたらす理論を発表した。

これは図 **10.6** のように，流れのなかに閉曲線 C を考え，**循環**（circulation）をつぎのように定義するのである。

$$\Gamma = -\oint_C \boldsymbol{V} \cdot d\boldsymbol{r} \tag{10.48}$$

ここに，$\boldsymbol{V}$ は速度ベクトル場，$d\boldsymbol{r}$ は閉曲線 C に沿う線素である。

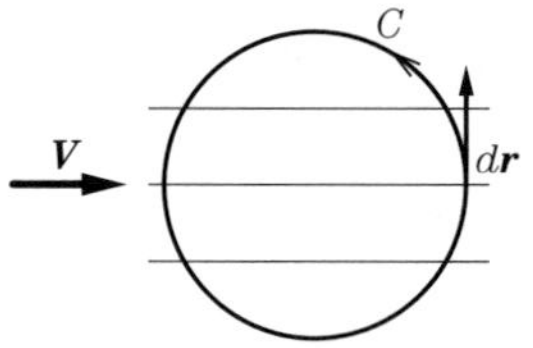

図 **10.6**　循　　　環

ここで，循環は，流れが必ずしも円形に回っていることは意味しない。例えば，航空機の主翼のまわりの流れは，ベルヌーイの定理により主翼上面は一様流より速さが大きく，主翼下面は一様流より速さが小さいが，その結果，図 **10.7** に示すような主翼のまわりの流れの循環を生じる。そして，翼の揚力 L は

$$L = \rho_\infty V_\infty \Gamma \tag{10.49}$$

と表されるのである。式 (10.49) はクッタ・ジューコフスキーの定理と呼ばれている。

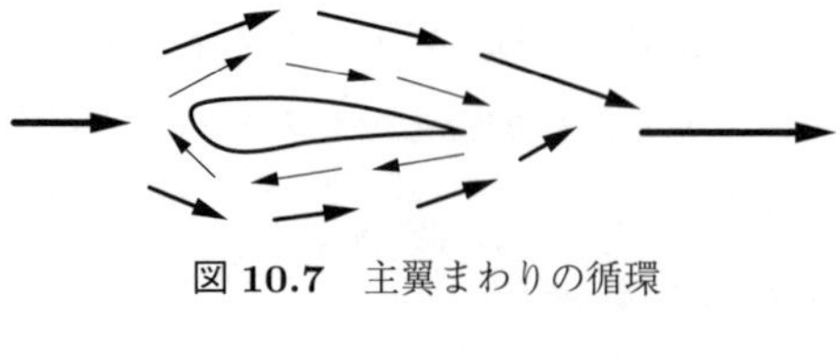

図 **10.7**　主翼まわりの循環

ところで，ストークスの定理を用いると，式 (10.48) はつぎのように表せる。

$$\Gamma = -\oint_C \boldsymbol{V} \cdot d\boldsymbol{r} = -\iint_S \mathrm{rot}\boldsymbol{V} \cdot d\boldsymbol{S} \tag{10.50}$$

すなわち，循環は，閉曲線内における渦度を面積分したものになる。一般に，ベクトル場 $\boldsymbol{E}$ があるとき，ベクトル場内の点 A から B まで経路 C_1 を通ってする仕事と経路 C_2 を通ってする仕事の差は

$$\Gamma = \int_{A(C_1)}^{B} \boldsymbol{E} \cdot d\boldsymbol{r} - \int_{A(C_2)}^{B} \boldsymbol{E} \cdot d\boldsymbol{r} \tag{10.51}$$

$$= \int_{A(C_1)}^{B} \boldsymbol{E} \cdot d\boldsymbol{r} + \int_{B(C_2)}^{A} \boldsymbol{E} \cdot d\boldsymbol{r}$$

$$= \oint_C \boldsymbol{E} \cdot d\boldsymbol{r} \tag{10.52}$$

で表される。ベクトル場 $\boldsymbol{E}$ がスカラーポテンシャルをもつとき

$$\boldsymbol{E} = \mathrm{grad}\,\varphi$$

となり，ベクトル場 $\boldsymbol{E}$ の線積分は積分経路によらない。すなわち，式 (10.52) の周回積分は 0 であり，循環は 0 となる。

$$\Gamma = \oint_C \boldsymbol{E} \cdot d\boldsymbol{r} = 0 \tag{10.53}$$

したがって，ストークスの定理（式 (10.27)）より

$$\iint_S \mathrm{rot}\boldsymbol{E} \cdot d\boldsymbol{S} = 0 \tag{10.54}$$

となる。これより

$$\mathrm{rot}\boldsymbol{E} = 0 \tag{10.55}$$

が得られる。したがって，渦なしの流れの場では $\Gamma = 0$，すなわち揚力は 0 となる。

このようなベクトル場を渦なしの場という。すなわち，スカラーポテンシャルをもつベクトル場には渦はない。逆にいえば，渦なし（$\mathrm{rot}\boldsymbol{E} = 0$）は，ベクトル場 $\boldsymbol{E}$ がスカラーポテンシャルをもつための必要十分条件である。

章　末　問　題

【1】 ガウスの発散定理 $\iiint_V \operatorname{div} \boldsymbol{A} dV = \iint_S \boldsymbol{A} \cdot \boldsymbol{n} dS$ を用いて，曲面 $S : x^2 + y^2 + z^2 = 4$ 上のベクトル値関数 $\boldsymbol{A} = 4x\boldsymbol{i} + 2y\boldsymbol{j} - 3z\boldsymbol{k}$ の面積分を求めよ。

【2】 ストークスの定理を用いて $\boldsymbol{F} = -y^3\boldsymbol{i} + x^3\boldsymbol{j}$ のベクトル場において，$x^2 + y^2 \leqq 4$ の領域の縁に沿って反時計まわりに回るときの $\int_C \boldsymbol{F}(\boldsymbol{r}) \cdot d\boldsymbol{r}$ を求めよ。

【3】 平面におけるグリーンの定理を用いて，つぎのサイクロイドの面積を求めよ。

$$\boldsymbol{r} = a(t - \sin t)\boldsymbol{i} + a(1 - \cos t)\boldsymbol{j} \quad (0 \leqq t \leqq 2\pi)$$

引用・参考文献

1) Michael J. Crowe: A History of Vector Analysis, Dover Publications (1994)
2) 深谷賢治：電磁場とベクトル解析（現代数学への入門），岩波書店（2004）
3) ファインマン，レイトン，サンズ：ファインマン物理学，岩波書店（1979）
4) 気象庁天気図。http://www.jma.go.jp/jp/g3/（2008 年 9 月現在）
5) 岩堀長慶：ベクトル解析—力学の理解のために（数学選書 (2)），裳華房（1963）
6) Murray R. Spiegel（高森　寛，大住栄治訳）：ベクトル解析（マグロウヒル大学演習），オーム社（1995）
7) Erwin Kreyszig: Advanced Engineering Mathematics (8th edition), John Wiley & Sons Inc（1999）（線形代数とベクトル解析（技術者のための高等数学）原書第 8 版，培風館（2003））
8) 冨田信之：宇宙システム入門，東京大学出版会（1993）
9) 伊理正夫，韓　太舜：ベクトルとテンソル（第 1 部），教育出版（1977）
10) 山本義隆：重力と磁力の発見，みすず書房（2003）
11) 中口　博，本間弘樹：流体力学（上），地人書館（1987）
12) 加藤寛一郎：工学的最適制御，東京大学出版会（1988）
13) 関根松夫，佐野元昭：電磁気学を学ぶためのベクトル解析，コロナ社（1996）
14) John D. Anderson: Fundamentals of Aerodynamics (2nd edition), McGraw-Hill Publishing Co.（1991）

章末問題解答

1章

【1】 (1) スカラー (2) スカラー (3) ベクトル (4) スカラー
(5) スカラー (6) スカラー (7) スカラー (8) スカラー
(9) ベクトル (10) ベクトル

【2】 (1) 北から測って 42.4° の方向に $766\,\mathrm{km/h}$ で飛んでいる。
(2) $-17.8\,\mathrm{km/h}$

【3】 $\boldsymbol{p} = -2\boldsymbol{e}_1 - 2\boldsymbol{e}_2 + 3\boldsymbol{e}_3$

【4】 南東の方向へ $14.1\,\mathrm{km/h}$

2章

【1】 $\boldsymbol{r}_1 + \boldsymbol{r}_2 = 3\boldsymbol{i} - \boldsymbol{j} + 7\boldsymbol{k}$，$\boldsymbol{r}_1 - \boldsymbol{r}_2 = -\boldsymbol{i} + 5\boldsymbol{j} - \boldsymbol{k}$。図は省略。

【2】 (1) $|\boldsymbol{A}| = 3$，$|\boldsymbol{B}| = \sqrt{14}$ (2) $\boldsymbol{A}$ の方向余弦 $l = \dfrac{2}{3}$，$m = \dfrac{1}{3}$，$n = -\dfrac{2}{3}$，$\boldsymbol{B}$ の方向余弦 $\lambda = \dfrac{1}{\sqrt{14}}$，$\mu = -\dfrac{2}{\sqrt{14}}$，$\nu = \dfrac{3}{\sqrt{14}}$ (3) 式 (2.32) を利用。$\theta = 122.3^\circ$ (4) 省略。

【3】 式 (2.33) を利用。2.67

【4】 x，y，z 軸となす角をそれぞれ θ_x，θ_y，θ_z とすると，$\theta_x = 74.5^\circ$，$\theta_y = 57.7^\circ$，$\theta_z = 36.7^\circ$

【5】 式 (2.25)，(2.26) を用いる。(1) 一次従属 (2) 一次独立

【6】 式 (2.25)，(2.26) を用いる。(1) 一次従属 (2) 一次独立

【7】 式 (2.31) を用いる。(1) 90° (2) 26.5°

【8】 $\boldsymbol{A} \cdot \boldsymbol{B} = 16$，交角 $\theta = 39.7^\circ$

【9】 (1) $\boldsymbol{a} \cdot \boldsymbol{b} = 7$，交角 $\theta = 60^\circ$ (2) $\boldsymbol{a} \cdot \boldsymbol{b} = 0$，交角 $\theta = 90^\circ$

【10】 (1) $\boldsymbol{a} \cdot \boldsymbol{b} = -2$ (2) $(\boldsymbol{a} + \boldsymbol{b}) \cdot \boldsymbol{c} = -1$ (3) $\boldsymbol{a} \cdot \boldsymbol{c} + \boldsymbol{b} \cdot \boldsymbol{c} = -1$

【11】 (1) $\boldsymbol{P}$ 方向の単位ベクトルを $\boldsymbol{e}$，x，y 軸の基底ベクトルをそれぞれ $\boldsymbol{i}$，$\boldsymbol{j}$ とおくと，$\boldsymbol{e} = -\dfrac{\sqrt{3}}{2}\boldsymbol{i} + \dfrac{1}{2}\boldsymbol{j}$ (2) 重量ベクトルは $\boldsymbol{a} = (0, -4\,900)$〔N〕。ロープ方向への正射影の大きさは $2\,450\,\mathrm{N}$ (3) $\boldsymbol{P} = -1\,225\sqrt{3}\boldsymbol{i} + 1\,225\boldsymbol{j}$

【12】 単位ベクトルを $\boldsymbol{e}$ とすると，$\boldsymbol{e} = \dfrac{\pm 1}{\sqrt{19}}(3\boldsymbol{i} - \boldsymbol{j} + 3\boldsymbol{k})$

【13】 【12】と同様に $\boldsymbol{e}=\dfrac{\pm1}{5\sqrt{5}}(8\boldsymbol{i}+6\boldsymbol{j}+5\boldsymbol{k})$

【14】 $a=-2$ もしくは $a=3$

【15】 求めるベクトルを $\boldsymbol{c}$ とすると，$\boldsymbol{c}=\dfrac{\pm3}{\sqrt{38}}(2\boldsymbol{i}-5\boldsymbol{j}+3\boldsymbol{k})$

【16】 (1) 0 (2) 3 (3) 6

【17】 (1) $\sqrt{14}$ (2) $\sqrt{26}$ (3) 40

3章

【1】 (1) $3\boldsymbol{k}$ (2) $-3\boldsymbol{k}$ (3) $-3\boldsymbol{i}+3\boldsymbol{j}$ (4) $-2\boldsymbol{i}+4\boldsymbol{j}+\boldsymbol{k}$

【2】 (1) $4\boldsymbol{i}-\boldsymbol{j}-5\boldsymbol{k}$ (2) $5\boldsymbol{j}+5\boldsymbol{k}$ (3) $12\boldsymbol{i}-7\boldsymbol{j}+11\boldsymbol{k}$
(4) $10\boldsymbol{i}-10\boldsymbol{j}+10\boldsymbol{k}$

【3】 (1) $2\boldsymbol{i}+\boldsymbol{j}-3\boldsymbol{k}$ (2) $-\boldsymbol{i}+5\boldsymbol{j}+7\boldsymbol{k}$ (3) $2\boldsymbol{i}-8\boldsymbol{j}+6\boldsymbol{k}$
(4) $5\boldsymbol{i}-7\boldsymbol{j}+\boldsymbol{k}$

【4】 省略。

【5】 省略。

【6】 12

【7】 平面の方程式は $x+4y+6z+35=0$。ヘッセの標準形に直すと，$\dfrac{1}{\sqrt{53}}x+\dfrac{4}{\sqrt{53}}y+\dfrac{6}{\sqrt{53}}z=-\dfrac{35}{\sqrt{53}}$。よって，この平面から原点までの距離は $\dfrac{35}{\sqrt{53}}$ となる。

【8】 $5\sqrt{3}$

【9】 $\dfrac{1}{2}\sqrt{3\,081}$

【10】 (1) $2x-2y+z=0$
(2) 単位法線ベクトルを $\boldsymbol{n}$ とすると，$\boldsymbol{n}=\dfrac{1}{3}(2\boldsymbol{i}-2\boldsymbol{j}+\boldsymbol{k})$
(3) 3

【11】 省略。

【12】 省略。

【13】 省略。

4章

【1】 (1) $\boldsymbol{r}=3\cosh u\boldsymbol{i}+2\sinh u\boldsymbol{j}$
(2) 同様に $\boldsymbol{r}=2(\cos u-1)\boldsymbol{i}+2(\sin u+1)\boldsymbol{j}+6\boldsymbol{k}$

【2】 (1) $x=0,\ y=z^2$ (2) $x=0,\ 4y^2+(z-2)^2=4$

【3】 (1) つる巻線。図は省略。 (2) $\boldsymbol{t}=\dfrac{1}{\sqrt{2}}(-\sin t\boldsymbol{i}+\cos t\boldsymbol{j}+\boldsymbol{k})$

(3) $\boldsymbol{n}=-(\cos t\boldsymbol{i}+\sin t\boldsymbol{j})$, $\kappa=\dfrac{1}{2}$, $\rho=2$

(4) $\boldsymbol{b}=\dfrac{1}{\sqrt{2}}(\sin t\boldsymbol{i}-\cos t\boldsymbol{j}+\boldsymbol{k})$, $\tau=\dfrac{1}{2}$

【4】 【3】と同様。(1) $\boldsymbol{t}=\dfrac{1}{\sqrt{a^2+b^2}}(-a\sin u\boldsymbol{i}+a\cos u\boldsymbol{j}+b\boldsymbol{k})$

(2) $\boldsymbol{n}=-(\cos u\boldsymbol{i}+\sin u\boldsymbol{j})$ (3) $\kappa=\dfrac{a}{a^2+b^2}$

【5】 【3】と同様。(1) $\boldsymbol{t}=\dfrac{1}{1+3u^2}(\boldsymbol{i}+\sqrt{6}u\boldsymbol{j}+3u^2\boldsymbol{k})$

(2) $\boldsymbol{n}=\dfrac{1}{(1+3u^2)}\left\{-\sqrt{6}u\boldsymbol{i}+(1-3u^2)\boldsymbol{j}+\sqrt{6}u\boldsymbol{k}\right\}$

(3) $\kappa=\dfrac{\sqrt{6}}{(1+3u^2)^2}$ (4) $\boldsymbol{b}=\dfrac{1}{1+3u^2}(3u^2\boldsymbol{i}-\sqrt{6}u\boldsymbol{j}+\boldsymbol{k})$

(5) $\tau=\dfrac{\sqrt{6}}{(1+3u^2)^2}$

5章

【1】 (1) $\dfrac{d\boldsymbol{r}}{dt}=-\sin t\boldsymbol{i}+\cos t\boldsymbol{j}+\boldsymbol{k}$ (2) $\dfrac{d^2\boldsymbol{r}}{dt^2}=-\cos t\boldsymbol{i}-\sin t\boldsymbol{j}$

(3) $\left|\dfrac{d\boldsymbol{r}}{dt}\right|=\sqrt{2}$ (4) $\left|\dfrac{d^2\boldsymbol{r}}{dt^2}\right|=1$

【2】 質点の位置は $\boldsymbol{r}=t\boldsymbol{i}+t^2\boldsymbol{j}+t^3\boldsymbol{k}$ と表せる。(1) 速度 $\dfrac{d\boldsymbol{r}}{dt}=\boldsymbol{i}+2t\boldsymbol{j}+3t^2\boldsymbol{k}$〔m/s〕, 加速度 $\dfrac{d^2\boldsymbol{r}}{dt^2}=2\boldsymbol{j}+6t\boldsymbol{k}$〔m/s^2〕 (2) 速度 $\boldsymbol{i}+2\boldsymbol{j}+3\boldsymbol{k}$〔m/s〕, 大きさ $\sqrt{14}$ m/s。加速度 $2\boldsymbol{j}+6\boldsymbol{k}$〔m/s^2〕, 大きさ $2\sqrt{10}$ m/s^2 (3) $\boldsymbol{i}+\boldsymbol{j}+\boldsymbol{k}$ への射影。速度の大きさ $2\sqrt{3}$ m/s, 加速度の大きさ $\dfrac{8}{\sqrt{3}}$ m/s^2

【3】 省略。

【4】 正射影の大きさ。$\dfrac{8}{3}$

【5】 $\boldsymbol{r}=e^{-t}\boldsymbol{i}+2\cos 2t\boldsymbol{j}+2\sin 2t\boldsymbol{k}$ より

(1) $\dfrac{d\boldsymbol{r}}{dt}=-e^{-t}\boldsymbol{i}-4\sin 2t\boldsymbol{j}+4\cos 2t\boldsymbol{k}$, $\dfrac{d^2\boldsymbol{r}}{dt^2}=e^{-t}\boldsymbol{i}-8\cos 2t\boldsymbol{j}-8\sin 2t\boldsymbol{k}$

(2) 速度 $\dfrac{d\boldsymbol{r}}{dt}=-\boldsymbol{i}+4\boldsymbol{k}$, 加速度 $\dfrac{d^2\boldsymbol{r}}{dt^2}=\boldsymbol{i}-8\boldsymbol{j}$

(3) 速度の大きさ $\sqrt{3}$ m/s, 加速度の大きさ $-\dfrac{7}{\sqrt{3}}$ m/s^2

【6】 $\boldsymbol{r}=(-1,2,-2)$ より $\boldsymbol{r}\times\boldsymbol{F}=-4\boldsymbol{i}-2\boldsymbol{j}$〔N・m〕。軸まわりモーメントの大きさ $2\sqrt{3}$ N・m

【7】 (1) $-\dfrac{500}{\sqrt{2}}\boldsymbol{k}$〔N・m〕 (2) $\dfrac{500}{\sqrt{6}}$ N・m

【8】 仕事 $= |\boldsymbol{F}\cdot\overrightarrow{\mathrm{PQ}}| = 80\,\mathrm{N}\cdot\mathrm{m}$

【9】 (1)，(2)　省略。(3)　$(2, 1, 2)$

【10】 (1)　$\dot{r}\boldsymbol{r} + r\dot{\boldsymbol{r}}$　　(2)　$\dfrac{r\dot{\boldsymbol{r}} - \dot{r}\boldsymbol{r}}{r^2}$　　(3)　$2\boldsymbol{r}\cdot\dot{\boldsymbol{r}}$ あるいは $2r\dot{r}$　　(4)　$2|\dot{r}\ddot{r}|$

6章

【1】 省略。

【2】 (1)　$\nabla\varphi = 2xy\boldsymbol{i} + (x^2 + 2yz)\boldsymbol{j} + y^2\boldsymbol{k}$　　(2)　$4\boldsymbol{i} + 5\boldsymbol{j} + 4\boldsymbol{k}$

【3】 (1)　$\nabla\varphi = 2ax\boldsymbol{i} + 2by\boldsymbol{j} + 2cz\boldsymbol{k}$　　(2)　$\nabla\varphi = (2 - r)e^{-r}\boldsymbol{r}$

【4】 $5\left|r^4\right|\dfrac{\boldsymbol{r}}{r}$

【5】 (1)　$\nabla\phi = (3x^2y + z^3)\boldsymbol{i} + (x^3 + 3y^2z)\boldsymbol{j} + (y^3 + 3yz^2)\boldsymbol{k}$

(2)　$4\boldsymbol{i} + 4\boldsymbol{j} + 4\boldsymbol{k}$

7章

【1】 8π

【2】 (1)　1

(2)　スカラーポテンシャルを φ とすると，$\varphi = x_2x_1 + x_1x_3 + x_3x_1 + C$

【3】 (1)　$\dfrac{2}{3}$　　(2)　$\dfrac{5}{6}$

【4】 7π

【5】 (1)　$\dfrac{37}{12}$　　(2)　$\dfrac{7}{3}$

【6】 スカラーポテンシャルを φ とすると，$\varphi = \dfrac{xy}{z} + C$

【7】 $U = \dfrac{1}{3}r^6 + C$

【8】 $\phi = \dfrac{1}{3}\left(1 - \dfrac{1}{r^3}\right)$

【9】 スカラーポテンシャルを U とすると，$U = r$

【10】 $-\dfrac{32}{3}$

8章

【1】 (1)　0　　(2)　$(3 + m)r^m$

【2】 (1)　0　　(2)　$\dfrac{2}{r}$

【3】 27

【4】 省略。

【5】 (1)　$\boldsymbol{j}$　　(2)　0

【6】 (1)　$3x^2y^2z^2$　　(2)　(1)　に同じ

(3) $x^2yz(y^2-z^2)\boldsymbol{i}+xy^2z(z^2-x^2)\boldsymbol{j}+xyz^2(x^2-y^2)\boldsymbol{k}$

(4) (3) に同じ

【7】 0

【8】 省略。

【9】 省略。

【10】 省略。

【11】 省略。

【12】 省略。

【13】 0

【14】 0

【15】 $-\dfrac{2}{r^3}\boldsymbol{r}$

【16】 渦場である。

9章

【1】 パラメータを u, v とすると, $x=a\cos u\cos v$, $y=b\cos u\sin v$, $z=c\sin v$

【2】 (1) $x=u+v$, $y=u-v$, $z=2(u^2+v^2)$ (2) 単位法線ベクトルを $\boldsymbol{n}$ とすると, $\boldsymbol{n}=\pm\dfrac{1}{\sqrt{4x^2+4y^2+1}}(2x\boldsymbol{i}+2y\boldsymbol{j}-\boldsymbol{k})$ (3) $2x+2y-z=2$

【3】 $4x+2y-z=8$

【4】 $y=u$, $z=v$, $x=\sqrt{1-u^2-v^2}$ とおく。$\dfrac{\pi}{6}$

【5】 (1) $z=u$ とおくと, $\boldsymbol{r}=u\cos v\boldsymbol{i}+u\sin v\boldsymbol{j}+u\boldsymbol{k}$ (2) $\dfrac{\pi\mu h^4}{\sqrt{2}}$

(3) 単位法線ベクトルを $\boldsymbol{n}$ とすると

$$\boldsymbol{n}=\pm\frac{1}{\sqrt{2}}\left(-\frac{x}{\sqrt{x^2+y^2}}\boldsymbol{i}-\frac{y}{\sqrt{x^2+y^2}}\boldsymbol{j}+\boldsymbol{k}\right)$$

(4) $\sqrt{x_0^2+y_0^2}(z-z_0)-y_0(y-y_0)-x_0(x-x_0)=0$

【6】 $\dfrac{c}{4}$

【7】 $4\pi^2ab$

10章

【1】 32π

【2】 48π

【3】 $3\pi a^2$

索　　引

【い】

一次従属　28
一次独立　28
位置ベクトル　27

【う】

渦　度　147
渦　場　147

【か】

外　積　43
回　転　138
ガウス
　——の発散定理　182
　——の法則　187
角速度ベクトル　87

【き】

基底ベクトル　20
擬ベクトル　92
逆ベクトル　12
球面の方程式　56
極性ベクトル　92
曲線の長さ　72
曲　率　77
曲率半径　77

【く】

グリーンの定理　188

【こ】

交　角　31
勾　配　111

【さ】

座標変換　88
三角形の重心　57
三重積　45
三重積分　180

【し】

軸性ベクトル　92
周回積分　125
重力場　100
循　環　196
助変数表示　68

【す】

スカラー　6
スカラー三重積　46
スカラー積　33
スカラー値関数　9
スカラー場　8, 98
　——の勾配　111
　——の線積分　125
　——の面積分　162
スカラーポテンシャル　132
ストークスの定理　191

【せ】

正射影　21
静電場　101
零ベクトル　12
線積分　125, 129
線　素　71
線分の内分　56

【た】

体積積分　180
単位従法線ベクトル　78
単位主法線ベクトル　76
単位接線ベクトル　75
単位陪法線ベクトル　78
単位ベクトル　12, 20

【ち】

直線の方程式　49

【て】

電気力線　104

【な】

内　積　33
流れ場　102
ナブラ　115

【は】

発　散　137
ハミルトン演算子　115
パラメータ表示　68

【ふ】

フルネ・セレの公式　79

【へ】

平面の方程式　50
ベクトル　4
　——の成分　23
　——の絶対値　12
ベクトル三重積　48
ベクトル積　43

ベクトル値関数 10
——の積分 64
——の微分 60
ベクトル場 9, 100
——の回転 144
——の線積分 129
——の発散 138
——の面積分 172
ベクトル微分方程式 65
ヘッセの標準形 52
偏微分 109

【ほ】

方向微分係数 118
方向余弦 22
保存場 133
保存力 133

【め】

面積分 162, 172
面積ベクトル 93

【や】

ヤコビアン 158

【ゆ】

有向線分 11

【ら】

ラプラス演算子 143

【り】

流　線 102

【れ】

捩　率 79

―― 著者略歴 ――

冨田　信之（とみた　のぶゆき）

1960 年　東京大学工学部航空学科卒業
1960 年　新三菱重工業株式会社（現 三菱重工業株式会社）勤務
1994 年　博士（工学）（東京工業大学）
1995 年　武蔵工業大学教授
2005 年　武蔵工業大学（現 東京都市大学）名誉教授

渡邉　力夫（わたなべ　りきお）

1993 年　東京農工大学工学部機械システム工学科卒業
1998 年　東京農工大学大学院博士後期課程修了（機械システム工学専攻）
　　　　博士（工学）
1998 年　武蔵工業大学助手
2005 年　武蔵工業大学講師
2009 年　東京都市大学（旧 武蔵工業大学）講師
2011 年　東京都市大学准教授
　　　　現在に至る

大上　浩（おおうえ　ひろし）

1981 年　武蔵工業大学工学部機械工学科卒業
1987 年　武蔵工業大学大学院博士後期課程修了（機械工学専攻）
　　　　工学博士
1991 年　武蔵工業大学講師
1997 年　武蔵工業大学助教授
2003 年　武蔵工業大学教授
2009 年　東京都市大学（旧 武蔵工業大学）教授
2023 年　東京都市大学名誉教授

エンジニアのための**ベクトル解析**

Vector Analysis for Engineers　　© Tomita, Oue, Watanabe 2008

2008 年 11 月 17 日　初版第 1 刷発行
2025 年 2 月 25 日　初版第 7 刷発行

検印省略

著　者	冨　田　信　之
	大　上　浩
	渡　邉　力　夫
発 行 者	株式会社　コ ロ ナ 社
	代 表 者　牛 来 真 也
印 刷 所	三 美 印 刷 株 式 会 社
製 本 所	有限会社　愛 千 製 本 所

112–0011　東京都文京区千石 4–46–10
発 行 所　株式会社　**コ ロ ナ 社**
CORONA PUBLISHING CO., LTD.
Tokyo Japan
振替 00140–8–14844・電話(03)3941–3131(代)
ホームページ　https://www.coronasha.co.jp

ISBN 978–4–339–06096–6　C3041　Printed in Japan　（齋藤）